烟叶原料物理特性

张玉海
徐如彦　主编
鹿洪亮

中国轻工业出版社

图书在版编目（CIP）数据

烟叶原料物理特性/张玉海，徐如彦，鹿洪亮主编．—北京：中国轻工业出版社，2023.9
ISBN 978-7-5184-4409-0

Ⅰ．①烟…　Ⅱ．①张…　②徐…　③鹿…　Ⅲ．①烟叶—原料—物理性质　Ⅳ．①TS42

中国国家版本馆CIP数据核字（2023）第063301号

责任编辑：张　靓
文字编辑：刘逸飞　　责任终审：张乃柬　　封面设计：锋尚设计
版式设计：砚祥志远　　责任校对：吴大朋　　责任监印：张　可

出版发行：中国轻工业出版社（北京东长安街6号，邮编：100740）
印　　刷：北京君升印刷有限公司
经　　销：各地新华书店
版　　次：2023年9月第1版第1次印刷
开　　本：720×1000　1/16　印张：16.25
字　　数：375千字
书　　号：ISBN 978-7-5184-4409-0　定价：78.00元
邮购电话：010-65241695
发行电话：010-85119835　传真：85113293
网　　址：http：//www.chlip.com.cn
Email：club@chlip.com.cn
如发现图书残缺请与我社邮购联系调换
210737K1X101ZBW

本书编写人员

主　编： 张玉海　徐如彦　鹿洪亮

副主编： 徐　波　胡宗玉　王　芳　张腾健

编　者（按姓氏拼音排序）：

龚珍林　关　欣　黄城宝　李彦周

梁　言　刘　磊　卢敏瑞　苗晨琳

王锐亮　王　讯　位辉琴　许　强

杨　月　于　静　赵圆瑾　周利军

朱　波

前言

PREFACE

烟叶原料物理特性是表征烟叶质量的一个重要方面，它对烟叶的加工性能、产品风格及其他经济指标有着非常重要的影响。近年来，随着中式卷烟加工工艺理论研究的不断深入与发展，烟叶原料物理特性的研究内容也在不断发展与完善，并在支撑打叶复烤加工工艺、卷烟制丝加工工艺等中式卷烟工艺技术方面有显著作用。

为实现打叶复烤精细化加工，提高加工技术参数设定的精准性，结合打叶复烤加工技术原理，开发了烟叶黏附力、剪切强度、抗张强度、穿透强度、叶梗结合力等烟叶物理特性指标的检测方法，并通过对烟叶原料力学特性指标及水分、温度等对烟叶质量影响规律分析，提出了打叶复烤烟叶原料分类方法，并基于烟叶原料物理特性差异构建了打叶复烤加工技术体系，实现了打叶复烤提质增效水平的明显提升。

为提高造纸法再造烟叶切丝质量，在对造纸法再造烟叶切丝质量影响因素系统分析的基础上，开发了造纸法再造烟叶抗张强度、剪切强度、柔软度、摩擦系数、耐水性等造纸法再造烟叶物理特性指标检测方法，根据造纸法再造烟叶与烟叶的物理特性差异，提出了造纸法再造烟叶物理特性改进方法，并通过系统优化造纸法再造烟叶制丝工艺技术参数，研究形成了基于造纸法再造烟叶物理特性的制丝工艺技术，实现了造纸法再造烟叶切丝质量的明显提升。

本书是在编者 2008 年以来烟叶原料物理特性及卷烟加工工艺相关研究成果的基础上，结合烟叶原料打叶复烤加工工艺以及造纸法再造烟叶制丝加工工艺的生产实际，编写的一本与卷烟加工工艺相关的烟叶原料物理特性著作。

本书共分为七章：第一章由张玉海、徐如彦、鹿洪亮编写；第二章由张玉海、徐如彦、鹿洪亮、徐波、胡宗玉编写；第三章由张玉海、徐如彦、王芳、张腾健、龚珍林、关欣、黄城宝、李彦周、梁言编写；第四章由鹿洪亮、刘磊、卢敏瑞、苗晨琳、王锐亮、王迅、位辉琴、许强编写；第五章由张玉海、徐如彦、鹿洪亮、徐波、胡宗玉、王芳、张腾健编写；第六章由张玉海、杨月、于静、赵圆瑾编写；第七章由鹿洪亮、周利军、朱波编写。张玉海、徐波对全书进行了统稿。

本书的出版发行，对我国烟草科技工作者了解烟叶原料物理特性、提高烟叶原料加工技术水平具有十分重要的意义。

由于编者编写时间和水平有限，书中错误和不当之处在所难免，敬请读者批评指正。

编者

目 录

CONTENTS

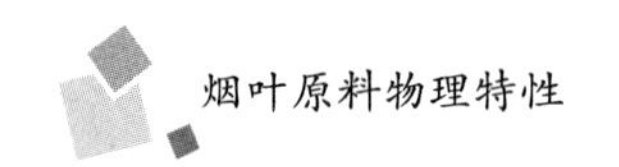

第一章
绪论

第一节　烟叶物理特性概述

烟叶物理特性是表征烟叶质量的一个重要方面，它对烟叶的加工性能、产品风格及其他经济指标有着非常重要的影响。烟叶物理特性的影响因素很多，包括品种、栽培管理、自然环境、气候条件、烟叶调制等。在多种因素的综合影响下，相同产地不同品种、相同产地不同年份、相同品种不同产地、不同调制工艺等烟叶的物理特性可能会存在较为明显的差异，进而影响到烟叶打叶复烤加工质量，并最终对卷烟质量造成影响。

烟叶的物理特性可以分为外观质量、力学特性、烟叶形态、吸湿放湿特性、燃烧性等。

一、外观质量

烟叶的外观质量是指通过检验人员的感官接触进行判定的外在物理特性，主要的指标有成熟度、颜色、色度、身份、油分、残伤等，该类指标主要用于烟叶分级。由于烟叶原料的外观质量与其内在质量有一定的相关性，因此，该类指标通常还作为烟叶原料配方使用的参考依据。

二、力学特性

烟叶加工是指调制后的烟叶原料经打叶复烤、制丝加工等一系列加工由烟叶变为烟片、叶丝的过程。经调制后的烟叶所具有的物理特性直接影响到烟叶的加工性能，并最终影响到烟叶的工业可用性。

烟叶的力学特性主要指其在拉力、压力等外力条件下所呈现出烟叶机械强度的物理特性，反映了烟叶的韧性、抗造碎性。因此，烟叶的力学特性是烟叶在不同加工过程加工参数设定的重要依据。

（一）烟叶力学特性的主要检测指标

目前，在烟叶力学特性方面检测的指标主要包括黏附力、剪切强度、抗张强度、穿透强度、叶梗结合力等。

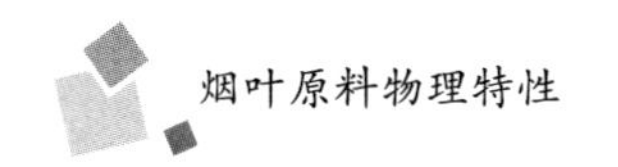

1. 黏附力

烟叶黏附力是指烟叶原料在受到特定压力、特定时间挤压后，通过向上拉伸下压探头，测定完全分离下压探头与烟叶样品所需的最大力。该指标在一定程度上反映了烟叶原料的油分含量，并与烟叶等级质量呈现出一定的相关性。

烟叶黏附力在复烤加工过程可为热风润叶水分参数设定提供依据，并可根据其大小提出烤后烟片预压打包的技术方案；在烟片储存环节可根据其大小确定烟包（箱）堆码方案及其翻堆要求；在制丝加工环节通过预判烟片原料板结程度提出松散、回潮技术方案。

2. 剪切强度

烟叶剪切强度是指烟叶原料在剪切探头以恒定的下压速率将规定尺寸的烟叶试样剪切断裂所需的最大力。该指标在一定程度上反映了烟叶原料的发育状况及成熟程度，并与烟叶原料的身份、结构呈现出一定的相关性。

在打叶复烤加工过程中可根据烟叶剪切强度与含水率的相关关系确定适宜的热风润叶出口含水率，并根据该含水率条件下剪切强度的大小为打叶技术参数设定提供依据；在制丝加工环节剪切强度可为切丝工艺技术参数设定提供依据。

3. 抗张强度

烟叶抗张强度是指烟叶原料在拉伸探头以恒定拉伸速率将规定尺寸的烟叶试样拉伸至断裂所需的最大力。该指标在一定程度上反映了烟叶的发育状况和成熟程度，并与烟叶原料的身份、结构呈现出一定的相关性。

在打叶复烤加工过程中可根据烟叶抗张强度与含水率的相关关系确定适宜的热风润叶出口含水率，并根据该含水率条件下抗张强度的大小为打叶技术参数设定提供依据。

4. 穿透强度

烟叶穿透强度是指烟叶原料在穿透探头以恒定的速率将规定尺寸的烟叶试样进行穿透所需的最大力。该指标在一定程度上反映了烟叶原料韧性、弹性，并与烟叶原料的成熟度、结构呈现出一定的相关性。

在打叶复烤加工过程中可根据烟叶穿透强度与含水率的相关关系确定适宜的热风润叶出口含水率，并根据该含水率条件下穿透强度的大小为打叶技术参数设定提供依据。

5. 叶梗结合力

烟叶叶梗结合力是指采用恒速拉伸法，将烟叶和烟叶主脉从其结合处分开所需的最大力。该指标在一定程度上反映了打叶复烤加工过程叶、梗分离的难易程度，并与烟叶原料的厚度、梗尺寸等烟叶形态纹理呈现出一定的相关性。

在打叶复烤加工过程中可根据烟叶叶梗结合力与含水率的相关关系确定适宜的热风润叶出口含水率，并根据该含水率条件下叶梗结合力的大小为打叶技术及风分技术参数设定提供依据。

（二）烟叶力学特性影响因素

1. 含水率

烟叶的力学特性受自身的发育状况、品种特性等多因素影响，其中含水率对其影响最大。烟叶力学特性随含水率升高呈现先增后降的趋势，烟叶力学特性在烟叶黏附力为18%~20%时达到最大值，在烟叶剪切强度、抗张强度、穿透强度为17%~18%时达到最大值。

2. 温度

温度也是影响烟叶力学特性的重要因素。烟叶力学特性随温度的升高呈现先增后降的趋势。在较低或较高的温度条件下，烟叶的力学特性均有一定程度的下降，在50~60℃时烟叶的力学特性较强。

三、烟叶形态

烟叶的形态主要指烟叶外观尺寸的大小，主要指标有叶长、叶宽、厚度、叶形等。该类指标通常反映烟叶的经济性能，同时在一定程度上也对烟叶的加工性能有影响。

四、吸湿放湿特性

烟叶的吸湿放湿特性是指烟叶原料随环境空气温度、湿度变化而呈现出的水分吸收或水分散发的性能。该指标与特定环境条件下烟叶含水率相关，并在一定程度上影响烟叶的加工性能。

五、燃烧性

烟叶的燃烧性是指烟叶在燃烧过程所呈现出的特性，主要包括烟叶的阴燃性、燃烧速率、燃烧完全性、燃烧均匀性等。该指标主要反映烟叶原料的工业可用性，并在一定程度上反映烟叶原料的内在质量。

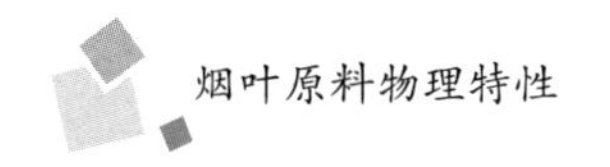

第二节　造纸法再造烟叶物理特性概述

造纸法再造烟叶作为卷烟叶组重要组成部分，因其可塑性强、化学组分在一定范围内可调可控而在减害降焦方面越来越受到重视。造纸法再造烟叶在物理特性指标方面越接近烟叶，在卷烟制丝过程中的切丝加工适应性越强，与叶组其他组成部分混配均匀性也越好[1-3]。影响造纸法再造烟叶物理性能的因素很多，一方面，烟草原料的种类、配比以及外加纤维的品种和添加比例会对造纸法再造烟叶成纸物理性能产生很大影响[4-6]；另一方面，制浆过程的纤维长度、均匀性和抄造成型工艺也会影响基片的物理性能[7-12]。

一、造纸法再造烟叶物理特性的主要检测指标

造纸法再造烟叶常规检测的物理特性主要有定量、厚度、颜色、燃烧性等。近年来，随着对造纸法再造烟叶制丝质量的深入研究，开发了与其成丝质量密切相关的抗张强度、剪切强度、摩擦系数、耐水性、柔软度等物理特性指标。

（一）定量

造纸法再造烟叶的定量是指其单位面积的质量，该指标与烟叶中单位叶面积质量或叶质重类似。造纸法再造烟叶的定量是其物理特性的重要指标之一，并在一定程度上反映了造纸法再造烟叶的加工性能和品质，造纸法再造烟叶定量的合理控制是其加工生产过程中提高生产原料有效使用率的重要措施之一。

（二）厚度

造纸法再造烟叶的厚度是指其两个面之间的垂直距离，该指标与烟叶中烟叶厚度类似。通过造纸法再造烟叶厚度、定量两个指标，可以计算出造纸法再造烟叶的疏松度或紧密度。造纸法再造烟叶疏松度或紧密度在一定程度上反映造纸法再造烟叶的内在质量，也可为提高造纸法再造烟叶加工质量提供依据。

（三）颜色

造纸法再造烟叶的颜色为其外观质量指标，与烟叶颜色判定方法相同，均需依靠技术人员进行感官评价。造纸法再造烟叶颜色及其均匀性是判定其质量的重要指标，在现行的相关标准中均要求造纸法再造烟叶颜色均匀，色泽与标样一致。

（四）燃烧性

造纸法再造烟叶的燃烧性与烟叶的燃烧性一致，主要包括阴燃性、燃烧速率、燃烧完全性、燃烧均匀性等。该指标主要反映造纸法再造烟叶原料的工业可用性，并在一定程度上反映造纸法再造烟叶原料的内在质量。

（五）抗张强度

造纸法再造烟叶的抗张强度是指以恒定的拉伸速率将规定尺寸的造纸法再造烟叶试样拉伸至断裂所需的最大力，按照造纸法再造烟叶中纤维走向可分为纵向抗张强度、横向抗张强度。该指标主要反映造纸法再造烟叶受拉力时抵抗破坏的能力，并可为造纸法再造烟叶加工生产、制丝加工参数设定提供依据。

（六）剪切强度

造纸法再造烟叶的剪切强度是指以恒定的下压速率将规定尺寸的造纸法再造烟叶试样剪切断裂所需的最大力，按照造纸法再造烟叶中纤维走向可分为纵向剪切强度、横向剪切强度。该指标主要反映造纸法再造烟叶承受剪切力的能力，可为造纸法再造烟叶制丝加工参数设定提供依据。

（七）摩擦系数

造纸法再造烟叶的摩擦系数为垂直作用于两个表面的力与摩擦力的比值，按照摩擦试验的运动性质，该指标通常分为静态摩擦系数、动态摩擦系数。该指标与造纸法再造烟叶表面的粗糙度有关，可为造纸法再造烟叶制丝加工过程中切丝机刀门压力设置提供依据。

（八）耐水性

造纸法再造烟叶的耐水性是指样品在旋转振荡条件下，在水中经受浸泡而不致分散的最长时间。该指标主要反映造纸法再造烟叶抵抗水破坏的能力，通常耐水性强的造纸法再造烟叶的力学性能不易降低，可为造纸法再造烟叶制丝加工生产的烟片回潮、切丝水分的设定提供依据。

（九）柔软度

造纸法再造烟叶的柔软度是指板状探头将试样压入狭缝中一定深度时，试样本身的抗弯曲力和试样与缝隙处摩擦力的最大矢量之和，按照造纸法再造烟叶中纤维走向可分为纵向柔软度、横向柔软度。造纸法再造烟叶柔软度主要反映造纸法再造烟叶中纤维的可变性能，可为造纸法再造烟叶可用性的判断及成丝后烟丝的柔软性预判提供依据。

（十）热水可溶物

在造纸法再造烟叶生产过程中，制浆、洗浆是关键工序。制浆过程是利用磨浆机使烟梗、碎烟片等烟草原料解离分散成合格纤维浆料的过程，为后续基片抄造过程提供稳定合格的浆料。洗浆过程是制浆过程的重要一环，是将烟草浆料中所含的非纤维物质溶出的过程，使浆料中纤维物质尽量保留，有效保障抄造过程基片强度及均匀性，同时洗掉残留的大分子物质，减少最终成品中的杂气，预留吸附空间，影响感官质量。

基片热水可溶物[13-15]表征了制浆和洗浆是否满足产品要求，热水可溶物高主要是制浆不充分、纤维束比例高、分丝帚化效果差、洗浆不彻底，残留的大分子物质会造成造纸法再造烟叶产品热辣、刺激和残留等感官质量问题，会直接影响再造烟叶产品的风格、香味物质负载效果、稳定性及最终的加热卷烟产品质量。热水可溶物是生产过程中的关键质量监控指标，可直接改善再造烟叶产品感官质量，进而影响其在新型烟草中的雾化效果及传统卷烟中的使用比例和使用价值。生产企业均迫切需要建立快速测定方法以实时监控烟叶生产过程质量，实现全生命周期质量控制、产品质量溯源的目标，为企业生产提供及时的数据反馈，提高产品质量控制水平。

二、造纸法再造烟叶物理特性影响因素

造纸法再造烟叶是由烟叶、梗块、梗签、烟末等烟草原料以及木浆纤维、碳酸钙等非烟草原料通过加工制成的。造纸法再造烟叶的物理特性主要影响因素包括原料配方、加工工艺等。

（一）原料配方影响

不同造纸法再造烟叶生产企业结合其工艺现状以及卷烟工业企业对产品质量的要求，在造纸法再造烟叶生产过程中添加了不同种类及比例的助留剂、增强剂、木浆纤维、碳酸钙等，这些物质均对造纸法再造烟叶的物理性能产生明显影响。木浆纤维添加量在3%~15%时，随着添加量的增加，再造烟叶基片的抗张强度呈现明显增大的趋势[16]；壳聚糖等助留剂添加量在8%~15%时，随着添加量的增加，再造烟叶基片的抗张强度及耐水性均呈现增加的趋势[17]；为降低生产成本和改善再造烟叶基片的物理性能，碳酸钙、硅藻土等填料已广泛应用于造纸法再造烟叶生产过程中，相关研究结果表明，碳酸钙在10%~50%添加量内，随着添加量的增加，再造烟叶基片的抗张强度呈现下降的趋势[18]。

（二）加工工艺影响

国内不同再造烟叶生产企业在工艺技术水平及装备方面存在的差异也是导致造纸法再造烟叶物理特性存在显著差异的原因之一。打浆工艺是决定造纸法再造烟叶物理性能的根本，打浆度和纤维分丝帚化程度是体现打浆工艺的重要参数，在打浆工艺环节通过不同的工艺处理能够明显改善再造烟叶基片的物理性能[19-21]；涂布是造纸法再造烟叶生产的主要工序，涂布率及涂布稳定性对造纸法再造烟叶的质量及稳定性具有至关重要的影响，惠建权等[22]研究结果表明：涂布率为50%~70%时，定量、厚度随涂布率增加而增大，再造烟叶紧度随涂布率的升高呈现“升高-降低-升高”的趋势。

第二章
烟叶原料主要物理特性指标检测方法

第一节　影响烟叶原料加工的主要物理特性

一、影响加工的烟叶主要物理特性

由于烟叶加工过程往往伴随着烟叶形态的变化，烟叶经打叶工序成为片烟，再经制丝工序成为烟丝，烟叶的每个形态变化均是烟叶经不同作用力作用的结果，因此不同烟叶原料表现出来的不同力学特性对烟叶加工的影响是显著的。从这个角度来看，在烟叶加工前了解其力学特性是有必要的。

目前对于烟叶力学特性方面的研究主要集中在拉力方面，即抗张强度，对烟叶其他的力学特性研究比较少，这限制了烟叶力学特性的进一步研究及其在烟叶加工领域的应用与推广。为解决这一问题，编者经前期调查及研究，建立了烟叶黏附力、剪切强度、抗张强度、穿透强度和叶梗分离强度的检测方法，将烟叶的力学特性测定从单一的抗张强度扩展到了黏附力、抗张强度、剪切强度、穿透强度和叶梗结合力，为烟叶力学特性研究和应用提供了技术手段。

二、影响加工的造纸法再造烟叶主要物理特性

目前，行业造纸法再造烟叶质量控制标准是 YC/T 16—2014《再造烟叶》，在该标准中对造纸法再造烟叶的抗张强度、填充值等指标进行了规定。与此同时，在再造烟叶企业生产实践中，造纸法再造烟叶物理特性指标的测定由于没有相关标准方法，在相关指标测定过程中则直接引用纸张方面的标准方法。造纸法再造烟叶以造纸工艺作为成型方式，但在物理特性及其要求方面与纸张差异很大，相关物理特性指标的测定方法直接引用纸或纸板的相关测定标准存在诸多的不适用性。

为解决上述检测方法的不适应性问题，编者经前期调查及研究，建立了造纸法再造烟叶抗张强度、剪切强度、摩擦系数、耐水性和柔软度的检测方法，克服了直接使用纸张相关标准方法检测造纸法再造烟叶过程中存在的诸

多问题，为造纸法再造烟叶物理特性的研究和应用提供了技术手段。

第二节　烟叶主要物理特性检测方法

一、烟叶黏附力检测方法

（一）烟叶黏附力的定义

烟叶黏附力是通过下压探头给予烟叶样品预定压力、预定时间挤压后，完全分离下压探头与烟叶样品所需的最大力。

（二）检测原理

使用测定仪给予烟叶样品预定压力、预定时间挤压后，通过向上拉伸下压探头，测定完全分离下压探头与烟叶样品所需的最大力，即为烟叶黏附力。

（三）检测仪器基本要求

（1）驱动装置驱动下压探头以恒定速率下压和拉伸，并保压。

（2）空载质量传感器感应值不超过±0.1g，且可校准。

（3）水平台上表面由平整、不可压缩的材料（金属、阔叶木、玻璃等）制成，其宽度不小于65mm。

（4）下压探头下表面完整，直径为5mm，应由不可压缩的金属材料制成。

（5）测力传感器与下压探头的连接装置，用于传递下压探头与测力传感器之间的作用力。

（6）记录装置记录作为时间函数的力。

（7）制样装置裁切符合要求的测试样品，裁切偏差小于0.5mm。

（四）检测的环境要求

按GB/T 16447—2004《烟草及烟草制品　调节和测试的大气环境》规定执行[23]。

（五）检测方法

（1）选取叶片完整、叶面无明显灰尘且无斑点的烟叶样品用于检测。

（2）检测样品在制样前按测试目的进行水分调节。

（3）水分调节后检测样品按照长度不小于20mm，宽度不小于20mm的要求制作成测试样品。测试样品应不包含烟叶主脉，测试部位应不包含烟叶支脉。每片烟叶或烟片仅制作一个测试样品，测试样品数量不少于10个。

（4）测试样品制备时避免用手直接接触样品表面。

（5）每次测试，测试样品应单独裁切，裁切时不应污染或破坏样品的表面。

（6）设定探头下行速率至 0.5mm/s，回复速率至 0.5mm/s，压力感应力 4500g，保压时间为 240s。

（7）将测试样品固定在样品平台，烟叶正面与检测探头接触，确定与探头接触面烟叶无支脉、破损等。启动测试开关，进行试样测试。

二、烟叶剪切强度检测方法

（一）烟叶剪切强度的定义

烟叶剪切力指烟叶截面切断前所能承受的最大力。烟叶剪切强度指单位宽度的烟叶截面切断前所能承受的剪切力。

（二）检测原理

使用测定仪以恒定的下压速率将规定尺寸的烟叶试样剪切断裂，记录剪切力，并根据记录的数据计算出烟叶的剪切强度。

（三）检测仪器基本要求

（1）驱动装置驱动剪切探头以恒定速率下压。

（2）空载质量传感器感应值不超过±0.1g，且可校准。

（3）样品固定平台的宽度大于 20mm，剪切狭缝宽度和长度分别为 2mm 和 10mm，样品夹持装置间的距离为 15mm。样品固定平台具有两个用于夹持试样的夹头。每个夹头设计为能在试样全宽上以一条直线（夹持线）牢固地夹持住试样且不损坏试样，并具有夹持力的调节装置。

（4）剪切探头为平面刀片，刀片宽度 9mm，刀片厚度 0.5mm，刀头应平整。

（5）测力传感器与剪切探头的连接装置，用于传递剪切探头与测力传感器之间的作用力。

（6）记录装置记录作为时间函数的力。

（7）制样装置裁切符合测试要求的样品，裁切偏差小于 0.1mm。

（四）检测的环境要求

按 GB/T 16447—2004《烟草及烟草制品　调节和测试的大气环境》规定执行。

（五）检测方法

（1）选取叶片完整、叶面无明显灰尘且无斑点的烟叶样品用于检测。

（2）检测样品在测试前按测试目的进行水分调节。

（3）水分调节后检测样品按照长度不小于 20mm，宽度不小于 15mm 的要求制作成测试样品。测试样品应不包含烟叶主脉，测试部位应不包含烟叶支脉。每片烟叶或烟片仅制作一个测试样品，测试样品数量不少于 10 个。

（4）测试样品被夹头夹持的长度不小于 2mm。

（5）裁切测试样品时应避免用手直接接触样品的测试区域，测试区域内不应有水印、折痕和皱褶，切口整洁、无损伤。

（6）设定剪切探头下压速率为 2.0mm/s。

（7）将试样放入夹头内，轻轻拉直试样以排除任何可见的松弛。避免用手指接触到两夹头之间的试验区域。牢固夹持试样，夹持压力应确保试样无滑移、损伤。

（8）确定与探头接触面烟叶无支脉、破损等。启动测试开关，进行试样测试。

三、烟叶抗张强度检测方法

（一）烟叶抗张强度的定义

烟叶拉力指烟叶截面断裂前所能承受的最大张力。烟叶抗张强度指单位宽度的烟叶断裂前所能承受的拉力。

（二）检测原理

使用测定仪以恒定的拉伸速率将规定尺寸的烟叶试样拉伸至断裂，记录拉力，并根据记录的数据计算出烟叶的抗张强度。

（三）检测仪器基本要求

（1）驱动装置驱动拉力夹头以恒定速率拉伸。

（2）空载质量传感器感应值不超过±0.1g，且可校准。

（3）测定仪具有两个用于夹持试样的夹头。每个夹头能在试样全宽上以一条直线（夹持线）牢固地夹持住试样且不损坏试样，并具有夹持力的调节装置。

（4）试样被夹持后，两条夹持线互相平行，其夹角不超过 1°。试验过程中，两夹持线在试样平面上的夹角变化不超过 0.5°。试样中心线与夹持线垂直，偏差不超过 1°。

（5）在试样的长边方向，施加的张力与试样的中心线平行，夹角不大于 1°。两夹持线间的距离不小于 100mm，并可调。

（6）测力传感器与拉力探头的连接装置，用于传递拉力探头与测力传感器之间的作用力。

（7）记录装置记录作为时间函数的力。

（8）制样装置裁切符合要求的试样，裁切偏差小于 0.1mm。

（四）检测的环境要求

按 GB/T 16447—2004《烟草及烟草制品　调节和测试的大气环境》规定执行。

（五）检测方法

（1）选取叶片完整、叶面无明显灰尘且无斑点的烟叶样品作为检测样品。

（2）检测样品在制样前按测试目的进行水分调节。

（3）水分调节后检测样品制作成宽度为（15±0.1）mm，长度不小于 50mm 测试样品。测试样品的两长边平直，其平行度在±0.1mm 范围内。测试样品不包含烟叶主脉和支脉。每片烟叶或烟片仅制作一个测试样品，测试样品数量不少于 10 个。

（4）裁切样品时避免用手直接接触试样的测试区域，测试区域内不应有水印、折痕和皱褶，切口整洁、无损伤。

（5）调节拉伸速率至 0.5mm/s。

（6）将试样放入夹头内，测试样品在两夹头之间的长度为 30mm，每个夹头夹持样品长度不小于 10mm。轻轻拉直试样以排除任何可见的松弛。避免用手直接接触到两夹头之间的试验区域。牢固夹持试样，夹持压力确保试样无滑移、损伤。启动测试开关，进行试样测试。

（7）试样断裂截面距样品夹持线距离小于 2mm，测定数据无效。

四、烟叶穿透强度检测方法

（一）烟叶穿透强度的定义

烟叶穿透力指柱状探头穿透烟叶所需的最大力。烟叶穿透强度指单位面积烟叶穿透前所能承受的最大力。

（二）检测原理

使用测定仪以恒定的速率将规定尺寸的烟叶试样进行穿透，记录穿透力，并根据记录的数据计算出烟叶的穿透强度。

（三）检测仪器基本要求

（1）驱动装置驱动穿透探头以恒定速率下压。

（2）空载质量传感器感应值不超过±0.1g，且可校准。

（3）样品固定平台的宽度大于20mm，穿孔直径为9mm，样品夹持装置间的距离为10mm。样品固定平台具有两个用于夹持试样的夹头。每个夹头设计为能在试样全宽上以一条直线（夹持线）牢固地夹持住试样且不损坏试样，并具有夹持力的调节装置。

（4）试样被夹持后，两条夹持线互相平行，其夹角不超过1°。试验过程中，两夹持线在试样平面上的夹角变化不超过0.5°。试样中心线与夹持线垂直，偏差不超过1°。

（5）穿透探头为不锈钢材质，柱头直径为2mm，柱头平面应平整。

（6）测力传感器与穿透探头的连接装置，用于传递穿透探头与测力传感器之间的作用力。

（7）记录装置记录作为时间函数的力。

（8）制样装置裁切符合要求的试样，裁切偏差小于0.5mm。

（四）检测的环境要求

按GB/T 16447—2004《烟草及烟草制品　调节和测试的大气环境》规定执行。

（五）检测方法

（1）选取叶片完整、叶面无明显灰尘且无斑点的烟叶样品作为检测样品。

（2）检测样品在制样前按测试目的进行水分调节。

（3）水分调节后检测样品按照长度不小于20mm，宽度不小于20mm的要求制作成测试样品。测试样品应不包含烟叶主脉，测试部位应不包含烟叶支脉。每片烟叶或烟片仅制作一个测试样品，测试样品数量不少于10个。

（4）裁切样品时应避免用手直接接触试样的测试区域，测试区域内不应有水印、折痕和皱褶。

（5）每次测试，测试样品应单独裁切，裁切时不应污染或破坏样品的表面。

（6）设定穿透探头下行速率为1.5mm/s，穿透速率为1.0mm/s。

（7）将试样放入夹头内，轻轻拉直试样以排除任何可见的松弛。避免用手指接触到两夹头之间的试验区域。牢固夹持试样，夹持压力应确保试样无滑移、损伤。

（8）确定与探头接触面烟叶无支脉、破损等。启动测试开关，进行试样测试。

五、烟叶叶梗结合力检测方法

（一）烟叶叶梗结合力的定义

采用恒速拉伸法，将烟叶和烟叶主脉从其结合处分开。烟叶叶梗结合力指烟叶与烟叶主脉完全分离所需的平均力。支脉结合力指叶梗分离过程中烟叶支脉与主脉结合部位分离所需的最大力。

（二）检测原理

使用测定仪以恒定的拉伸速率将规定尺寸的烟叶试样拉伸至叶梗完全分离，计算叶梗分离过程所用的平均力。

（三）检测仪器基本要求

（1）驱动装置驱动拉力夹头以恒定速率拉伸。

（2）空载质量传感器感应值不超过±0.1g，且可校准。

（3）试验仪具有两个用于夹持试样的夹头，并具有夹持力的调节装置。

（4）试样被夹持后，两条夹持线互相平行，其夹角不超过1°。试验过程中，两夹持线在试样平面上的夹角变化不超过0.5°。

（5）施加的张力与试样的中心线平行，夹角不大于1°。两夹持线间的距离在0~200mm内可调。

（6）测力传感器与拉力探头的连接装置，用于传递拉力探头与测力传感器之间的作用力。

（7）记录装置记录作为时间函数的力。

（8）制样装置裁切符合要求的试样，裁切偏差小于0.1mm。

（四）检测的环境要求

按GB/T 16447—2004《烟草及烟草制品　调节和测试的大气环境》规定执行。

（五）检测方法

（1）选取叶片完整、叶梗结合处无破损的烟叶样品作为检测样品。

（2）检测样品在制样前按测试目的进行水分调节。

（3）水分调节后检测样品按照主脉长度为（25±0.5）mm，与主脉垂直方向烟叶宽度不小于15mm的要求制作成测试样品。测试样品应为检测烟叶样品的中间部位，且仅包含1个烟叶支脉，支脉应在样品的中间部位。每片烟叶仅制作一个测试样品，测试样品数量不少于10个。

（4）在测试样品靠近叶尖端，人工在烟叶与主脉结合处撕出（5.0±0.5）mm

的叶梗分离口。

（5）在样品夹持范围内烟叶切口整洁、无损伤。

（6）调节拉伸速率至 3.0mm/s。

（7）将测试样品主脉放入样品固定平台夹头内，叶梗分离口处烟叶放入上拉探头，放入夹头内烟叶及主脉长度不超过 5mm，轻轻拉直试样以排除任何可见的松弛。避免用手直接接触到两夹头之间的试验区域。牢固夹持试样，夹持压力确保试样无滑移、损伤。启动测试开关，进行试样测试。

（8）试样支脉与主脉未分离，测定数据无效。

第三节　造纸法再造烟叶主要物理特性检测方法

一、造纸法再造烟叶定量检测方法

（一）造纸法再造烟叶定量的定义

纸张的定量指纸张单位面积的质量，以 g/m^2（克每平方米）表示，是表征其质量的重要指标之一。烟叶中有与其类似的物理指标，称为单位叶面积质量或叶质量。造纸法再造烟叶 YC/T 16—2014《再造烟叶》规定，造纸法再造烟叶的定量应≤$110g/m^2$。

（二）检测原理

造纸法再造烟叶定量的测定按照纸和纸板的标准方法，采用打孔法取样测定造纸法再造烟叶定量，测定 5 片面积为 $100cm^2$ 的正方形或圆形试样的质量，根据公式计算样品的定量。

（三）检测的要求

（1）定量取样器取的样为（100±0.35）cm^2 的圆形试样。

（2）测试前需用 100.0g 砝码校准天平。

（3）计算公式为 $G=M/A$，其中 M 为总质量，A 为总面积。

（四）检测方法

（1）取出组缸后的基片和分切前的再造烟叶，沿横幅方向对折，在距离操作侧（传动侧）3cm 处将样品裁切成面积为（100±0.35）cm^2 的圆形试样 5 片，每片试样间隔 10cm。

（2）将基片（再造烟叶）试样放置于（140±2）℃的恒温加热台上，加盖烘 4min 后，迅速将样品取出放入已清零的称样盒内称重，测得质量为基片（再造烟叶）绝干总质量。

二、造纸法再造烟叶厚度检测方法

（一）造纸法再造烟叶厚度的定义

造纸法再造烟叶厚度指在一定压力下造纸法再造烟叶上下表面之间的垂直距离，单位为 mm。

（二）检测原理

给予造纸法再造烟叶一定压力，测定造纸法再造烟叶上下表面间的垂直距离。根据样品实际厚度测试单层或多层再造烟叶的厚度，然后以单层的测量结果表示其厚度。

（三）检测的要求

（1）测试时要以低于 3mm/s 的速率将另一测试面触碰到样品表面，避免冲击；等指示值稳定后读数。

（2）根据样品实际厚度测试单层或多层再造烟叶的厚度，然后以单层的测量结果表示其厚度。

（四）检测方法

（1）随机抽取 5 片面积为（100±0.35）cm^2 的基片（再造烟叶），放入恒温恒湿箱［温度（22±1）℃；相对湿度（60±3）%］平衡 4h 以上。

（2）清理干净厚度测量仪的测量面，使厚度测量仪的显示值为零。用厚度测量仪分别测定每片试样的厚度，每片基片（再造烟叶）在不同的部位随机测量两点，测定点离任何一端不小于 20mm 或在试样中间。

（3）抬起厚度测量仪的可动测量板插入试样将可动测量板放在试样上待 3s 后读取显示值，抬起厚度测量仪的可动测量板，将试样移位，进行第二次读数。所选择的两个点应在试样上分布均匀。

（4）重复以上步骤，共测得 5 片基片（再造烟叶）的厚度。

三、造纸法再造烟叶摩擦系数检测方法

（一）造纸法再造烟叶摩擦系数的定义

摩擦力指一种材料的表面在另一种相同材料或其他材料表面滑动时所产生的阻力。

静态摩擦力指一个表面在另一个表面滑动时，抵抗其运动所需的最大力。静态摩擦系数指摩擦试验中，垂直作用于两个表面的力与静态摩擦力的比值。

动态摩擦力指保持一个表面在另一个表面滑动的阻力。动态摩擦系数指摩擦试验中，垂直作用于两个表面的力与动态摩擦力的比值。

（二）检测原理

将试样表面以平面接触方式放在一起，并均匀施加接触压力，记录初始滑动所需的力（静态摩擦力）和两表面相对滑动的力（动态摩擦力），根据记录的数据计算出造纸法再造烟叶的静态摩擦系数和动态摩擦系数。

（三）检测仪器基本要求

（1）水平台上表面由平整、不可压缩的材料（金属、阔叶木、玻璃等）制成，其宽度不小于65mm。试验过程中，水平台应能防止试样与平台间的滑动。

（2）滑块下表面完整，尺寸是［(60±5)mm］×［(60±5)mm］，并由不可压缩的材料制成，质量为（500±5)g。

（3）空载校准质量传感器感应值不超过±0.1g，且可利用砝码进行加载校准。

（4）记录装置记录作为时间函数的力。

（5）测力传感器与滑块的连接装置，用于传递滑块与测力传感器之间的作用力。

（6）驱动机械驱动滑块与台面之间产生滑动，滑块运行速率的准确度应不大于1%。

（7）衬垫位于滑块下表面，确保压力分布均匀，衬垫可压缩，衬垫宽厚均匀，厚度在1.5~3.0mm。如果其边缘磨损或表面损坏时，应及时更换。

（8）滑块导轨系统保持滑块以平行于台面的方向滑动。

（9）制样装置裁切符合要求的试样，裁切偏差小于0.5mm。

（四）检测的环境要求

按GB/T 16447—2004《烟草及烟草制品　调节和测试的大气环境》规定执行。

（五）检测方法

（1）按GB/T 16447—2004《烟草及烟草制品　调节和测试的大气环境》的规定调节大气环境条件对试样进行平衡，平衡时间不少于6h。

（2）对平衡后的造纸法再造烟叶样品纵、横向进行识别和标注。

（3）沿样品纵、横向分别裁切制备测试样品，样品数量应满足测试需要。

（4）测试需要两个不同试样，一个试样与滑块接触，另一个试样与台面接触。

（5）与滑块接触试样大小为 60mm×60mm；与台面接触试样的宽度不少于 60mm，长度不少于 150mm。

（6）试样制备时避免用手直接接触试样表面或使试样表面产生摩擦。

（7）每次测试，测试样品应单独裁切，裁切时应保证试样边缘的光滑，且不应污染试样的表面。

（8）设定滑块运行速率为 20mm/s。

（9）将试样固定在台面和滑块上，使试样面相接触并确保台面和滑块的运动方向平行于拉力方向。

（10）一旦两个试样相接触，就不应再移动滑块或轻微调整其位置。

（11）启动测试开关，如果启动时间不在 0.5～5s，则测定结果无效，应更换试样重新进行测试。

（12）记录启动滑动所需的力值 F_s，记录滑动中从 40～60mm 滑动距离的平均摩擦力。

（13）测试后，废弃已做过的试样。更换试样重复测试，每个方向（纵向、横向）组合各进行至少 10 次有效测试。测试过程中如果出现黏性滑动，则不能对动态摩擦进行评价。

四、造纸法再造烟叶剪切强度检测方法

（一）造纸法再造烟叶剪切强度的定义

剪切力指造纸法再造烟叶截面切断前所能承受的最大力。造纸法再造烟叶剪切强度指单位宽度的造纸法再造烟叶截面切断前所能承受的剪切力。

（二）检测原理

使用试验仪以恒定的下压速率将规定尺寸的造纸法再造烟叶试样剪切断裂，记录剪切力，并根据记录的数据计算出造纸法再造烟叶的剪切强度。

（三）检测仪器的基本要求

（1）驱动装置驱动剪切探头以恒定速率下压。

（2）空载校准质量传感器感应值不超过±0.1g，且可利用砝码进行加载校准。

（3）样品固定平台的宽度大于 20mm，剪切狭缝宽度为 4mm，样品夹持装置间的距离为 20mm。样品固定平台具有两个用于夹持试样的夹头。每个夹头设计为能在试样全宽上以一条直线（夹持线）牢固地夹持住试样且不损坏试样，并具有夹持力的调节装置。

（4）试样被夹持后，两条夹持线互相平行，其夹角不超过1°。试验过程中，两夹持线在试样平面上的夹角变化不超过0.5°。试样中心线与夹持线垂直，偏差不超过1°。

（5）在试样的长边方向，施加的压力与试样的中心线垂直，夹角不大于1°。

（6）剪切探头的宽度大于20mm，刀身厚度3mm，刀刃角度为60°。

（7）测力传感器与剪切探头的连接装置，用于传递剪切探头与测力传感器之间的作用力。

（8）记录装置记录作为时间函数的力。

（9）制样装置裁切符合要求的试样，裁切偏差小于0.1mm。

（四）检测的环境要求

按GB/T 16447—2004《烟草及烟草制品　调节和测试的大气环境》规定执行。

（五）检测方法

（1）按照GB/T 16447—2004《烟草及烟草制品　调节和测试的大气环境》的规定调节大气环境条件对试样进行平衡，平衡时间不少于6h。

（2）对平衡后的造纸法再造烟叶样品纵、横向进行识别和标注。

（3）沿样品纵、横向分别裁切制备测试样品，样品数量应满足测试需要。

（4）测试样品宽度为（15±0.1）mm，长度足够夹持在两夹头之间。试样的两长边平直，其平行度不超过±0.1mm。

（5）裁切样品时应避免用手直接接触试样的测试区域，测试区域内不应有水印、折痕和皱褶，切口整洁、无损伤。

（6）设定剪切探头下压速率为20mm/s。

（7）将试样放入夹头内，轻轻拉直试样以排除任何可见的松弛。避免用手指接触到两夹头之间的试验区域。牢固夹持试样，夹持压力应确保试样无滑移、损伤。启动测试开关，进行试样测试。

（8）试样切断截面不在剪切狭缝宽度范围内，测定数据无效。

（9）每个方向（纵向或横向）各进行至少10次有效测试。

五、造纸法再造烟叶抗张强度检测方法

（一）造纸法再造烟叶抗张强度的定义

造纸法再造烟叶拉力指造纸法再造烟叶截面断裂前所能承受的最大张力。

造纸法再造烟叶抗张强度指单位宽度的造纸法再造烟叶断裂前所能承受的拉力。

（二）检测原理

使用试验仪以恒定的拉伸速率将规定尺寸的造纸法再造烟叶试样拉伸至断裂，记录拉力，并根据记录的数据计算出造纸法再造烟叶的抗张强度。

（三）检测仪器的基本要求

（1）驱动装置驱动拉力夹头以恒定速率拉伸。

（2）空载校准质量传感器感应值不超过±0.1g，且可利用砝码进行加载校准。

（3）试验仪具有两个用于夹持试样的夹头。每个夹头能在试样全宽上以一条直线（夹持线）牢固地夹持住试样且不损坏试样，并具有夹持力的调节装置。

（4）在试样平面上的夹角变化不超过0.5°。试样中心线与夹持线垂直，偏差不超过1°。

（5）在试样的长边方向，施加的拉力与试样的中心线平行，夹角不大于1°。两夹持线间的距离为（100±0.5）mm。

（6）测力传感器与拉力探头的连接装置，用于传递拉力探头与测力传感器之间的作用力。

（7）记录装置记录作为时间函数的力。

（8）制样装置裁切符合要求的试样，裁切偏差小于0.1mm。

（四）检测的环境要求

按GB/T 16447—2004《烟草及烟草制品　调节和测试的大气环境》规定执行。

（五）检测方法

（1）按照GB/T 16447—2004《烟草及烟草制品　调节和测试的大气环境》的规定调节大气环境条件对试样进行平衡，平衡时间不少于6h。

（2）对平衡后的造纸法再造烟叶样品纵、横向进行识别和标注。

（3）沿样品纵、横向分别裁切制备拉力测试样品。样品数量应满足测试需要。

（4）测试样品宽度为（15±0.1）mm，长度足够夹持在两夹头之间。试样的两长边平直，其平行度不超过±0.1mm。

（5）裁切样品时避免用手直接接触试样的测试区域，测试区域内不应有水印、折痕和皱褶，切口整洁、无损伤。

（6）调节拉伸速率至1.5mm/s。

（7）将试样放入夹头内，轻轻拉直试样以排除任何可见的松弛。避免用手直接接触到两夹头之间的试验区域。牢固夹持试样，夹持压力确保试样无滑移、损伤。启动测试开关，进行试样测试。

（8）试样断裂截面距样品夹持线距离小于2mm，测定数据无效。

（9）每个方向（纵向或横向）各进行至少10次有效测试。

六、造纸法再造烟叶耐水性检测方法

（一）造纸法再造烟叶耐水性的定义

造纸法再造烟叶耐水性是指造纸法再造烟叶在水中经受浸泡而不至分散的最长时间。样品分散指在同一边缘出现不少于两条且长度大于5mm的裂缝或在样品表面出现长度不小于5mm裂缝的样品状态。

（二）检测原理

在规定条件下，记录造纸法再造烟叶样品在旋转振荡条件下在水中经受浸泡而不致分散的最长时间。

（三）检测仪器的基本要求

（1）振荡仪具备连续回旋振荡功能。

（2）振荡仪最大振荡频率不小于300r/min，振荡频率可调。

（3）振荡仪振荡幅度不小于20mm。

（4）计时装置连续计时时长不小于600s，计时精度为±1s。

（5）制样装置裁切符合要求的试样，裁切偏差小于0.5mm。

（四）检测的环境要求

按GB/T 16447—2004《烟草及烟草制品　调节和测试的大气环境》规定执行。

（五）检测方法

（1）按GB/T 16447—2004《烟草及烟草制品　调节和测试的大气环境》的规定调节大气环境条件对试样进行平衡，平衡时间不少于6h。

（2）对平衡后的造纸法再造烟叶样品纵、横向进行识别和标注。

（3）沿样品纵、横向分别裁切制备测试样品。样品数量应满足测试需要。

（4）测试样品规格为50mm×50mm，尺寸偏差不超过±0.5mm。

（5）试样切口整洁、无损伤。

（6）设定振荡仪振荡频率为250r/min。

（7）将试样放入250mL锥形瓶中，加入100mL（25±5）℃的清水，置于摇台上。

（8）启动仪器测定，每摇动30s暂停5s，观察样品分散状态，在样品分散状态达到规定的状态时，记录样品浸泡时间。然后进行下一试样的测试，每个样品应分别测试10个数据。

七、造纸法再造烟叶柔软度检测方法

（一）造纸法再造烟叶柔软度的定义

造纸法再造烟叶柔软度指板状探头将试样压入狭缝中一定深度时，试样本身的抗弯曲力和试样与缝隙处摩擦力的最大矢量之和。

（二）检测原理

通过柔软度仪的板状探头将规定尺寸造纸法再造烟叶试样压入狭缝中一定深度（约8mm），记录测试过程中试样本身的抗弯曲力和试样与缝隙处摩擦力的最大矢量之和，记为试样柔软度。

（三）检测仪器的基本要求

（1）驱动装置驱动板状探头以恒定速率下压。

（2）空载校准质量传感器感应值不超过±0.1g，且可利用砝码进行加载校准。

（3）测试狭缝宽度为20.0mm，宽度误差不超过±0.05mm。

（4）板状探头长度大于100mm，厚度为2mm，测口圆弧半径为1mm。

（5）狭缝平行度不超过±0.05mm。

（6）探头进入狭缝后，探头相对于狭缝两边对称，对称度小于0.05mm。

（7）测力传感器与探头的连接装置，用于传递板状探头与测力传感器之间的作用力。

（8）记录装置记录作为时间函数的力。

（9）制样装置裁切符合要求的试样，裁切偏差小于0.5mm。

（四）检测的环境要求

按GB/T 16447—2004《烟草及烟草制品　调节和测试的大气环境》规定执行。

（五）检测方法

（1）按GB/T 16447—2004《烟草及烟草制品　调节和测试的大气环境》

的规定调节大气环境条件对试样进行平衡，平衡时间不少于6h。

（2）对造纸法再造烟叶样品纵、横向进行识别和标注。

（3）沿样品纵、横向分别裁切制备测试样品。样品数量应满足测试需要。

（4）测试样品规格为100mm×100mm，尺寸偏差不超过±0. 5mm。

（5）裁切样品时避免用手直接接触试样的测试区域，切口应整洁、无损伤。

（6）设定探头行进速率为1. 2mm/s。

（7）调节狭缝宽度，检查宽度误差及平行度，使其符合要求（三）（3）和（5）。

（8）调节探头对称度，使其符合要求（三）（6）。

（9）将试样置于仪器试验台上，并使之对称于狭缝。

（10）按下测试按钮，仪器板状探头开始运动，且试样压入总行程不少于8mm。待探头走完全程后，读取测量值，然后进行下一试样的测试，纵、横向应分别测试10个数据。

第三章
烟叶物理特性

本章所列烟叶原料均为2020年度烟叶原料，涵盖云南、河南、贵州、湖南、四川、福建等18个省份72个地市的938个烟叶等级。其中所涉及的黏附力、剪切强度、穿透强度、抗张强度、叶梗结合力等指标均按照第二章介绍的检测方法进行检测。

第一节　引言

烤烟烟叶原料是支撑中式卷烟品牌升级发展和创新产品开发的关键，烟草种植区划和烤烟烟叶香型风格区划研究成果的落实推进，实现了我国烟草区域化生产和烟叶特色定位，在稳定我国烟草种植规模、提高烟叶总体质量和打造烟叶特色品牌等烟叶生产方面，卷烟产品开发和维护等烟叶使用方面均夯实了理论和技术基础。

实现烟叶原料加工过程提质增效水平的提升是行业高质量发展的明确要求，基于烟叶原料物理特性的加工技术开发是实现加工质量与加工效益融合的重要途径。我国烟叶种植区域幅员辽阔，在环境气候、烟叶品种、种植措施等条件的影响下，不同种植区生产烟叶原料的物理特性存在明显差异。由于烟叶加工生产链条较长，不同加工过程连贯加工后，不同特性烟叶原料加工质量还存在难以适应卷烟升级与品类创新的原料需求以及不同加工过程加工效益较为粗放等问题。

烟叶的物理特性在不同程度上反映出烟叶的内在质量及其工艺性能，是反映打叶复烤烟叶原料加工特性的重要因素，可作为烟叶加工属性分型的主要依据。阎克玉等[24-26]、罗登山等[27]、尹启生等[28] 提出的烤烟物理性状评价指标体系；孙建锋等[29]、邓小华等[30,31]、李洪勋等[32]、杨虹琦等[33] 分别对河南、湖南、贵州、云南烟叶物理性状进行分析评价，物理特性评价指标各异，但对物理性状的研究大多集中于单个性状[34-36]，且主要集中于烟叶厚度、密度、叶中含梗率、平衡含水率等指标，旨在为烟叶生

产技术措施改进提供决策参考。吴祚友等[37]、卫盼盼等[38]将烟叶物理特性中的拉力指标应用于加工技术研究中，研究了物理特性与打叶质量和参数的关系，为打叶工序参数的设定提供技术参考。张玉海[39-43]等建立了烟叶黏附力、剪切强度、穿透强度、抗张强度、叶梗结合力等力学特性检测方法，拓宽了烟叶物理特性研究的广度，挖掘了表征烟叶加工特性的深度，从本质上奠定了烟叶物理特性与烟叶加工之间关联的理论基础，并在此基础上，研究了烟叶力学特性与水分、温度、外界压力等因素的相关关系，通过打叶复烤加工技术研究提出了基于烟叶力学特性的打叶复烤新工艺和配方打叶技术。喻奇伟等[44]研究了贵州毕节3个主栽烤烟品种力学特性，以明确不同烤烟品种烟叶的差异，为不同烤烟品种烟叶打叶复烤加工技术参数的设置提供基础依据，进一步提升不同烤烟品种烟叶打叶复烤的加工质量。2017年中国烟草总公司郑州烟草研究院完成了《基于烟叶力学特性的打叶复烤工艺技术与应用》项目，项目组基于烟草力学特性，建立烟草力学特性测定的方法、烟草原料分类方法，通过工艺参数优化，建立了分类打叶工艺技术。

目前，卷烟原料加工及质量的保障仍存在烟叶原料物理特性尚未系统性研究的问题，一方面是烟叶物理特性检测指标不全面，以往研究多局限于某几个指标；另一方面是烟叶物理特性检测涵盖区域不广，基于烟叶物理特性的分类不系统。本章通过全面分析国内不同产区、不同品种烟叶黏附力、剪切强度、穿透强度等物理特性指标，系统掌握烟叶原料物理特性差异，为进一步提升中式卷烟原料的加工质量保障水平提供技术支撑。

第二节 不同产地烟叶物理特性

一、不同产地烟叶黏附力

（一）不同产地上部烟叶黏附力分布情况

由表3-1可知，70个地市（自治州）的上部烟叶中，凉山、楚雄、泸州、衡阳、韶关、攀枝花、邵阳的黏附力相对较大，平均值均在9.0N以上；信阳、绥化、临沂、庆阳、南平、贺州、佳木斯、咸阳的黏附力相对较小，平均值均在6.0N以下。毕节、铜仁、安顺、泸州、丽江、文山、凉山上部烟叶的黏附力标准偏差相对较大，说明其地市内县区间上部烟叶的黏附力的差异相对较大。

表 3-1　　不同地市（自治州）上部烟叶黏附力　　单位：N

序号	地名	平均值	最小值	最大值	标准偏差
1	凉山	9.495	3.874	15.139	3.026
2	楚雄	9.458	5.549	13.344	2.820
3	泸州	9.406	6.753	12.058	3.751
4	衡阳	9.385	7.626	10.486	1.540
5	韶关	9.370	7.587	10.812	1.318
6	攀枝花	9.183	8.226	10.141	1.354
7	邵阳	9.014	7.584	11.436	2.109
8	曲靖	8.947	6.288	11.248	2.084
9	丹东	8.693	8.670	8.716	0.033
10	梅州	8.690	7.166	11.335	1.519
11	毕节	8.559	1.130	10.879	4.175
12	宜宾	8.529	6.917	11.640	2.122
13	永州	8.489	6.996	12.660	1.682
14	红河	8.344	5.498	10.334	2.496
15	宣城	8.263	8.033	8.489	0.206
16	长沙	8.239	7.988	8.490	0.355
17	保山	8.190	3.989	11.811	2.838
18	宜春	8.157	7.981	8.333	0.249
19	广元	8.153	7.539	8.767	0.868
20	黔东南	8.136	4.825	10.894	2.464
21	安顺	8.122	3.735	10.615	3.811
22	三门峡	8.082	5.739	10.313	1.297
23	临沧	8.078	3.843	10.649	2.507
24	宝鸡	8.050	7.841	8.259	0.295
25	河池	8.050	7.767	8.333	0.400
26	百色	7.947	7.775	8.087	0.158
27	普洱	7.929	3.182	13.319	2.830
28	郴州	7.826	3.127	12.077	2.855
29	铁岭	7.735	6.583	8.660	1.057
30	漯河	7.695	5.158	9.875	2.378

续表

序号	地名	平均值	最小值	最大值	标准偏差
31	丽江	7.692	4.716	12.430	3.131
32	许昌	7.559	5.663	9.195	1.413
33	常德	7.489	6.907	8.071	0.823
34	芜湖	7.478	7.440	7.516	0.053
35	商洛	7.461	7.461	7.461	—
36	文山	7.335	3.214	11.501	3.074
37	黔南	7.312	4.585	9.202	2.420
38	安康	7.268	6.152	7.959	0.976
39	恩施	7.261	3.668	8.786	1.611
40	大理	7.226	4.071	13.164	2.836
41	洛阳	7.210	4.148	10.112	1.791
42	昆明	7.071	3.554	10.856	2.190
43	抚州	7.058	4.824	8.608	1.704
44	贵阳	7.033	6.850	7.133	0.159
45	潍坊	6.990	6.767	7.213	0.315
46	延安	6.990	6.990	6.990	—
47	宜昌	6.908	5.418	8.398	2.107
48	日照	6.897	5.578	8.216	1.866
49	牡丹江	6.828	4.506	8.465	1.697
50	铜仁	6.789	2.661	10.275	3.848
51	平顶山	6.769	4.802	11.282	2.084
52	运城	6.722	5.573	8.774	1.453
53	遵义	6.717	1.184	10.801	2.806
54	陇南	6.676	5.882	7.469	1.122
55	三明	6.590	3.998	9.010	1.626
56	襄阳	6.585	5.628	7.542	1.353
57	龙岩	6.573	3.866	7.956	1.574
58	黔西南	6.558	2.778	9.920	2.918
59	哈尔滨	6.497	6.276	6.718	0.312
60	赣州	6.485	5.303	7.792	0.754

续表

序号	地名	平均值	最小值	最大值	标准偏差
61	双鸭山	6.098	5.810	6.387	0.408
62	玉溪	6.021	2.112	10.330	2.440
63	信阳	5.992	3.893	8.091	2.968
64	绥化	5.927	5.450	6.404	0.674
65	临沂	5.862	1.308	9.904	2.627
66	庆阳	5.845	4.576	7.176	1.301
67	南平	5.633	3.755	8.648	1.778
68	贺州	5.586	5.571	5.601	0.022
69	佳木斯	5.472	2.517	8.016	2.773
70	咸阳	5.313	4.943	5.684	0.524

(二) 不同产地中部烟叶黏附力分布情况

由表 3-2 可知，71 个地市（自治州）的中部烟叶中，攀枝花、衡阳、长沙、凉山、梅州、黔东南的黏附力相对较大，平均值均在 9.0N 以上；漯河、商洛、毕节、咸阳、延安、日照、临沂、广元、湘西的黏附力相对较小，平均值均在 6.0N 以下。漯河、普洱、抚州、丽江、大理中部烟叶的黏附力标准偏差相对较大，说明其地市内县区间中部烟叶的黏附力的差异相对较大。

表 3-2　　不同地市（自治州）中部烟叶黏附力　　单位：N

序号	地名	平均值	最小值	最大值	标准偏差
1	攀枝花	9.723	8.987	10.459	1.041
2	衡阳	9.565	8.782	10.132	0.701
3	长沙	9.446	8.725	10.167	1.020
4	凉山	9.380	4.571	12.581	2.524
5	梅州	9.052	6.725	11.357	1.594
6	黔东南	9.002	5.444	11.111	2.002
7	抚州	8.772	5.326	12.959	3.299
8	邵阳	8.760	7.225	10.954	1.950
9	河池	8.683	8.516	8.850	0.237
10	宜昌	8.555	7.824	9.287	1.034
11	贵阳	8.487	5.128	10.532	2.932

续表

序号	地名	平均值	最小值	最大值	标准偏差
12	安顺	8.470	7.903	9.037	0.802
13	宜宾	8.451	5.736	11.662	2.523
14	芜湖	8.341	7.641	9.042	0.991
15	泸州	8.315	7.662	8.969	0.925
16	常德	8.258	7.825	8.690	0.611
17	百色	8.153	8.061	8.267	0.105
18	宜春	8.126	7.378	8.875	1.058
19	遵义	8.124	4.164	12.827	2.803
20	襄阳	8.101	7.453	9.301	1.041
21	韶关	8.035	5.529	9.437	1.510
22	文山	7.998	4.094	10.009	2.100
23	三门峡	7.828	5.624	11.045	1.715
24	铁岭	7.802	6.991	8.708	0.862
25	宣城	7.793	6.933	8.654	1.217
26	宝鸡	7.753	7.373	8.031	0.341
27	红河	7.729	4.468	11.023	2.564
28	永州	7.664	4.381	11.611	2.340
29	恩施	7.611	5.490	9.451	1.191
30	郴州	7.479	4.548	11.074	1.935
31	丹东	7.465	4.730	10.452	2.469
32	楚雄	7.402	3.790	10.431	1.960
33	平顶山	7.399	4.828	11.975	2.553
34	黔南	7.381	3.999	10.530	2.809
35	佳木斯	7.358	5.835	8.306	1.332
36	许昌	7.322	5.319	9.173	1.498
37	南平	7.301	4.795	10.072	1.860
38	信阳	7.209	5.961	8.458	1.766
39	丽江	7.179	4.028	11.675	3.175
40	昆明	7.137	3.607	12.647	2.590
41	洛阳	7.053	3.503	10.262	2.255

续表

序号	地名	平均值	最小值	最大值	标准偏差
42	普洱	7.039	3.663	12.998	3.646
43	铜仁	6.999	6.134	7.508	0.753
44	龙岩	6.910	4.409	11.239	2.463
45	安康	6.764	5.398	7.968	1.292
46	临沧	6.755	3.824	10.168	2.248
47	黔西南	6.730	4.574	9.318	1.559
48	三明	6.711	4.538	10.739	1.851
49	曲靖	6.582	3.719	10.132	2.403
50	大理	6.533	3.179	15.259	3.123
51	白城	6.508	3.406	9.073	2.871
52	玉溪	6.459	3.808	10.768	2.141
53	庆阳	6.403	5.713	6.786	0.599
54	双鸭山	6.392	6.185	6.600	0.294
55	保山	6.354	3.298	9.723	2.485
56	运城	6.310	5.207	7.024	0.969
57	陇南	6.299	6.299	6.299	—
58	赣州	6.267	5.432	7.201	0.554
59	哈尔滨	6.233	6.233	6.233	—
60	贺州	6.065	4.793	7.336	1.798
61	牡丹江	6.033	4.593	7.354	1.193
62	绥化	6.006	5.115	6.897	1.260
63	漯河	5.904	2.670	9.138	4.574
64	商洛	5.868	3.726	8.781	2.614
65	毕节	5.682	3.736	9.908	1.717
66	咸阳	5.586	5.273	5.898	0.442
67	延安	5.376	5.376	5.376	—
68	日照	5.145	3.738	7.668	1.854
69	临沂	4.995	3.453	7.670	1.693
70	广元	4.840	4.515	5.164	0.459
71	湘西	4.087	3.695	4.337	0.344

（三）不同产地下部烟叶黏附力分布情况

由表3-3可知，37个地市（自治州）的下部烟叶中，黔西南的黏附力相对较大，平均值为11.690N；其次为曲靖、恩施，平均值均在9.0N以上；丽江、临沧、龙岩、黔东南、文山的黏附力相对较小，平均值均在6.0N以下。南平、抚州、普洱、临沧下部烟叶的黏附力标准偏差相对较大，说明其地市内县区间下部烟叶的黏附力的差异相对较大。

表3-3　不同地市（自治州）下部烟叶黏附力　单位：N

序号	地名	平均值	最小值	最大值	标准偏差
1	黔西南	11.690	10.222	13.099	1.439
2	曲靖	9.610	6.420	12.142	1.804
3	恩施	9.048	8.632	9.662	0.491
4	临沂	8.964	8.728	9.199	0.333
5	洛阳	8.921	8.219	9.623	0.993
6	凉山	8.910	4.223	14.512	2.802
7	郴州	8.761	6.559	11.416	2.211
8	衡阳	8.705	7.044	10.366	2.349
9	商洛	8.635	8.280	8.991	0.503
10	普洱	8.422	4.694	11.887	3.071
11	韶关	8.220	6.863	10.337	1.596
12	长沙	8.137	7.781	8.494	0.504
13	南平	8.031	3.906	12.615	4.373
14	永州	7.951	6.815	9.541	1.276
15	玉溪	7.789	5.041	11.012	2.177
16	红河	7.550	3.508	10.815	2.757
17	泸州	7.546	6.050	9.043	2.116
18	宣城	7.243	6.627	8.392	0.996
19	潍坊	7.058	6.803	7.314	0.362
20	平顶山	6.999	6.844	7.153	0.219
21	昆明	6.925	4.024	10.423	2.251
22	保山	6.912	3.533	10.324	2.957
23	赣州	6.859	5.503	8.215	1.917

续表

序号	地名	平均值	最小值	最大值	标准偏差
24	攀枝花	6.846	5.502	8.191	1.902
25	楚雄	6.660	3.876	12.280	2.708
26	庆阳	6.644	5.307	8.649	1.768
27	三明	6.609	3.840	7.893	1.899
28	抚州	6.379	4.137	8.622	3.171
29	牡丹江	6.334	6.168	6.500	0.234
30	三门峡	6.269	3.769	9.891	2.726
31	大理	6.241	5.936	6.545	0.431
32	遵义	6.114	3.067	7.786	2.205
33	丽江	5.812	3.556	10.675	2.892
34	临沧	5.405	3.623	8.951	3.071
35	龙岩	4.755	3.888	5.996	0.974
36	黔东南	4.352	3.341	5.363	1.430
37	文山	3.783	1.571	6.823	2.202

二、不同产地烟叶剪切强度

（一）不同产地上部烟叶剪切强度分布情况

由表3-4可知，70个地市（自治州）的上部烟叶中，平顶山、安康、河池、南平、陇南、龙岩、庆阳、三明、丹东、三门峡、潍坊的剪切强度相对较大，平均值均在0.270kN/m以上；绥化、宜昌、广元、宝鸡、丽江、红河、商洛的剪切强度相对较小，平均值均在0.220kN/m以下。平顶山、漯河、襄阳、大理、临沂、黔东南、毕节上部烟叶的剪切强度标准偏差均较大，说明其地市内县区间上部烟叶的剪切强度的差异相对较大。

表3-4　　不同地市（自治州）上部烟叶剪切强度　　单位：kN/m

序号	地名	平均值	最小值	最大值	标准偏差
1	平顶山	0.313	0.201	0.577	0.130
2	安康	0.294	0.259	0.333	0.037
3	河池	0.292	0.285	0.299	0.009
4	南平	0.292	0.228	0.376	0.049
5	陇南	0.285	0.270	0.300	0.021

续表

序号	地名	平均值	最小值	最大值	标准偏差
6	龙岩	0. 279	0. 223	0. 329	0. 040
7	庆阳	0. 276	0. 264	0. 295	0. 017
8	三明	0. 275	0. 188	0. 432	0. 058
9	丹东	0. 271	0. 235	0. 307	0. 051
10	三门峡	0. 271	0. 206	0. 332	0. 031
11	潍坊	0. 271	0. 246	0. 296	0. 035
12	普洱	0. 269	0. 219	0. 323	0. 034
13	保山	0. 267	0. 185	0. 351	0. 052
14	哈尔滨	0. 267	0. 239	0. 295	0. 040
15	许昌	0. 266	0. 198	0. 290	0. 039
16	延安	0. 265	0. 265	0. 265	—
17	郴州	0. 264	0. 200	0. 384	0. 053
18	昆明	0. 263	0. 198	0. 321	0. 043
19	洛阳	0. 261	0. 168	0. 332	0. 044
20	常德	0. 258	0. 257	0. 259	0. 001
21	临沂	0. 257	0. 169	0. 337	0. 062
22	玉溪	0. 255	0. 179	0. 357	0. 052
23	遵义	0. 254	0. 144	0. 404	0. 053
24	恩施	0. 253	0. 209	0. 334	0. 043
25	宜宾	0. 253	0. 183	0. 299	0. 053
26	攀枝花	0. 251	0. 248	0. 253	0. 004
27	铁岭	0. 250	0. 196	0. 314	0. 059
28	运城	0. 250	0. 181	0. 298	0. 057
29	贵阳	0. 249	0. 206	0. 296	0. 045
30	黔东南	0. 249	0. 177	0. 326	0. 061
31	襄阳	0. 249	0. 201	0. 297	0. 068
32	大理	0. 247	0. 168	0. 360	0. 068
33	曲靖	0. 247	0. 204	0. 352	0. 042
34	邵阳	0. 247	0. 231	0. 271	0. 021
35	佳木斯	0. 245	0. 193	0. 276	0. 045

续表

序号	地名	平均值	最小值	最大值	标准偏差
36	泸州	0.244	0.204	0.284	0.057
37	永州	0.243	0.170	0.310	0.048
38	临沧	0.242	0.169	0.302	0.047
39	韶关	0.242	0.192	0.307	0.042
40	毕节	0.241	0.143	0.310	0.061
41	贺州	0.241	0.221	0.261	0.029
42	信阳	0.240	0.223	0.257	0.024
43	衡阳	0.239	0.180	0.288	0.054
44	漯河	0.236	0.148	0.285	0.076
45	梅州	0.235	0.202	0.308	0.042
46	安顺	0.234	0.221	0.253	0.017
47	抚州	0.233	0.213	0.262	0.022
48	长沙	0.233	0.224	0.242	0.013
49	楚雄	0.231	0.153	0.338	0.052
50	咸阳	0.231	0.222	0.240	0.013
51	百色	0.229	0.198	0.255	0.029
52	凉山	0.229	0.173	0.364	0.048
53	牡丹江	0.229	0.214	0.258	0.020
54	赣州	0.228	0.180	0.302	0.044
55	文山	0.227	0.206	0.254	0.016
56	黔西南	0.225	0.167	0.315	0.057
57	黔南	0.224	0.163	0.265	0.054
58	铜仁	0.224	0.183	0.251	0.036
59	宣城	0.224	0.204	0.252	0.023
60	日照	0.223	0.215	0.231	0.011
61	宜春	0.223	0.210	0.237	0.019
62	双鸭山	0.221	0.206	0.236	0.021
63	芜湖	0.221	0.217	0.225	0.006
64	绥化	0.218	0.200	0.235	0.025
65	宜昌	0.218	0.196	0.240	0.031

续表

序号	地名	平均值	最小值	最大值	标准偏差
66	广元	0.216	0.216	0.216	—
67	宝鸡	0.208	0.177	0.239	0.043
68	丽江	0.207	0.167	0.242	0.027
69	红河	0.197	0.170	0.222	0.020
70	商洛	0.157	0.157	0.157	—

（二）不同产地中部烟叶剪切强度分布情况

由表3-5可知，71个地市（自治州）的中部烟叶中，宜昌、许昌、湘西、文山、信阳、三明、宜春、佳木斯、芜湖、三门峡、红河的剪切强度相对较大，平均值均在0.270kN/m以上；百色、龙岩、铁岭、宝鸡、韶关、泸州、邵阳、黔东南、哈尔滨、咸阳的剪切强度相对较小，平均值均在0.220kN/m以下。许昌、宝鸡、河池、临沂、三门峡、黔南、哈尔滨、衡阳、遵义、铜仁、恩施、贵阳、平顶山、丹东、百色、普洱中部烟叶的剪切强度标准偏差均较大，说明其地市内县区间中部烟叶的剪切强度的差异相对较大。

表3-5　不同地市（自治州）中部烟叶剪切强度　单位：kN/m

序号	地名	平均值	最小值	最大值	标准偏差
1	宜昌	0.309	0.289	0.329	0.028
2	许昌	0.303	0.185	0.435	0.106
3	湘西	0.287	0.274	0.309	0.019
4	文山	0.286	0.264	0.319	0.020
5	信阳	0.282	0.282	0.282	—
6	三明	0.281	0.217	0.381	0.050
7	宜春	0.279	0.269	0.289	0.014
8	佳木斯	0.278	0.255	0.322	0.038
9	芜湖	0.278	0.254	0.301	0.034
10	三门峡	0.277	0.181	0.443	0.073
11	红河	0.272	0.209	0.331	0.052
12	恩施	0.267	0.172	0.349	0.061
13	梅州	0.267	0.198	0.318	0.041

续表

序号	地名	平均值	最小值	最大值	标准偏差
14	运城	0.267	0.237	0.311	0.039
15	南平	0.265	0.162	0.340	0.053
16	日照	0.264	0.175	0.314	0.053
17	双鸭山	0.264	0.257	0.272	0.011
18	延安	0.262	0.262	0.262	—
19	贺州	0.261	0.224	0.298	0.052
20	曲靖	0.261	0.193	0.317	0.032
21	常德	0.258	0.256	0.259	0.002
22	昆明	0.258	0.210	0.318	0.036
23	永州	0.257	0.170	0.337	0.044
24	遵义	0.256	0.198	0.358	0.062
25	陇南	0.255	0.255	0.255	—
26	大理	0.250	0.204	0.313	0.029
27	攀枝花	0.250	0.224	0.275	0.036
28	白城	0.249	0.219	0.292	0.038
29	丽江	0.249	0.197	0.291	0.036
30	平顶山	0.249	0.163	0.308	0.057
31	临沂	0.247	0.156	0.390	0.076
32	贵阳	0.246	0.178	0.286	0.059
33	普洱	0.246	0.173	0.362	0.054
34	庆阳	0.246	0.206	0.271	0.034
35	广元	0.245	0.221	0.269	0.034
36	漯河	0.245	0.191	0.273	0.047
37	丹东	0.243	0.180	0.308	0.057
38	赣州	0.243	0.198	0.309	0.037
39	毕节	0.241	0.174	0.326	0.046
40	安顺	0.240	0.228	0.252	0.017
41	衡阳	0.240	0.200	0.315	0.065
42	襄阳	0.240	0.199	0.280	0.040

续表

序号	地名	平均值	最小值	最大值	标准偏差
43	黔南	0. 239	0. 175	0. 319	0. 072
44	黔西南	0. 239	0. 206	0. 283	0. 026
45	宜宾	0. 238	0. 196	0. 293	0. 041
46	保山	0. 236	0. 181	0. 339	0. 048
47	临沧	0. 235	0. 165	0. 301	0. 039
48	河池	0. 234	0. 178	0. 289	0. 079
49	凉山	0. 234	0. 183	0. 332	0. 040
50	楚雄	0. 233	0. 169	0. 294	0. 034
51	安康	0. 232	0. 228	0. 238	0. 006
52	郴州	0. 232	0. 170	0. 299	0. 047
53	绥化	0. 232	0. 196	0. 269	0. 052
54	铜仁	0. 232	0. 187	0. 302	0. 062
55	洛阳	0. 226	0. 164	0. 280	0. 039
56	商洛	0. 226	0. 178	0. 279	0. 050
57	抚州	0. 225	0. 168	0. 267	0. 044
58	牡丹江	0. 224	0. 194	0. 249	0. 028
59	玉溪	0. 224	0. 144	0. 336	0. 049
60	长沙	0. 223	0. 217	0. 228	0. 008
61	宣城	0. 221	0. 191	0. 240	0. 026
62	百色	0. 215	0. 156	0. 267	0. 056
63	龙岩	0. 214	0. 187	0. 237	0. 021
64	铁岭	0. 211	0. 173	0. 265	0. 048
65	宝鸡	0. 209	0. 150	0. 306	0. 085
66	韶关	0. 209	0. 192	0. 267	0. 032
67	泸州	0. 207	0. 176	0. 239	0. 045
68	邵阳	0. 207	0. 172	0. 249	0. 039
69	黔东南	0. 203	0. 148	0. 240	0. 036
70	哈尔滨	0. 198	0. 147	0. 249	0. 072
71	咸阳	0. 194	0. 180	0. 208	0. 020

（三）不同产地下部烟叶剪切强度分布情况

由表3-6可知，37个地市（自治州）的下部烟叶中平顶山、临沂、泸州、牡丹江、衡阳的剪切强度相对较大，平均值均在0.270kN/m及以上；丽江、红河、攀枝花、临沧、普洱、抚州、龙岩、黔东南的剪切强度相对较小，平均值均在0.220kN/m以下。商洛、衡阳、恩施、保山、遵义、凉山下部烟叶的剪切强度标准偏差均较大，说明其地市内县区间下部烟叶的剪切强度的差异相对较大。

表3-6　　不同地市（自治州）下部烟叶剪切强度　　单位：kN/m

序号	地名	平均值	最小值	最大值	标准偏差
1	平顶山	0.311	0.310	0.312	0.002
2	临沂	0.295	0.290	0.299	0.006
3	泸州	0.278	0.243	0.313	0.049
4	牡丹江	0.273	0.271	0.274	0.002
5	衡阳	0.270	0.213	0.328	0.081
6	恩施	0.266	0.215	0.365	0.067
7	黔西南	0.261	0.234	0.279	0.023
8	遵义	0.260	0.194	0.330	0.056
9	玉溪	0.257	0.207	0.301	0.036
10	曲靖	0.255	0.216	0.295	0.033
11	商洛	0.254	0.185	0.324	0.098
12	潍坊	0.254	0.230	0.278	0.034
13	三明	0.251	0.220	0.301	0.035
14	三门峡	0.250	0.215	0.284	0.031
15	长沙	0.246	0.218	0.273	0.039
16	凉山	0.243	0.170	0.388	0.055
17	文山	0.241	0.195	0.293	0.046
18	洛阳	0.238	0.207	0.270	0.045
19	楚雄	0.237	0.183	0.308	0.038
20	赣州	0.237	0.213	0.260	0.033
21	庆阳	0.237	0.235	0.238	0.001
22	昆明	0.232	0.185	0.277	0.029
23	韶关	0.230	0.200	0.253	0.023

续表

序号	地名	平均值	最小值	最大值	标准偏差
24	永州	0.228	0.194	0.274	0.034
25	南平	0.227	0.211	0.239	0.014
26	郴州	0.226	0.189	0.247	0.025
27	保山	0.222	0.153	0.303	0.062
28	大理	0.222	0.199	0.245	0.032
29	宣城	0.222	0.191	0.274	0.045
30	丽江	0.218	0.200	0.241	0.017
31	红河	0.217	0.189	0.251	0.030
32	攀枝花	0.216	0.191	0.241	0.035
33	临沧	0.215	0.200	0.230	0.015
34	普洱	0.205	0.188	0.232	0.022
35	抚州	0.192	0.179	0.205	0.018
36	龙岩	0.189	0.167	0.209	0.017
37	黔东南	0.181	0.167	0.195	0.020

三、不同产地烟叶拉力

(一) 不同产地上部烟叶拉力分布情况

由表3-7可知，58个地市（自治州）中，哈尔滨、丹东、郴州、南平、绥化、平顶山、日照、三明、芜湖等16个产区的上部烟叶拉力相对较大，平均值均在2.0N以上；铜仁、宝鸡的上部烟叶拉力相对较小，平均值在1.5N以下。三明、洛阳、三门峡、昆明、郴州、南平上部烟叶拉力标准偏差相对较大，说明其地市内县区间上部烟叶的拉力差异相对较大。

表3-7　不同地市（自治州）上部烟叶拉力　　单位：N

序号	地名	平均值	最小值	最大值	标准偏差
1	哈尔滨	2.556	2.556	2.556	—
2	丹东	2.392	2.392	2.392	—
3	郴州	2.368	1.977	3.336	0.452
4	南平	2.318	1.723	2.716	0.426
5	绥化	2.283	2.283	2.283	—

续表

序号	地名	平均值	最小值	最大值	标准偏差
6	平顶山	2.271	2.176	2.366	0.135
7	日照	2.243	2.243	2.243	—
8	三明	2.233	1.320	3.712	0.671
9	芜湖	2.219	2.219	2.219	—
10	大理	2.173	1.698	2.551	0.299
11	普洱	2.121	1.646	3.135	0.418
12	铁岭	2.081	2.081	2.081	—
13	临沂	2.065	1.854	2.479	0.251
14	三门峡	2.063	1.501	2.809	0.498
15	丽江	2.014	1.517	2.665	0.421
16	曲靖	2.004	1.390	2.438	0.307
17	洛阳	1.990	1.140	3.095	0.595
18	玉溪	1.983	1.594	2.252	0.243
19	贺州	1.970	1.970	1.970	—
20	宣城	1.946	1.799	2.071	0.138
21	永州	1.945	1.661	2.257	0.225
22	赣州	1.939	1.748	2.130	0.270
23	凉山	1.938	1.324	2.778	0.340
24	恩施	1.934	1.590	2.466	0.327
25	潍坊	1.927	1.742	2.111	0.261
26	昆明	1.925	1.418	2.741	0.478
27	漯河	1.900	1.900	1.900	—
28	安顺	1.893	1.893	1.893	—
29	楚雄	1.870	1.450	2.805	0.399
30	攀枝花	1.857	1.713	2.001	0.204
31	牡丹江	1.853	1.832	1.874	0.030
32	文山	1.846	1.777	1.921	0.067
33	梅州	1.845	1.845	1.845	—
34	庆阳	1.844	1.841	1.846	0.003
35	延安	1.805	1.805	1.805	—

续表

序号	地名	平均值	最小值	最大值	标准偏差
36	韶关	1.795	1.477	2.247	0.324
37	龙岩	1.792	1.721	1.916	0.086
38	黔西南	1.787	1.619	2.060	0.194
39	长沙	1.766	1.712	1.820	0.076
40	衡阳	1.737	1.612	1.862	0.177
41	宜昌	1.732	1.732	1.732	—
42	商洛	1.727	1.727	1.727	—
43	宜宾	1.724	1.724	1.724	—
44	黔东南	1.683	1.611	1.756	0.103
45	百色	1.682	1.682	1.682	—
46	保山	1.664	1.199	2.018	0.263
47	广元	1.652	1.652	1.652	—
48	遵义	1.647	1.32	1.873	0.176
49	临沧	1.639	1.544	1.753	0.106
50	陇南	1.636	1.636	1.636	—
51	安康	1.617	1.617	1.617	—
52	抚州	1.563	1.361	1.764	0.285
53	咸阳	1.563	1.563	1.563	—
54	泸州	1.554	1.509	1.600	0.064
55	红河	1.540	1.408	1.677	0.122
56	毕节	1.517	1.517	1.517	—
57	铜仁	1.405	1.405	1.405	—
58	宝鸡	1.264	1.264	1.264	—

（二）不同产地中部烟叶拉力分布情况

由表3-8可知，60个地市（自治州）的中部烟叶中，白城、大理、绥化、丹东、铁岭、郴州、南平的拉力相对较大，平均值均在2.0N以上；宝鸡、襄阳、百色的拉力相对较小，平均值均在1.2N以下。白城、丹东、三明、昆明、洛阳、韶关中部烟叶的拉力标准偏差相对较大，说明其地市内县区间中部烟叶的拉力差异相对较大。

表 3-8　　不同地市（自治州）中部烟叶拉力　　单位：N

序号	地名	平均值	最小值	最大值	标准偏差
1	白城	2.264	1.690	2.910	0.613
2	大理	2.148	1.905	2.430	0.220
3	绥化	2.111	2.111	2.111	—
4	丹东	2.102	1.595	2.886	0.551
5	铁岭	2.011	2.011	2.011	—
6	郴州	2.006	1.706	2.288	0.214
7	南平	2.004	1.546	2.298	0.271
8	普洱	1.960	1.632	2.407	0.282
9	日照	1.893	1.507	2.291	0.324
10	丽江	1.888	1.717	2.165	0.214
11	三明	1.885	1.264	2.899	0.512
12	平顶山	1.869	1.861	1.877	0.011
13	玉溪	1.855	1.533	2.341	0.283
14	曲靖	1.827	1.393	2.230	0.213
15	赣州	1.814	1.632	1.996	0.258
16	凉山	1.777	1.211	2.315	0.337
17	芜湖	1.752	1.752	1.752	—
18	延安	1.750	1.750	1.750	—
19	哈尔滨	1.737	1.737	1.737	—
20	临沂	1.737	1.489	2.097	0.249
21	衡阳	1.701	1.552	1.849	0.210
22	攀枝花	1.694	1.457	1.931	0.336
23	黔西南	1.693	1.210	2.168	0.431
24	漯河	1.691	1.691	1.691	—
25	韶关	1.685	1.320	2.160	0.430
26	湘西	1.683	1.314	1.971	0.336
27	洛阳	1.679	1.136	2.567	0.448
28	贺州	1.668	1.668	1.668	—
29	楚雄	1.666	1.365	2.125	0.233
30	宣城	1.657	1.540	1.773	0.165

续表

序号	地名	平均值	最小值	最大值	标准偏差
31	宜宾	1.656	1.656	1.656	—
32	庆阳	1.650	1.571	1.782	0.115
33	龙岩	1.638	1.542	1.757	0.092
34	临沧	1.637	1.406	1.840	0.168
35	文山	1.618	1.529	1.706	0.089
36	昆明	1.617	0.606	2.132	0.490
37	黔东南	1.600	1.600	1.600	—
38	恩施	1.596	1.264	1.825	0.253
39	永州	1.594	1.425	1.873	0.149
40	遵义	1.573	1.187	1.802	0.205
41	长沙	1.538	1.523	1.554	0.022
42	毕节	1.535	1.181	2.024	0.292
43	安康	1.527	1.527	1.527	—
44	三门峡	1.518	1.033	2.298	0.367
45	保山	1.490	1.204	1.834	0.202
46	牡丹江	1.490	1.483	1.498	0.011
47	广元	1.486	1.486	1.486	—
48	抚州	1.471	1.279	1.662	0.271
49	宜昌	1.459	1.459	1.459	—
50	商洛	1.458	1.224	1.682	0.229
51	红河	1.450	1.351	1.562	0.083
52	梅州	1.436	1.436	1.436	—
53	泸州	1.357	1.297	1.416	0.084
54	黔南	1.349	1.349	1.349	—
55	铜仁	1.329	1.329	1.329	—
56	咸阳	1.324	1.324	1.324	—
57	陇南	1.219	1.219	1.219	—
58	宝鸡	1.131	1.131	1.131	—
59	襄阳	1.121	1.121	1.121	—
60	百色	1.033	1.033	1.033	—

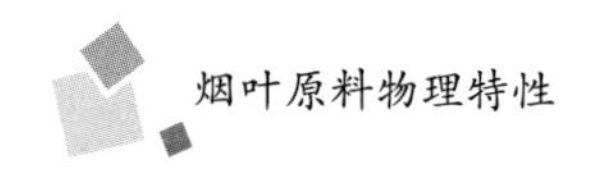

（三）不同产地下部烟叶拉力分布情况

由表 3-9 可知，37 个地市（自治州）的下部烟叶平均值均在 2.0N 以下，65%的地市（自治州）下部烟叶拉力平均值在 1.5N 以下，牡丹江、红河、黔东南下部烟叶的拉力均值在 1.2N 以下。昆明、三门峡、丽江、韶关、凉山下部烟叶的拉力标准偏差相对较大，说明其地市内县区间下部烟叶的拉力差异相对较大。

表 3-9　　不同地市（自治州）下部烟叶拉力　　单位：N

序号	地名	平均值	最小值	最大值	标准偏差
1	大理	1.952	1.795	2.108	0.221
2	昆明	1.822	1.140	2.674	0.598
3	郴州	1.809	1.690	1.972	0.135
4	丽江	1.795	1.379	2.194	0.360
5	赣州	1.751	1.545	1.957	0.291
6	玉溪	1.691	1.356	1.896	0.207
7	三门峡	1.632	1.083	2.496	0.523
8	南平	1.622	1.458	1.881	0.227
9	凉山	1.602	1.018	2.149	0.307
10	曲靖	1.568	1.306	1.841	0.194
11	临沂	1.543	1.353	1.733	0.269
12	韶关	1.519	1.222	2.076	0.388
13	龙岩	1.512	1.397	1.643	0.118
14	普洱	1.492	1.352	1.679	0.150
15	宣城	1.482	1.394	1.590	0.099
16	三明	1.435	1.278	1.655	0.170
17	庆阳	1.428	1.307	1.556	0.125
18	长沙	1.421	1.317	1.525	0.147
19	文山	1.408	1.280	1.475	0.088
20	攀枝花	1.392	1.250	1.534	0.201
21	永州	1.388	1.254	1.506	0.108
22	恩施	1.354	1.089	1.605	0.263
23	洛阳	1.353	1.268	1.439	0.121
24	平顶山	1.341	1.150	1.531	0.270

续表

序号	地名	平均值	最小值	最大值	标准偏差
25	商洛	1.334	1.217	1.450	0.165
26	潍坊	1.330	1.315	1.346	0.022
27	黔西南	1.315	1.166	1.529	0.190
28	楚雄	1.305	1.244	1.410	0.061
29	保山	1.292	1.124	1.437	0.123
30	遵义	1.285	1.138	1.456	0.122
31	泸州	1.281	1.264	1.297	0.023
32	临沧	1.261	1.149	1.405	0.131
33	抚州	1.240	1.161	1.319	0.112
34	衡阳	1.228	1.126	1.330	0.144
35	牡丹江	1.197	1.168	1.227	0.041
36	红河	1.170	1.106	1.249	0.059
37	黔东南	1.111	1.030	1.192	0.115

四、不同产地烟叶伸长率

(一) 不同产地上部烟叶伸长率分布情况

由表3-10可知，58个地市（自治州）的上部烟叶中，哈尔滨、牡丹江、商洛、日照、平顶山、梅州、铁岭的伸长率相对较大，平均值均在19.0%以上；临沂、广元、洛阳、毕节、宝鸡的伸长率相对较小，平均值均在12.0%以下。洛阳、郴州、昆明、恩施、三明、龙岩、南平上部烟叶的伸长率标准偏差相对较大，说明其地市内县区间上部烟叶的伸长率的差异相对较大。

表3-10　　不同地市（自治州）上部烟叶伸长率　　单位:%

序号	地名	平均值	最小值	最大值	标准偏差
1	哈尔滨	21.621	21.621	21.621	—
2	牡丹江	21.173	19.254	23.092	2.714
3	商洛	20.530	20.530	20.530	—
4	日照	19.933	19.933	19.933	—
5	平顶山	19.802	18.916	20.689	1.254
6	梅州	19.574	19.574	19.574	—

续表

序号	地名	平均值	最小值	最大值	标准偏差
7	铁岭	19. 019	19. 019	19. 019	—
8	龙岩	18. 755	13. 582	23. 344	4. 189
9	南平	18. 661	11. 535	23. 026	4. 314
10	宣城	18. 557	17. 134	19. 903	1. 386
11	三明	18. 520	11. 679	23. 794	4. 344
12	赣州	18. 341	15. 804	20. 879	3. 589
13	丹东	18. 313	18. 313	18. 313	—
14	攀枝花	18. 102	17. 191	19. 014	1. 289
15	临沧	17. 875	16. 778	18. 644	0. 975
16	抚州	17. 583	14. 938	20. 229	3. 742
17	衡阳	17. 305	14. 576	20. 035	3. 860
18	玉溪	17. 252	15. 490	18. 442	1. 233
19	芜湖	17. 108	17. 108	17. 108	—
20	绥化	16. 984	16. 984	16. 984	—
21	宜宾	16. 915	16. 915	16. 915	—
22	黔东南	16. 809	16. 080	17. 539	1. 031
23	宜昌	16. 737	16. 737	16. 737	—
24	大理	16. 487	12. 378	20. 180	3. 006
25	凉山	16. 195	9. 291	19. 864	2. 707
26	普洱	16. 183	11. 028	19. 827	3. 364
27	文山	15. 858	15. 269	16. 214	0. 442
28	百色	15. 708	15. 708	15. 708	—
29	楚雄	15. 581	11. 604	18. 165	2. 093
30	延安	15. 551	15. 551	15. 551	—
31	曲靖	15. 544	10. 910	20. 461	2. 582
32	庆阳	15. 538	13. 925	17. 272	1. 677
33	长沙	15. 473	15. 247	15. 698	0. 319
34	泸州	15. 343	14. 556	16. 130	1. 112
35	红河	15. 320	13. 428	17. 287	1. 742
36	潍坊	15. 267	14. 396	16. 138	1. 232

续表

序号	地名	平均值	最小值	最大值	标准偏差
37	郴州	15. 246	8. 956	19. 986	4. 323
38	永州	15. 156	11. 176	19. 206	2. 699
39	贺州	14. 971	14. 971	14. 971	—
40	恩施	14. 797	7. 837	18. 966	4. 099
41	陇南	14. 680	14. 680	14. 680	—
42	丽江	14. 336	11. 419	16. 096	1. 913
43	昆明	14. 264	7. 526	18. 178	4. 112
44	韶关	14. 074	11. 435	17. 361	2. 658
45	安康	14. 016	14. 016	14. 016	—
46	保山	13. 965	8. 821	17. 699	3. 830
47	铜仁	13. 580	13. 580	13. 580	—
48	漯河	13. 313	13. 313	13. 313	—
49	咸阳	13. 135	13. 135	13. 135	—
50	遵义	13. 020	9. 983	17. 157	2. 479
51	三门峡	12. 817	6. 661	16. 506	3. 866
52	黔西南	12. 614	10. 205	15. 165	2. 606
53	安顺	12. 349	12. 349	12. 349	—
54	临沂	11. 962	6. 878	16. 715	3. 842
55	广元	11. 448	11. 448	11. 448	—
56	洛阳	11. 044	3. 658	20. 666	5. 462
57	毕节	10. 620	10. 620	10. 620	—
58	宝鸡	10. 048	10. 048	10. 048	—

（二）不同产地中部烟叶伸长率分布情况

由表 3-11 可知，60 个地市（自治州）的中部烟叶中，绥化、赣州、铁岭、抚州的伸长率相对较大，平均值均在 19. 0%以上；黔西南、遵义、日照、洛阳、漯河、宝鸡、三门峡、商洛、湘西、毕节的伸长率相对较小，平均值均在 12. 0%以下。抚州、大理、南平、普洱、三明、郴州、玉溪、临沧、韶关、永州、洛阳、三门峡中部烟叶的伸长率标准偏差相对较大，说明其地市内县区间中部烟叶的伸长率的差异相对较大。

表 3-11　　不同地市（自治州）中部烟叶伸长率　　单位:%

序号	地名	平均值	最小值	最大值	标准偏差
1	绥化	19.916	19.916	19.916	—
2	赣州	19.911	18.246	21.576	2.355
3	铁岭	19.739	19.739	19.739	—
4	抚州	19.032	16.670	21.393	3.339
5	大理	18.694	12.761	27.381	5.703
6	衡阳	18.093	18.066	18.120	0.038
7	牡丹江	17.963	17.021	18.906	1.333
8	攀枝花	17.820	16.492	19.148	1.878
9	龙岩	16.987	16.100	17.766	0.814
10	凉山	16.924	12.288	20.646	2.284
11	芜湖	16.907	16.907	16.907	—
12	哈尔滨	16.881	16.881	16.881	—
13	南平	16.869	12.552	23.012	4.316
14	普洱	16.863	12.168	21.053	3.325
15	三明	16.837	10.687	24.300	4.636
16	楚雄	16.574	13.082	19.510	2.053
17	宜宾	16.525	16.525	16.525	—
18	郴州	16.288	12.356	21.608	3.715
19	长沙	15.969	15.799	16.138	0.240
20	平顶山	15.873	15.452	16.295	0.597
21	庆阳	15.730	14.050	18.121	2.126
22	红河	15.644	12.988	17.728	1.898
23	曲靖	15.452	11.729	18.898	2.295
24	咸阳	15.444	15.444	15.444	—
25	宣城	15.387	14.601	16.172	1.111
26	玉溪	15.332	9.361	20.170	3.497
27	文山	15.032	12.863	17.612	2.401
28	恩施	15.020	14.305	15.405	0.494
29	泸州	14.942	14.237	15.646	0.997
30	丹东	14.913	13.465	17.316	1.795

续表

序号	地名	平均值	最小值	最大值	标准偏差
31	延安	14. 784	14. 784	14. 784	—
32	临沧	14. 603	11. 010	18. 384	3. 031
33	宜昌	14. 506	14. 506	14. 506	—
34	广元	14. 492	14. 492	14. 492	—
35	韶关	14. 491	10. 250	18. 932	4. 344
36	丽江	14. 381	11. 245	18. 051	2. 431
37	黔东南	14. 306	14. 306	14. 306	—
38	铜仁	14. 266	14. 266	14. 266	—
39	白城	14. 048	12. 889	15. 512	1. 338
40	保山	14. 030	7. 942	17. 396	2. 822
41	临沂	13. 727	12. 733	14. 857	1. 006
42	安康	13. 505	13. 505	13. 505	—
43	贺州	13. 248	13. 248	13. 248	—
44	永州	12. 944	8. 111	18. 621	3. 521
45	梅州	12. 841	12. 841	12. 841	—
46	昆明	12. 471	7. 823	16. 729	2. 967
47	襄阳	12. 401	12. 401	12. 401	—
48	黔南	12. 314	12. 314	12. 314	—
49	百色	12. 299	12. 299	12. 299	—
50	陇南	12. 126	12. 126	12. 126	—
51	黔西南	11. 747	8. 752	14. 609	2. 249
52	遵义	11. 444	8. 253	15. 638	2. 798
53	日照	11. 369	8. 655	15. 172	2. 820
54	洛阳	11. 215	5. 156	17. 605	3. 890
55	漯河	10. 822	10. 822	10. 822	—
56	宝鸡	10. 507	10. 507	10. 507	—
57	三门峡	10. 162	4. 843	18. 328	3. 656
58	商洛	9. 108	7. 923	10. 233	1. 156
59	湘西	8. 785	8. 072	9. 579	0. 757
60	毕节	8. 777	6. 491	10. 280	1. 321

（三）不同产地下部烟叶伸长率分布情况

由表3-12可知，37个地市（自治州）的下部烟叶中，南平、大理、赣州、普洱的伸长率相对较大，平均值均在19.0%以上。郴州、三门峡、凉山、牡丹江下部烟叶的伸长率标准偏差相对较大，说明其地市内县区间下部烟叶的伸长率的差异相对较大。

表3-12　　不同地市（自治州）下部烟叶伸长率　　单位：%

序号	地名	平均值	最小值	最大值	标准偏差
1	南平	20.567	18.760	21.774	1.594
2	大理	20.343	19.815	20.871	0.747
3	赣州	19.558	17.575	21.541	2.805
4	普洱	19.356	17.491	20.394	1.122
5	郴州	18.539	14.404	21.540	3.063
6	攀枝花	18.506	16.897	20.115	2.276
7	龙岩	17.716	15.798	18.934	1.365
8	曲靖	17.541	15.647	21.720	2.099
9	临沂	17.329	17.008	17.650	0.454
10	玉溪	17.309	15.648	19.022	1.416
11	宣城	17.270	16.705	17.741	0.524
12	临沧	17.216	15.051	19.684	2.331
13	抚州	17.207	16.299	18.114	1.283
14	三明	17.031	15.403	19.323	1.800
15	长沙	16.983	16.718	17.248	0.375
16	三门峡	16.863	14.555	22.738	3.421
17	泸州	16.511	15.397	17.625	1.575
18	昆明	16.419	14.813	19.156	1.583
19	丽江	16.233	14.155	18.619	1.802
20	洛阳	16.140	15.553	16.727	0.830
21	保山	15.894	14.231	17.663	1.223
22	恩施	15.661	14.264	16.862	1.083
23	凉山	15.379	7.044	19.507	3.734
24	商洛	15.321	14.436	16.205	1.250

续表

序号	地名	平均值	最小值	最大值	标准偏差
25	红河	15.259	14.053	16.429	0.980
26	韶关	15.213	13.192	18.939	2.665
27	牡丹江	15.201	11.845	18.558	4.747
28	遵义	15.178	12.428	17.464	2.101
29	衡阳	15.085	14.672	15.497	0.583
30	楚雄	14.972	14.488	15.542	0.405
31	永州	14.935	12.984	16.725	2.026
32	潍坊	14.929	13.113	16.746	2.569
33	文山	14.906	14.059	15.316	0.589
34	黔西南	14.417	12.116	16.078	2.057
35	庆阳	13.500	12.874	13.886	0.547
36	黔东南	12.844	11.511	14.177	1.885
37	平顶山	12.006	11.136	12.876	1.230

五、不同产地烟叶穿透强度

(一) 不同产地上部烟叶穿透强度分布情况

由表3-13可知，70个地市（自治州）的上部烟叶中，三明、丹东、南平、曲靖的穿透强度相对较大，平均值均在0.7N/mm^{2}以上。宜昌、牡丹江、恩施、大理、绥化上部烟叶的穿透强度标准偏差相对较大，说明其地市内县区间上部烟叶的穿透强度的差异相对较大。

表3-13　　不同地市（自治州）上部烟叶穿透强度　　单位：N/mm^2

序号	地名	平均值	最小值	最大值	标准偏差
1	三明	0.771	0.568	0.870	0.087
2	丹东	0.722	0.690	0.755	0.046
3	南平	0.712	0.524	0.860	0.088
4	曲靖	0.705	0.632	0.805	0.051
5	玉溪	0.697	0.596	0.843	0.068
6	黔西南	0.694	0.616	0.775	0.063
7	宜宾	0.687	0.659	0.702	0.020

续表

序号	地名	平均值	最小值	最大值	标准偏差
8	毕节	0.681	0.629	0.826	0.082
9	昆明	0.672	0.573	0.746	0.056
10	凉山	0.669	0.566	0.736	0.054
11	红河	0.667	0.618	0.718	0.038
12	临沧	0.666	0.608	0.748	0.046
13	普洱	0.662	0.517	0.743	0.065
14	临沂	0.661	0.542	0.772	0.090
15	楚雄	0.660	0.575	0.761	0.075
16	文山	0.658	0.586	0.774	0.058
17	河池	0.657	0.654	0.660	0.005
18	贵阳	0.654	0.597	0.762	0.094
19	攀枝花	0.653	0.630	0.677	0.034
20	大理	0.649	0.357	0.889	0.148
21	黔东南	0.645	0.571	0.697	0.044
22	广元	0.639	0.611	0.667	0.039
23	襄阳	0.638	0.631	0.645	0.010
24	泸州	0.635	0.563	0.707	0.102
25	保山	0.633	0.578	0.688	0.040
26	绥化	0.632	0.539	0.725	0.131
27	铁岭	0.629	0.583	0.673	0.045
28	龙岩	0.626	0.603	0.635	0.014
29	安顺	0.625	0.568	0.668	0.051
30	郴州	0.622	0.452	0.762	0.089
31	哈尔滨	0.614	0.610	0.619	0.006
32	遵义	0.614	0.424	0.716	0.086
33	许昌	0.612	0.563	0.739	0.073
34	丽江	0.611	0.533	0.681	0.057
35	洛阳	0.608	0.479	0.848	0.089
36	黔南	0.607	0.580	0.621	0.024
37	运城	0.600	0.506	0.736	0.099
38	三门峡	0.595	0.466	0.734	0.087

续表

序号	地名	平均值	最小值	最大值	标准偏差
39	抚州	0.594	0.496	0.726	0.097
40	漯河	0.592	0.555	0.619	0.033
41	百色	0.589	0.533	0.676	0.076
42	韶关	0.589	0.555	0.640	0.031
43	平顶山	0.588	0.431	0.650	0.075
44	陇南	0.586	0.549	0.624	0.053
45	铜仁	0.580	0.553	0.613	0.030
46	宣城	0.580	0.484	0.681	0.086
47	商洛	0.578	0.578	0.578	—
48	日照	0.574	0.515	0.633	0.083
49	芜湖	0.571	0.562	0.579	0.012
50	永州	0.563	0.458	0.741	0.096
51	牡丹江	0.562	0.469	0.712	0.105
52	潍坊	0.562	0.512	0.613	0.072
53	延安	0.559	0.559	0.559	—
54	佳木斯	0.554	0.457	0.604	0.084
55	梅州	0.554	0.428	0.669	0.081
56	衡阳	0.552	0.498	0.596	0.050
57	赣州	0.547	0.407	0.669	0.089
58	宜昌	0.543	0.436	0.651	0.152
59	恩施	0.532	0.404	0.690	0.105
60	信阳	0.518	0.501	0.535	0.024
61	庆阳	0.516	0.473	0.541	0.038
62	贺州	0.515	0.511	0.518	0.005
63	邵阳	0.513	0.468	0.539	0.040
64	双鸭山	0.513	0.494	0.533	0.027
65	长沙	0.506	0.474	0.537	0.045
66	宝鸡	0.499	0.476	0.522	0.033
67	宜春	0.496	0.471	0.521	0.035
68	常德	0.490	0.457	0.524	0.047
69	咸阳	0.459	0.400	0.517	0.083
70	安康	0.456	0.389	0.503	0.059

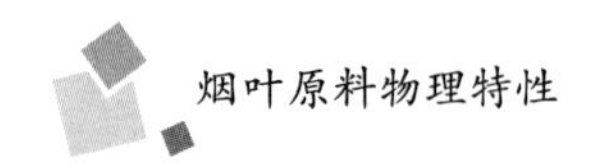

（二）不同产地中部烟叶穿透强度分布情况

由表 3-14 可知，71 个地市（自治州）的中部烟叶中，白城的穿透强度最大，平均值为 0.704N/mm^2；安康的穿透强度最小，平均值为 0.383N/mm^2。大理、运城、绥化、三门峡、临沂、咸阳中部烟叶的穿透强度标准偏差相对较大，说明其地市内县区间中部烟叶的穿透强度的差异相对较大。

表 3-14　　不同地市（自治州）中部烟叶穿透强度　　单位：N/mm^2

序号	地名	平均值	最小值	最大值	标准偏差
1	白城	0.704	0.639	0.781	0.072
2	红河	0.655	0.624	0.675	0.019
3	攀枝花	0.647	0.593	0.701	0.076
4	南平	0.633	0.529	0.774	0.078
5	黔南	0.632	0.537	0.700	0.076
6	三明	0.630	0.512	0.769	0.088
7	宜宾	0.617	0.566	0.697	0.056
8	玉溪	0.615	0.469	0.732	0.072
9	丹东	0.609	0.504	0.720	0.095
10	凉山	0.601	0.520	0.681	0.049
11	黔东南	0.598	0.511	0.698	0.060
12	绥化	0.591	0.512	0.670	0.111
13	铜仁	0.591	0.494	0.674	0.091
14	普洱	0.590	0.463	0.706	0.070
15	曲靖	0.589	0.457	0.716	0.076
16	铁岭	0.584	0.566	0.617	0.028
17	临沧	0.580	0.483	0.634	0.050
18	文山	0.580	0.498	0.649	0.057
19	黔西南	0.579	0.505	0.692	0.067
20	保山	0.572	0.510	0.639	0.047
21	河池	0.569	0.546	0.591	0.032
22	贵阳	0.568	0.543	0.610	0.037
23	大理	0.562	0.341	0.810	0.153
24	昆明	0.558	0.454	0.668	0.074

续表

序号	地名	平均值	最小值	最大值	标准偏差
25	运城	0. 558	0. 400	0. 677	0. 143
26	商洛	0. 557	0. 498	0. 627	0. 065
27	佳木斯	0. 556	0. 514	0. 616	0. 054
28	龙岩	0. 555	0. 474	0. 664	0. 064
29	许昌	0. 555	0. 495	0. 640	0. 053
30	哈尔滨	0. 550	0. 550	0. 550	—
31	临沂	0. 550	0. 364	0. 724	0. 108
32	丽江	0. 546	0. 465	0. 673	0. 077
33	泸州	0. 545	0. 536	0. 553	0. 012
34	安顺	0. 544	0. 526	0. 563	0. 026
35	衡阳	0. 543	0. 450	0. 658	0. 106
36	遵义	0. 539	0. 414	0. 623	0. 065
37	三门峡	0. 532	0. 406	0. 855	0. 117
38	韶关	0. 531	0. 448	0. 589	0. 053
39	广元	0. 530	0. 505	0. 554	0. 034
40	洛阳	0. 530	0. 393	0. 648	0. 077
41	楚雄	0. 528	0. 449	0. 610	0. 045
42	毕节	0. 524	0. 373	0. 644	0. 075
43	日照	0. 515	0. 457	0. 603	0. 054
44	郴州	0. 511	0. 382	0. 570	0. 054
45	平顶山	0. 506	0. 469	0. 566	0. 037
46	贺州	0. 499	0. 453	0. 546	0. 066
47	芜湖	0. 497	0. 460	0. 534	0. 053
48	宣城	0. 495	0. 428	0. 561	0. 094
49	漯河	0. 494	0. 457	0. 531	0. 053
50	湘西	0. 492	0. 443	0. 525	0. 043
51	信阳	0. 492	0. 469	0. 515	0. 033
52	百色	0. 491	0. 421	0. 586	0. 085
53	永州	0. 489	0. 368	0. 667	0. 084
54	宜昌	0. 486	0. 442	0. 531	0. 063

续表

序号	地名	平均值	最小值	最大值	标准偏差
55	襄阳	0.485	0.452	0.518	0.033
56	抚州	0.481	0.417	0.574	0.074
57	长沙	0.481	0.426	0.537	0.078
58	延安	0.474	0.474	0.474	—
59	常德	0.472	0.437	0.507	0.050
60	牡丹江	0.465	0.393	0.533	0.069
61	陇南	0.463	0.463	0.463	—
62	赣州	0.456	0.385	0.555	0.053
63	宝鸡	0.455	0.422	0.518	0.055
64	咸阳	0.449	0.370	0.528	0.112
65	恩施	0.441	0.384	0.525	0.056
66	庆阳	0.437	0.390	0.469	0.041
67	邵阳	0.437	0.385	0.477	0.047
68	梅州	0.434	0.374	0.492	0.044
69	双鸭山	0.424	0.422	0.427	0.004
70	宜春	0.424	0.383	0.466	0.058
71	安康	0.383	0.361	0.415	0.028

（三）不同产地下部烟叶穿透强度分布情况

由表3-15可知，37个地市（自治州）的下部烟叶中，抚州、商洛的穿透强度相对较小，平均值均在0.4N/mm^{2}以下。三明、昆明、三门峡下部烟叶的穿透强度标准偏差相对较大，说明其地市内县区间下部烟叶的穿透强度的差异相对较大。

表3-15　不同地市（自治州）下部烟叶穿透强度　单位：N/mm^2

序号	地名	平均值	最小值	最大值	标准偏差
1	大理	0.616	0.576	0.657	0.058
2	黔西南	0.605	0.564	0.670	0.057
3	黔东南	0.598	0.546	0.649	0.073
4	曲靖	0.580	0.538	0.658	0.044
5	南平	0.570	0.547	0.611	0.036
6	普洱	0.567	0.534	0.622	0.036

续表

序号	地名	平均值	最小值	最大值	标准偏差
7	红河	0.547	0.496	0.617	0.044
8	昆明	0.547	0.419	0.717	0.111
9	玉溪	0.546	0.506	0.594	0.037
10	遵义	0.544	0.450	0.652	0.073
11	攀枝花	0.542	0.531	0.554	0.017
12	泸州	0.536	0.501	0.571	0.049
13	丽江	0.531	0.418	0.602	0.070
14	文山	0.526	0.406	0.649	0.099
15	凉山	0.522	0.454	0.628	0.047
16	潍坊	0.521	0.469	0.572	0.073
17	临沧	0.518	0.466	0.592	0.066
18	韶关	0.518	0.453	0.544	0.044
19	保山	0.509	0.446	0.573	0.045
20	三明	0.505	0.353	0.627	0.117
21	龙岩	0.503	0.463	0.525	0.034
22	临沂	0.492	0.450	0.533	0.059
23	三门峡	0.480	0.375	0.611	0.110
24	宣城	0.465	0.433	0.496	0.032
25	楚雄	0.460	0.415	0.548	0.045
26	洛阳	0.454	0.422	0.485	0.045
27	郴州	0.450	0.394	0.527	0.056
28	赣州	0.444	0.401	0.487	0.060
29	长沙	0.443	0.394	0.492	0.069
30	永州	0.438	0.400	0.456	0.025
31	平顶山	0.431	0.415	0.446	0.022
32	牡丹江	0.422	0.388	0.457	0.048
33	衡阳	0.416	0.400	0.431	0.022
34	庆阳	0.416	0.403	0.436	0.018
35	恩施	0.412	0.283	0.510	0.100
36	抚州	0.394	0.388	0.400	0.008
37	商洛	0.384	0.347	0.420	0.051

六、不同产地烟叶叶梗结合力

（一）不同产地上部烟叶叶梗结合力分布情况

由表3-16可知，70个地市（自治州）的上部烟叶中，宜春、常德、贺州、双鸭山、信阳、抚州、商洛的叶梗结合力相对较大，平均值均在1.0N以上；贵阳、运城、宜宾、延安的叶梗结合力相对较小，平均值均在0.5N以下。丽江、漯河、宜昌、常德、永州、郴州上部烟叶的叶梗结合力标准偏差相对较大，说明其地市内县区间上部烟叶的叶梗结合力的差异相对较大。

表3-16　　不同地市（自治州）上部烟叶叶梗结合力　　单位：N

序号	地名	平均值	最小值	最大值	标准偏差
1	宜春	1.104	1.078	1.131	0.038
2	常德	1.089	0.849	1.329	0.339
3	贺州	1.081	0.944	1.218	0.194
4	双鸭山	1.074	1.068	1.081	0.009
5	信阳	1.063	1.036	1.090	0.038
6	抚州	1.061	0.780	1.239	0.209
7	商洛	1.011	1.011	1.011	—
8	襄阳	0.996	0.804	1.189	0.272
9	长沙	0.991	0.812	1.170	0.253
10	梅州	0.974	0.839	1.104	0.090
11	邵阳	0.971	0.881	1.072	0.096
12	赣州	0.970	0.460	1.189	0.239
13	永州	0.949	0.506	1.411	0.325
14	哈尔滨	0.947	0.772	1.123	0.248
15	平顶山	0.943	0.833	1.018	0.061
16	牡丹江	0.928	0.743	1.192	0.191
17	郴州	0.920	0.503	1.382	0.326
18	绥化	0.885	0.776	0.994	0.154
19	许昌	0.863	0.586	1.083	0.187
20	韶关	0.854	0.660	0.965	0.116
21	红河	0.840	0.723	1.006	0.113
22	佳木斯	0.828	0.605	0.957	0.194

续表

序号	地名	平均值	最小值	最大值	标准偏差
23	百色	0.821	0.740	0.977	0.135
24	丽江	0.803	0.326	1.462	0.418
25	宣城	0.787	0.734	0.886	0.071
26	三明	0.784	0.531	1.069	0.172
27	临沧	0.782	0.556	0.964	0.130
28	凉山	0.776	0.493	1.353	0.249
29	漯河	0.776	0.334	1.100	0.396
30	潍坊	0.773	0.632	0.915	0.200
31	衡阳	0.764	0.591	0.968	0.190
32	大理	0.762	0.376	1.311	0.267
33	宜昌	0.759	0.519	0.999	0.339
34	昆明	0.739	0.498	1.074	0.221
35	河池	0.729	0.706	0.752	0.032
36	恩施	0.725	0.436	1.003	0.164
37	龙岩	0.718	0.392	1.026	0.228
38	芜湖	0.713	0.638	0.788	0.106
39	陇南	0.698	0.682	0.713	0.022
40	泸州	0.689	0.688	0.691	0.003
41	铜仁	0.681	0.601	0.742	0.073
42	铁岭	0.677	0.562	0.749	0.101
43	玉溪	0.675	0.423	1.091	0.168
44	丹东	0.673	0.598	0.748	0.107
45	安康	0.659	0.498	0.803	0.153
46	广元	0.657	0.591	0.723	0.093
47	宝鸡	0.647	0.509	0.786	0.196
48	遵义	0.646	0.390	0.986	0.187
49	南平	0.644	0.480	0.757	0.085
50	咸阳	0.643	0.599	0.688	0.063
51	日照	0.640	0.543	0.737	0.137
52	楚雄	0.638	0.452	0.958	0.175

续表

序号	地名	平均值	最小值	最大值	标准偏差
53	普洱	0.628	0.410	1.187	0.201
54	曲靖	0.623	0.487	1.010	0.180
55	洛阳	0.621	0.346	0.998	0.222
56	三门峡	0.617	0.382	0.947	0.160
57	黔东南	0.613	0.341	0.888	0.197
58	黔西南	0.608	0.422	0.805	0.136
59	庆阳	0.603	0.556	0.647	0.046
60	临沂	0.601	0.411	0.756	0.129
61	保山	0.599	0.424	0.750	0.127
62	黔南	0.599	0.533	0.668	0.068
63	攀枝花	0.592	0.588	0.596	0.006
64	安顺	0.590	0.432	0.776	0.174
65	文山	0.571	0.395	0.824	0.151
66	毕节	0.551	0.386	0.712	0.140
67	贵阳	0.483	0.394	0.660	0.153
68	运城	0.470	0.307	0.640	0.136
69	宜宾	0.448	0.256	0.696	0.184
70	延安	0.439	0.439	0.439	—

（二）不同产地中部烟叶叶梗结合力分布情况

由表3-17可知，71个地市（自治州）的中部烟叶中，哈尔滨、衡阳、常德、安康的叶梗结合力相对较大，平均值均在1.0N以上；保山、黔东南、毕节、运城、白城、陇南、宜宾、黔南、贵阳、铜仁的叶梗结合力相对较小，平均值均在0.5N以下。安康、抚州、长沙、大理中部烟叶的叶梗结合力标准偏差相对较大，说明其地市内县区间中部烟叶的叶梗结合力的差异相对较大。

表3-17　不同地市（自治州）中部烟叶叶梗结合力　单位：N

序号	地名	平均值	最小值	最大值	标准偏差
1	哈尔滨	1.206	1.206	1.206	—
2	衡阳	1.110	1.011	1.215	0.102
3	常德	1.067	0.921	1.212	0.206

续表

序号	地名	平均值	最小值	最大值	标准偏差
4	安康	1.046	0.639	1.448	0.405
5	宜春	0.985	0.975	0.995	0.014
6	抚州	0.951	0.495	1.356	0.353
7	贺州	0.937	0.919	0.954	0.025
8	永州	0.937	0.469	1.567	0.282
9	长沙	0.937	0.710	1.163	0.320
10	梅州	0.932	0.761	1.048	0.126
11	邵阳	0.922	0.877	0.980	0.052
12	韶关	0.915	0.876	1.028	0.064
13	赣州	0.898	0.717	1.130	0.152
14	芜湖	0.897	0.839	0.955	0.082
15	郴州	0.895	0.514	1.148	0.225
16	宣城	0.894	0.888	0.900	0.008
17	牡丹江	0.892	0.500	1.116	0.271
18	佳木斯	0.849	0.783	0.936	0.079
19	河池	0.830	0.763	0.898	0.095
20	百色	0.827	0.685	0.980	0.148
21	平顶山	0.822	0.579	1.114	0.185
22	襄阳	0.812	0.741	0.871	0.066
23	信阳	0.794	0.773	0.815	0.029
24	绥化	0.788	0.719	0.857	0.097
25	丹东	0.774	0.512	1.095	0.231
26	临沧	0.753	0.556	0.978	0.139
27	龙岩	0.753	0.559	0.968	0.165
28	恩施	0.738	0.370	0.952	0.174
29	铁岭	0.737	0.607	0.870	0.132
30	广元	0.733	0.665	0.801	0.096
31	大理	0.722	0.292	1.208	0.304
32	凉山	0.721	0.392	1.194	0.220
33	宝鸡	0.716	0.587	0.942	0.196

续表

序号	地名	平均值	最小值	最大值	标准偏差
34	日照	0.714	0.550	0.823	0.120
35	许昌	0.691	0.592	0.784	0.073
36	咸阳	0.673	0.618	0.728	0.078
37	普洱	0.670	0.353	0.832	0.126
38	双鸭山	0.664	0.594	0.734	0.099
39	昆明	0.660	0.315	1.005	0.216
40	三明	0.645	0.429	0.896	0.160
41	黔西南	0.642	0.456	0.893	0.182
42	攀枝花	0.633	0.607	0.658	0.036
43	玉溪	0.627	0.389	0.841	0.125
44	南平	0.625	0.466	0.793	0.121
45	临沂	0.623	0.253	0.879	0.203
46	三门峡	0.608	0.412	0.855	0.126
47	曲靖	0.602	0.446	0.883	0.125
48	丽江	0.596	0.419	0.720	0.111
49	庆阳	0.594	0.519	0.646	0.067
50	楚雄	0.588	0.384	0.831	0.155
51	宜昌	0.583	0.394	0.772	0.268
52	漯河	0.580	0.263	0.814	0.285
53	遵义	0.576	0.306	0.874	0.182
54	洛阳	0.569	0.246	0.844	0.201
55	红河	0.558	0.475	0.713	0.095
56	商洛	0.557	0.522	0.612	0.048
57	延安	0.554	0.554	0.554	—
58	泸州	0.553	0.461	0.644	0.129
59	文山	0.552	0.430	0.689	0.113
60	安顺	0.549	0.389	0.709	0.226
61	湘西	0.546	0.424	0.667	0.121
62	保山	0.495	0.390	0.639	0.086
63	黔东南	0.485	0.334	0.588	0.099

续表

序号	地名	平均值	最小值	最大值	标准偏差
64	毕节	0.474	0.248	0.645	0.095
65	运城	0.470	0.339	0.546	0.114
66	白城	0.441	0.417	0.455	0.022
67	陇南	0.439	0.439	0.439	—
68	宜宾	0.431	0.340	0.555	0.099
69	黔南	0.425	0.343	0.516	0.072
70	贵阳	0.410	0.320	0.556	0.127
71	铜仁	0.372	0.318	0.460	0.077

（三）不同产地下部烟叶叶梗结合力分布情况

由表3-18可知，37个地市（自治州）的下部烟叶中，牡丹江、平顶山的叶梗结合力相对较大，平均值均在1.0N以上；南平、攀枝花、黔西南、楚雄、大理、玉溪、文山、遵义、泸州、黔东南的叶梗结合力相对较小，平均值均在0.5N以下。大理、郴州、黔东南等地市（自治州）的叶梗结合力标准偏差相对较大，说明其地市内县区间下部烟叶的叶梗结合力的差异相对较大。

表3-18　　不同地市（自治州）下部烟叶叶梗结合力　　单位：N

序号	地名	平均值	最小值	最大值	标准偏差
1	牡丹江	1.084	1.074	1.093	0.013
2	平顶山	1.028	0.902	1.153	0.177
3	郴州	0.917	0.726	1.180	0.217
4	永州	0.913	0.698	1.108	0.173
5	抚州	0.887	0.870	0.903	0.023
6	宣城	0.844	0.747	0.917	0.088
7	韶关	0.842	0.744	0.949	0.095
8	长沙	0.834	0.731	0.937	0.146
9	恩施	0.793	0.706	0.881	0.083
10	潍坊	0.768	0.748	0.787	0.028
11	商洛	0.744	0.743	0.744	0.001
12	赣州	0.719	0.704	0.734	0.022
13	衡阳	0.715	0.623	0.806	0.130

续表

序号	地名	平均值	最小值	最大值	标准偏差
14	昆明	0.707	0.477	0.987	0.174
15	洛阳	0.699	0.573	0.825	0.178
16	临沂	0.667	0.574	0.761	0.132
17	龙岩	0.658	0.603	0.715	0.057
18	三明	0.652	0.606	0.705	0.044
19	丽江	0.631	0.350	0.806	0.177
20	庆阳	0.624	0.474	0.706	0.130
21	三门峡	0.607	0.405	0.853	0.175
22	临沧	0.597	0.496	0.764	0.146
23	曲靖	0.538	0.438	0.639	0.084
24	普洱	0.532	0.461	0.735	0.117
25	红河	0.528	0.398	0.605	0.079
26	保山	0.526	0.340	0.622	0.114
27	凉山	0.501	0.357	0.623	0.082
28	南平	0.495	0.450	0.529	0.041
29	攀枝花	0.488	0.375	0.600	0.159
30	黔西南	0.477	0.410	0.576	0.087
31	楚雄	0.475	0.296	0.668	0.123
32	大理	0.456	0.307	0.605	0.210
33	玉溪	0.451	0.396	0.516	0.045
34	文山	0.447	0.409	0.508	0.047
35	遵义	0.439	0.346	0.606	0.096
36	泸州	0.430	0.359	0.500	0.100
37	黔东南	0.395	0.287	0.504	0.154

七、不同产地烟叶支脉结合力

（一）不同产地上部烟叶支脉结合力分布情况

由表3-19可知，70个地市（自治州）的上部烟叶中，长沙、常德、宜春、三明、信阳、双鸭山、襄阳、邵阳、永州、许昌的支脉结合力相对较大，平均值均在1.8N以上；贵阳、河池、宜宾、延安的支脉结合力相对较小，平

均值均在 1.2N 以下。常德、丽江、郴州、漯河、绥化、凉山、永州、长沙、许昌、运城上部烟叶的支脉结合力标准偏差相对较大，说明其地市内县区间上部烟叶的支脉结合力的差异相对较大。

表 3-19　　不同地市（自治州）上部烟叶支脉结合力　　单位：N

序号	地名	平均值	最小值	最大值	标准偏差
1	长沙	2.064	1.746	2.382	0.449
2	常德	1.985	1.576	2.394	0.579
3	宜春	1.971	1.780	2.161	0.270
4	三明	1.935	1.247	2.432	0.359
5	信阳	1.864	1.852	1.876	0.017
6	双鸭山	1.853	1.816	1.891	0.053
7	襄阳	1.841	1.563	2.119	0.393
8	邵阳	1.821	1.696	1.899	0.110
9	永州	1.814	1.100	2.479	0.468
10	许昌	1.813	1.164	2.360	0.433
11	丽江	1.798	1.206	2.730	0.567
12	漯河	1.720	1.102	2.071	0.537
13	郴州	1.715	1.223	2.827	0.555
14	抚州	1.713	1.582	1.865	0.133
15	商洛	1.713	1.713	1.713	—
16	红河	1.695	1.454	2.066	0.230
17	牡丹江	1.687	1.418	1.950	0.257
18	韶关	1.675	1.353	2.098	0.278
19	宣城	1.658	1.527	1.791	0.112
20	哈尔滨	1.655	1.610	1.700	0.064
21	凉山	1.641	0.980	2.366	0.475
22	平顶山	1.640	1.395	2.022	0.203
23	泸州	1.633	1.463	1.802	0.239
24	衡阳	1.628	1.470	1.849	0.197
25	芜湖	1.626	1.519	1.733	0.151
26	梅州	1.623	1.396	1.781	0.148

续表

序号	地名	平均值	最小值	最大值	标准偏差
27	铁岭	1. 622	1. 473	1. 846	0. 197
28	龙岩	1. 598	1. 128	1. 967	0. 302
29	南平	1. 587	1. 203	2. 099	0. 311
30	绥化	1. 576	1. 211	1. 941	0. 516
31	赣州	1. 572	1. 072	2. 081	0. 297
32	昆明	1. 565	1. 029	2. 130	0. 363
33	陇南	1. 562	1. 492	1. 633	0. 100
34	大理	1. 560	1. 071	2. 265	0. 365
35	临沧	1. 553	1. 334	1. 972	0. 198
36	铜仁	1. 547	1. 507	1. 578	0. 036
37	黔南	1. 530	1. 327	1. 833	0. 267
38	贺州	1. 523	1. 327	1. 719	0. 277
39	广元	1. 516	1. 353	1. 678	0. 229
40	丹东	1. 508	1. 468	1. 549	0. 058
41	潍坊	1. 505	1. 317	1. 692	0. 265
42	百色	1. 495	1. 411	1. 629	0. 118
43	玉溪	1. 489	1. 134	2. 068	0. 243
44	庆阳	1. 447	1. 379	1. 562	0. 100
45	佳木斯	1. 440	1. 183	1. 712	0. 265
46	黔东南	1. 434	0. 862	1. 952	0. 379
47	文山	1. 417	1. 122	1. 645	0. 188
48	安顺	1. 409	1. 169	1. 634	0. 233
49	遵义	1. 401	0. 973	1. 865	0. 259
50	曲靖	1. 390	1. 261	1. 773	0. 146
51	宝鸡	1. 389	1. 204	1. 574	0. 262
52	普洱	1. 383	1. 110	2. 443	0. 361
53	日照	1. 379	1. 270	1. 489	0. 155
54	咸阳	1. 375	1. 342	1. 407	0. 046
55	黔西南	1. 371	1. 099	1. 748	0. 227
56	临沂	1. 349	0. 820	1. 723	0. 346

续表

序号	地名	平均值	最小值	最大值	标准偏差
57	洛阳	1.348	0.687	1.727	0.296
58	楚雄	1.333	0.893	1.779	0.295
59	攀枝花	1.326	1.256	1.395	0.098
60	宜昌	1.309	1.050	1.568	0.366
61	三门峡	1.303	0.843	2.020	0.309
62	恩施	1.276	0.877	1.642	0.224
63	安康	1.271	1.175	1.325	0.083
64	毕节	1.251	0.879	1.762	0.343
65	保山	1.246	0.989	1.633	0.238
66	运城	1.246	0.710	1.572	0.403
67	贵阳	1.198	1.010	1.452	0.229
68	河池	1.156	1.093	1.218	0.088
69	宜宾	1.067	0.831	1.386	0.256
70	延安	0.962	0.962	0.962	—

（二）不同产地中部烟叶支脉结合力分布情况

由表3-20可知，37个地市的中部烟叶中，平顶山、牡丹江的支脉结合力相对较大，平均值均在1.8N以上，大理、普洱、文山、玉溪、赣州、泸州、凉山、楚雄、黔西南、遵义、攀枝花、黔东南的支脉结合力相对较小，平均值均在1.2N以下。南平、三门峡、郴州、永州、临沧中部烟叶的支脉结合力指标标准偏差相对较大，说明其地市内县区间中部烟叶的支脉结合力的差异相对较大。

表3-20　　不同地市（自治州）中部烟叶支脉结合力　　单位：N

序号	地名	平均值	最小值	最大值	标准偏差
1	平顶山	2.084	1.983	2.186	0.143
2	牡丹江	2.026	2.009	2.044	0.024
3	长沙	1.681	1.586	1.776	0.135
4	永州	1.666	1.245	2.027	0.321
5	宣城	1.595	1.500	1.657	0.083
6	郴州	1.580	1.152	1.907	0.330

续表

序号	地名	平均值	最小值	最大值	标准偏差
7	抚州	1.574	1.392	1.756	0.258
8	衡阳	1.538	1.526	1.551	0.018
9	临沧	1.518	1.231	1.843	0.308
10	三明	1.503	1.417	1.589	0.072
11	丽江	1.501	1.183	1.757	0.215
12	庆阳	1.496	1.227	1.805	0.291
13	商洛	1.454	1.361	1.547	0.132
14	潍坊	1.451	1.296	1.606	0.219
15	临沂	1.432	1.391	1.474	0.059
16	昆明	1.402	1.158	1.638	0.155
17	恩施	1.392	1.168	1.744	0.258
18	洛阳	1.383	1.264	1.502	0.168
19	韶关	1.349	1.158	1.617	0.198
20	三门峡	1.342	0.893	1.768	0.354
21	保山	1.285	0.945	1.583	0.268
22	红河	1.283	0.916	1.560	0.232
23	曲靖	1.281	1.099	1.515	0.154
24	南平	1.272	1.040	1.685	0.359
25	龙岩	1.204	1.056	1.334	0.148
26	大理	1.169	1.042	1.297	0.180
27	普洱	1.169	0.848	1.542	0.251
28	文山	1.163	1.107	1.255	0.067
29	玉溪	1.161	0.934	1.347	0.154
30	赣州	1.156	1.094	1.219	0.088
31	泸州	1.126	1.068	1.184	0.082
32	凉山	1.089	0.772	1.246	0.128
33	楚雄	1.086	0.740	1.467	0.229
34	黔西南	1.083	1.017	1.208	0.108
35	遵义	1.074	0.877	1.274	0.144
36	攀枝花	0.983	0.836	1.131	0.208
37	黔东南	0.964	0.936	0.992	0.039

（三）不同产地下部烟叶支脉结合力分布情况

由表3-21可知，37个地市（自治州）的下部烟叶中，平顶山、牡丹江的支脉结合力相对较大，平均值均在1.8N以上；大理、普洱、文山、玉溪、赣州、泸州、凉山、楚雄、黔西南、遵义、攀枝花、黔东南的支脉结合力相对较小，平均值均在1.2N以下。南平、三门峡、郴州、永州、临沧下部烟叶的支脉结合力标准偏差相对较大，说明其地市内县区间下部烟叶的支脉结合力的差异相对较大。

表3-21　　不同地市（自治州）下部烟叶支脉结合力　　单位：N

序号	地名	平均值	最小值	最大值	标准偏差
1	平顶山	2.084	1.983	2.186	0.143
2	牡丹江	2.026	2.009	2.044	0.024
3	长沙	1.681	1.586	1.776	0.135
4	永州	1.666	1.245	2.027	0.321
5	宣城	1.595	1.500	1.657	0.083
6	郴州	1.580	1.152	1.907	0.330
7	抚州	1.574	1.392	1.756	0.258
8	衡阳	1.538	1.526	1.551	0.018
9	临沧	1.518	1.231	1.843	0.308
10	三明	1.503	1.417	1.589	0.072
11	丽江	1.501	1.183	1.757	0.215
12	庆阳	1.496	1.227	1.805	0.291
13	商洛	1.454	1.361	1.547	0.132
14	潍坊	1.451	1.296	1.606	0.219
15	临沂	1.432	1.391	1.474	0.059
16	昆明	1.402	1.158	1.638	0.155
17	恩施	1.392	1.168	1.744	0.258
18	洛阳	1.383	1.264	1.502	0.168
19	韶关	1.349	1.158	1.617	0.198
20	三门峡	1.342	0.893	1.768	0.354
21	保山	1.285	0.945	1.583	0.268
22	红河	1.283	0.916	1.560	0.232

续表

序号	地名	平均值	最小值	最大值	标准偏差
23	曲靖	1.281	1.099	1.515	0.154
24	南平	1.272	1.040	1.685	0.359
25	龙岩	1.204	1.056	1.334	0.148
26	大理	1.169	1.042	1.297	0.180
27	普洱	1.169	0.848	1.542	0.251
28	文山	1.163	1.107	1.255	0.067
29	玉溪	1.161	0.934	1.347	0.154
30	赣州	1.156	1.094	1.219	0.088
31	泸州	1.126	1.068	1.184	0.082
32	凉山	1.089	0.772	1.246	0.128
33	楚雄	1.086	0.740	1.467	0.229
34	黔西南	1.083	1.017	1.208	0.108
35	遵义	1.074	0.877	1.274	0.144
36	攀枝花	0.983	0.836	1.131	0.208
37	黔东南	0.964	0.936	0.992	0.039

第三节　不同部位烟叶物理特性

一、不同部位烟叶黏附力

由表3-22可知，不同部位烟叶样品的黏附力在1.571~13.916N，平均值为7.762N；其中，上部烟叶样品的黏附力在3.182~13.344N，平均值为8.034N；下部烟叶样品的黏附力在1.571~13.916N，平均值为7.319N；中部烟叶样品的黏附力在3.179~12.998N，平均值为7.933N。从平均值来看，不同部位烟叶的黏附力大小排序依次为：上部>中部>下部。

表3-22　　不同部位烟叶黏附力　　单位：N

部位	平均值	最小值	最大值	标准偏差
上部	8.034	3.182	13.344	2.437
下部	7.319	1.571	13.916	2.472
中部	7.933	3.179	12.998	2.255
总计	7.762	1.571	13.916	2.405

由表 3-23 可知，不同部位烟叶黏附力指标克鲁斯卡尔-沃利斯（Kruskal-Wallis）检验结果为在 95%的置信度下渐进显著性（p 值）大于 0.05，表明这 3 组数据之间的分布完全相同，数据之间无显著差异，即不同部位烟叶的黏附力指标在 5%水平下差异不显著。

表 3-23　　不同部位烟叶黏附力指标 Kruskal-Wallis 检验结果

项目	指标
总计 n	381
检验统计	5.808
自由度	2
渐进显著性（双侧检验）	0.055

二、不同部位烟叶剪切强度

由表 3-24 可知，不同部位烟叶样品的剪切强度在 0.153～0.404kN/m，平均值为 0.244kN/m；其中，上部烟叶样品的剪切强度在 0.153～0.404kN/m，平均值为 0.251kN/m；下部烟叶样品的剪切强度在 0.153～0.388kN/m，平均值为 0.237kN/m；中部烟叶样品的剪切强度在 0.162～0.381kN/m，平均值为 0.244kN/m。从平均值来看，不同部位烟叶的剪切强度大小排序依次为：上部>中部>下部。

表 3-24　　不同部位烟叶剪切强度　　单位：kN/m

部位	平均值	最小值	最大值	标准偏差
上部	0.251	0.153	0.404	0.049
下部	0.237	0.153	0.388	0.041
中部	0.244	0.162	0.381	0.045
总计	0.244	0.153	0.404	0.045

由表 3-25 可知，不同部位烟叶剪切强度指标 Kruskal-Wallis 检验结果为在 95%的置信度下 p 值小于 0.05，表明这 3 组数据之间的分布不完全相同，数据之间存在显著差异，即不同部位烟叶的剪切强度指标在 5%水平下差异显著。

表 3-25　不同部位烟叶剪切强度指标 Kruskal-Wallis 检验结果

项目	指标
总计 n	379
检验统计	6. 451
自由度	2
渐进显著性（双侧检验）	0. 040

由表 3-26 可知，下部与中部为同一子集，表明下部与中部剪切强度指标之间无显著差异；中部与上部为同一子集，表明中部与上部剪切强度指标之间在 5%水平下差异不显著；上部与下部剪切强度指标之间在 5%水平下差异显著。

表 3-26　不同部位烟叶剪切强度指标多重比较结果

部位	子集	
	1	2
下部	172. 313	
中部	190. 25	190. 25
上部		207. 299

三、不同部位烟叶拉力

由表 3-27 可知，不同部位烟叶样品的拉力在 0. 606～2. 778N，平均值为 1. 694N；其中，上部烟叶样品的拉力在 1. 320～2. 778N，平均值为 1. 901N；下部烟叶样品的拉力在 1. 018～2. 674N，平均值为 1. 501N；中部烟叶样品的拉力在 0. 606～2. 315N，平均值为 1. 680N。从平均值来看，不同部位烟叶的拉力大小排序依次为：上部>中部>下部。

表 3-27　不同部位烟叶拉力　单位：N

部位	平均值	最小值	最大值	标准偏差
上部	1. 901	1. 320	2. 778	0. 303
下部	1. 501	1. 018	2. 674	0. 308
中部	1. 680	0. 606	2. 315	0. 280
总计	1. 694	0. 606	2. 778	0. 339

由表3-28可知，不同部位烟叶拉力指标 Kruskal-Wallis 检验结果为在95%的置信度下 p 值小于0.05，表明这3组数据之间的分布不完全相同，数据之间存在显著差异，即不同部位烟叶的拉力指标在5%水平下差异显著。

表3-28　　不同部位烟叶拉力指标 Kruskal-Wallis 检验结果

项目	指标
总计 n	381
检验统计	101.955
自由度	2
渐进显著性（双侧检验）	0.000

由表3-29可知，上部、下部、中部分别为一个子集，表明上部、下部、中部烟叶的拉力指标在5%水平下差异显著。

表3-29　　不同部位烟叶拉力指标多重比较结果

部位	子集		
	1	2	3
下部	120.567		
中部		192.339	
上部			260.094

四、不同部位烟叶伸长率

由表3-30可知，不同部位烟叶样品的伸长率在4.843%~23.344%，平均值为16.354%；其中，上部烟叶样品的伸长率在7.526%~23.344%，平均值为16.613%；下部烟叶样品的伸长率在7.044%~22.738%，平均值为16.395%；中部烟叶样品的伸长率在4.843%~23.012%，平均值为16.053%。从平均值来看，不同部位烟叶的伸长率大小排序依次为：上部>下部>中部。

表3-30　　不同部位烟叶伸长率　　单位：%

部位	平均值	最小值	最大值	标准偏差
上部	16.613	7.526	23.344	2.928
下部	16.395	7.044	22.738	2.535
中部	16.053	4.843	23.012	3.026
总计	16.354	4.843	23.344	2.839

由表3-31可知，不同部位烟叶伸长率指标 Kruskal-Wallis 检验结果为在95%的置信度下 p 值大于0.05，表明这3组数据之间的分布完全相同，数据之间无显著差异，即不同部位烟叶的伸长率指标在5%水平下差异不显著。

表3-31　　不同部位烟叶伸长率指标 Kruskal-Wallis 检验结果

项目	指标
总计 n	381
检验统计	2.588
自由度	2
渐进显著性（双侧检验）	0.274

五、不同部位烟叶穿透强度

由表3-32可知，不同部位烟叶样品的穿透强度在0.283~0.808N/mm²，平均值为0.567N/mm²；其中，上部烟叶样品的穿透强度在0.404~0.808N/mm²，平均值为0.632N/mm²；下部烟叶样品的穿透强度在0.283~0.717N/mm²，平均值为0.508N/mm²；中部烟叶样品的穿透强度在0.384~0.739N/mm²，平均值为0.560N/mm²。从平均值来看，不同部位烟叶的穿透强度大小排序依次为：上部>中部>下部。

表3-32　　不同部位烟叶穿透强度　　单位：N/mm²

部位	平均值	最小值	最大值	标准偏差
上部	0.632	0.404	0.808	0.081
下部	0.508	0.283	0.717	0.077
中部	0.560	0.384	0.739	0.080
总计	0.567	0.283	0.808	0.094

由表3-33可知，不同部位烟叶穿透强度指标 Kruskal-Wallis 检验结果为在95%的置信度下 p 值小于0.05，表明这3组数据之间的分布不完全相同，数据之间存在显著差异，即不同部位烟叶的穿透强度指标在5%水平下差异显著。

表 3-33 不同部位烟叶穿透强度指标 Kruskal-Wallis 检验结果

项目	指标
总计 n	380
检验统计	110.335
自由度	2
渐进显著性（双侧检验）	0.000

由表 3-34 可知，上部、下部、中部分别为一个子集，表明上部、下部、中部穿透强度指标在 5%水平下差异显著。

表 3-34 不同部位烟叶穿透强度指标多重比较结果

部位	子集		
	1	2	3
下部	121.639		
中部		183.165	
上部			266.154

六、不同部位烟叶叶梗结合力

由表 3-35 可知，不同部位烟叶样品的叶梗结合力在 0.287~1.462N，平均值为 0.686N；其中，上部烟叶样品的叶梗结合力在 0.326~1.462N，平均值为 0.755N；下部烟叶样品的叶梗结合力在 0.287~1.180N，平均值为 0.614N；中部烟叶样品的叶梗结合力在 0.315~1.356N，平均值为 0.689N。从平均值来看，不同部位烟叶的叶梗结合力大小排序依次为：上部>中部>下部。

表 3-35 不同部位烟叶叶梗结合力 单位：N

部位	平均值	最小值	最大值	标准偏差
上部	0.755	0.326	1.462	0.230
下部	0.614	0.287	1.180	0.190
中部	0.689	0.315	1.356	0.215
总计	0.686	0.287	1.462	0.219

由表 3-36 可知，不同部位烟叶叶梗结合力指标 Kruskal-Wallis 检验结果

为在95%的置信度下 p 值小于0.05，表明这3组数据之间的分布不完全相同，数据之间存在显著差异，即不同部位烟叶的叶梗结合力指标在5%水平下差异显著。

表3-36　不同部位烟叶叶梗结合力指标 Kruskal-Wallis 检验结果

项目	指标
总计 n	380
检验统计	26.273
自由度	2
渐进显著性（双侧检验）	0.000

由表3-37可知，上部、下部、中部分别为一个子集，表明上部、下部、中部烟叶的叶梗结合力指标在5%水平下差异显著。

表3-37　不同部位烟叶叶梗结合力指标多重比较结果

部位	子集		
	1	2	3
下部	153.925		
中部		193.291	
上部			224.552

七、不同部位烟叶支脉结合力

由表3-38可知，不同部位烟叶样品的支脉结合力在0.772～2.730N，平均值为1.445N；其中，上部烟叶样品的支脉结合力在0.980～2.730N，平均值为1.571N；下部烟叶样品的支脉结合力在0.772～2.186N，平均值为1.315N；中部烟叶样品的支脉结合力在0.888～2.530N，平均值为1.450N。从平均值来看，不同部位烟叶的支脉结合力大小排序依次为：上部>中部>下部。

表3-38　不同部位烟叶支脉结合力　单位：N

部位	平均值	最小值	最大值	标准偏差
上部	1.571	0.980	2.730	0.357
下部	1.315	0.772	2.186	0.283
中部	1.450	0.888	2.530	0.331
总计	1.445	0.772	2.730	0.340

由表 3-39 可知，不同部位烟叶支脉结合力指标 Kruskal-Wallis 检验结果为在 95%的置信度下 p 值小于 0.05，表明这 3 组数据之间的分布不完全相同，数据之间存在显著差异，即不同部位烟叶的支脉结合力指标在 5%水平下差异显著。

表 3-39　　不同部位烟叶支脉结合力指标 Kruskal-Wallis 检验结果

项目	指标
总计 n	380
检验统计	35.952
自由度	2
渐进显著性（双侧检验）	0.000

由表 3-40 可知，上部、下部、中部分别为一个子集，表明上部、下部、中部烟叶的支脉结合力指标在 5%水平下差异显著。

表 3-40　　不同部位烟叶支脉结合力指标多重比较结果

部位	子集		
	1	2	3
下部	147.921		
中部		193.303	
上部			230.591

第四节　不同品种烟叶物理特性

一、不同品种烟叶黏附力

（一）不同品种烟叶黏附力总体情况

由表 3-41 可知，不同品种烟叶样品的黏附力平均值在 6.361～9.623N，不同品种烟叶的黏附力指标平均值大小排序依次为：云烟 116、粤烟 97、云烟 97、红大、云烟 85、云烟 87、K326、云烟 105、云烟 99、CB-1、粤烟 98、秦烟 96、龙江 911。

表 3-41　　不同品种烟叶黏附力　　单位：N

序号	品种	平均值	最小值	最大值	标准偏差
1	云烟 116	9.623	5.479	11.248	2.107
2	粤烟 97	9.107	7.124	10.812	1.416
3	云烟 97	8.674	6.627	12.142	2.078
4	红大	8.425	3.554	13.916	3.112
5	云烟 85	8.219	5.363	10.064	1.821
6	云烟 87	7.928	1.571	13.319	2.453
7	K326	7.848	3.508	13.344	2.490
8	云烟 105	7.800	3.989	10.132	2.322
9	云烟 99	7.383	4.028	9.239	2.086
10	CB-1	7.326	3.840	10.739	1.669
11	粤烟 98	7.142	5.529	9.034	1.769
12	秦烟 96	6.792	3.769	11.045	2.058
13	龙江 911	6.361	4.593	7.576	0.986

（二）同品种不同产地烟叶分布情况

1. 云烟 87 品种不同产地黏附力差异情况

由图 3-1 可知：云烟 87 品种不同产地烟叶的黏附力指标 Kruskal-Wallis 检验结果为在 95%的置信度下 p 值<0.05，表明云烟 87 品种不同产地烟叶的黏附力指标在 5%水平下差异显著；25 个产地中赣州与凉山、衡阳、三门峡、丽江，龙岩与三门峡、丽江的烟叶黏附力指标在 5%水平下差异显著。

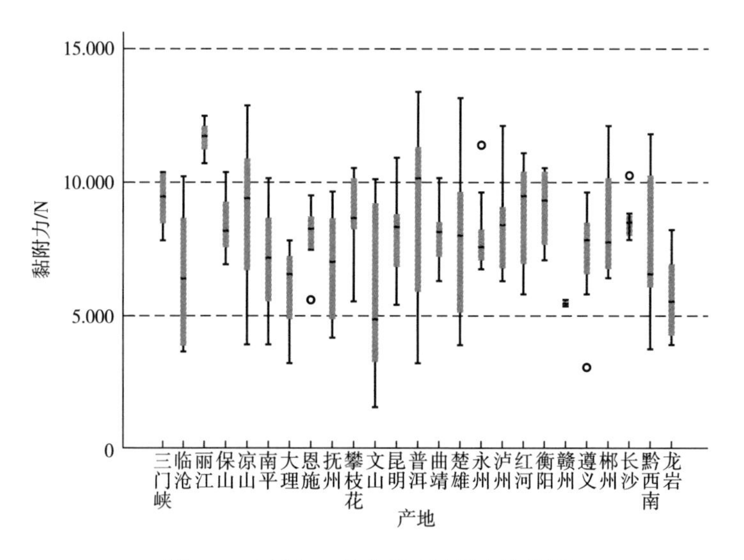

图 3-1　云烟 87 品种烟叶黏附力箱线图

2. 其他区域性品种不同产地黏附力差异情况

由图 3-2~图 3-9 可知：

①曲靖、宣城的云烟 97 品种烟叶黏附力在 95%的置信度下 p 值≤0.05，表明曲靖、宣城两产地云烟 97 品种烟叶的黏附力指标在 5%水平下差异显著；曲靖的黏附力显著高于宣城。

②三明、南平的 CB-1，昆明、大理、凉山、保山的红大，曲靖、保山的云烟 105，丽江、商洛的云烟 99，保山、南平、恩施、曲靖、楚雄、玉溪、红河、赣州的 K326，三门峡、庆阳的秦烟 96，凉山、黔东南的云烟 85 品种不同产地烟叶黏附力在 95%的置信度下 p 值>0.05，表明以上相同品种的不同产地间烟叶黏附力指标在 5%水平下差异不显著。

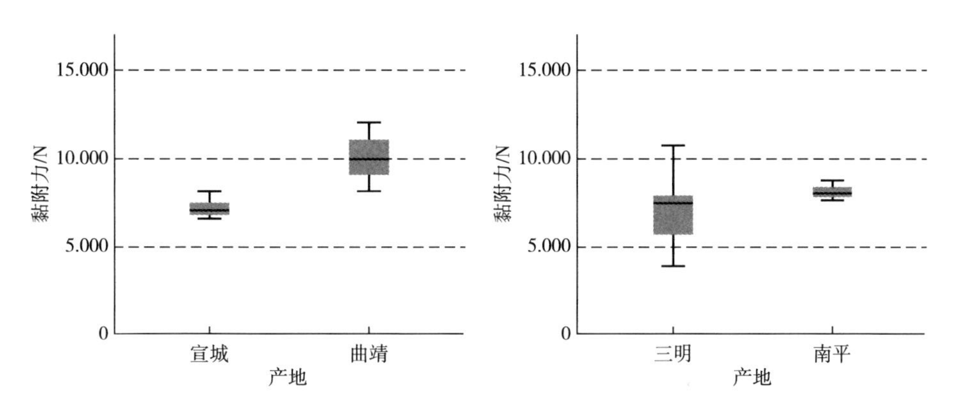

图 3-2　云烟 97 品种烟叶黏附力箱线图　　图 3-3　CB-1 品种烟叶黏附力箱线图

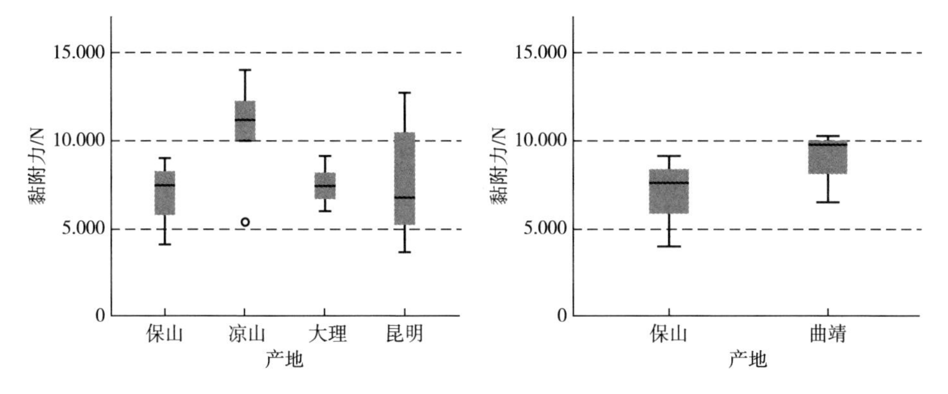

图 3-4　红大品种烟叶黏附力箱线图　　图 3-5　云烟 105 品种烟叶黏附力箱线图

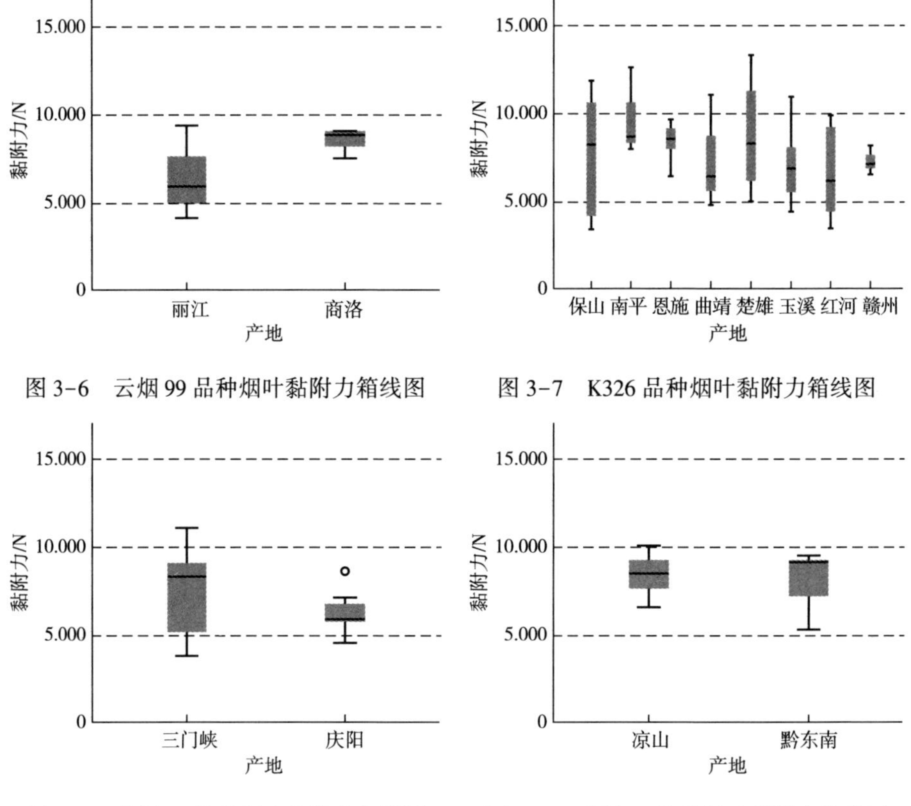

图 3-6　云烟 99 品种烟叶黏附力箱线图

图 3-7　K326 品种烟叶黏附力箱线图

图 3-8　秦烟 96 品种烟叶黏附力箱线图

图 3-9　云烟 85 品种烟叶黏附力箱线图

（三）同产地不同品种烟叶分布情况

由图 3-10~图 3-22 可知：

①赣州的 K326、云烟 87 品种烟叶黏附力在 95%的置信度下 p 值≤0.05，表明赣州的 K326、云烟 87 品种烟叶黏附力指标在 5%水平下差异显著；K326 品种的黏附力显著高于云烟 87。

②丽江的云烟 87、云烟 99 品种烟叶黏附力指标在 95%的置信度下 p 值≤0.05，表明丽江的云烟 87、云烟 99 品种烟叶黏附力指标在 5%水平下差异显著；云烟 87 品种的黏附力显著高于云烟 97。

③红河、楚雄、恩施的 K326、云烟 87，保山的 K326、云烟 105、云烟 87、红大，大理、昆明的云烟 87、红大，三门峡的云烟 87、秦烟 96，凉山的云烟 85、云烟 87、红大，南平的 CB-1、K326、云烟 87，曲靖的 K326、云烟 87、云烟 97、云烟 105、云烟 116，韶关的粤烟 97、粤烟 98 品种烟叶黏附力

指标在 95%的置信度下 p 值>0.05，表明以上不同品种的相同产地烟叶黏附力指标在 5%水平下差异不显著。

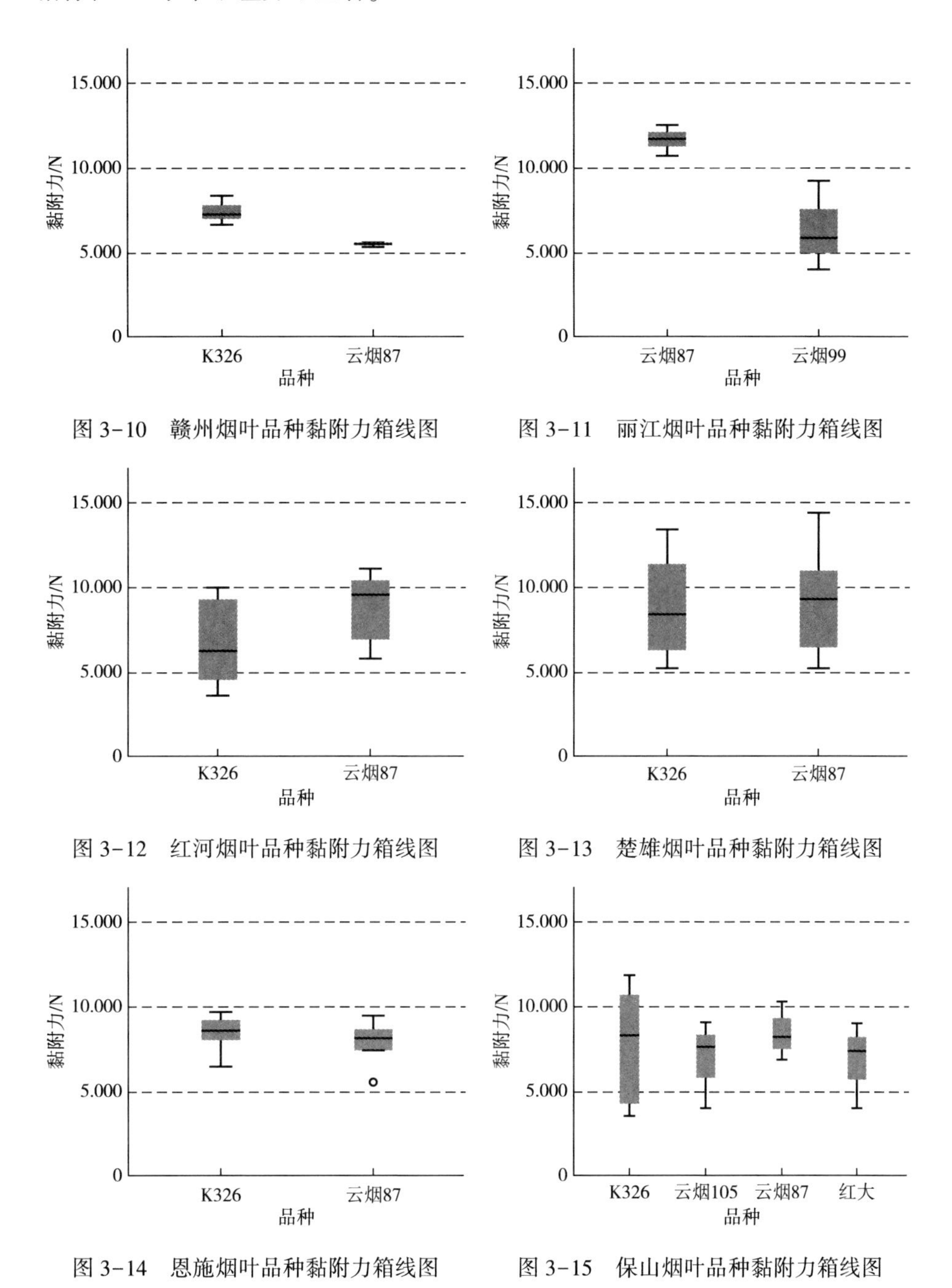

图 3-10　赣州烟叶品种黏附力箱线图

图 3-11　丽江烟叶品种黏附力箱线图

图 3-12　红河烟叶品种黏附力箱线图

图 3-13　楚雄烟叶品种黏附力箱线图

图 3-14　恩施烟叶品种黏附力箱线图

图 3-15　保山烟叶品种黏附力箱线图

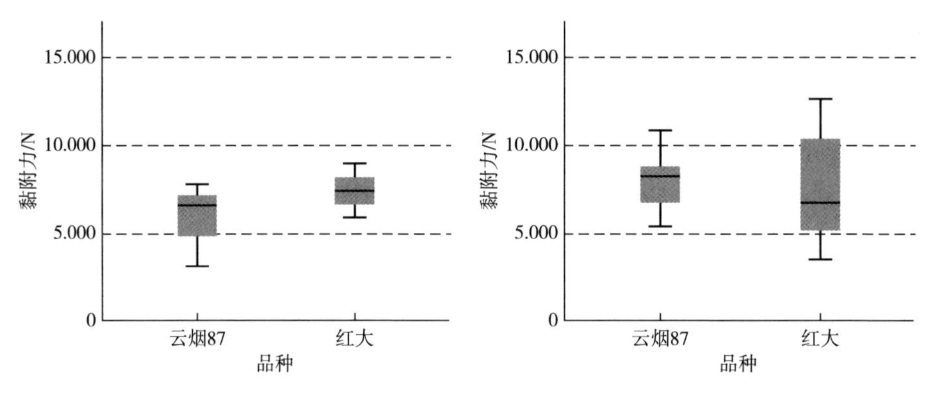

图 3-16　大理烟叶品种黏附力箱线图　　图 3-17　昆明烟叶品种黏附力箱线图

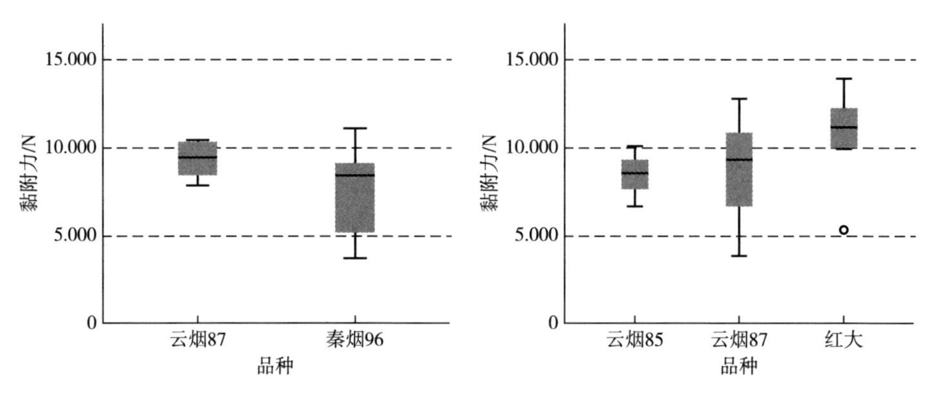

图 3-18　三门峡烟叶品种黏附力箱线图　　图 3-19　凉山烟叶品种黏附力箱线图

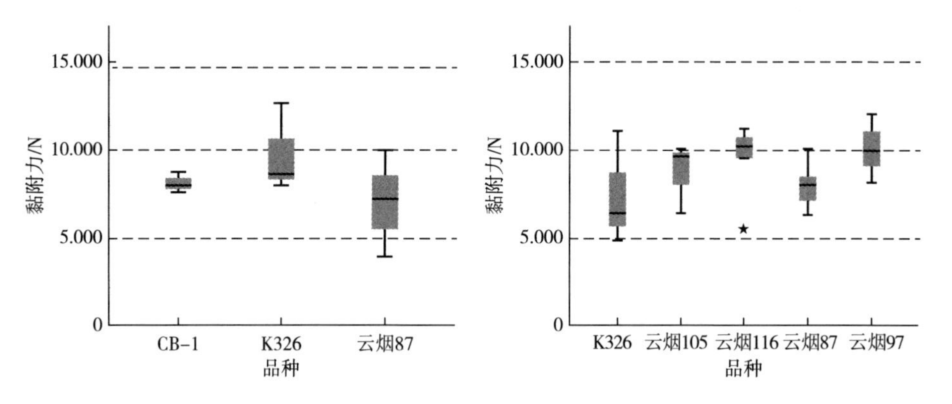

图 3-20　南平烟叶品种黏附力箱线图　　图 3-21　曲靖烟叶品种黏附力箱线图

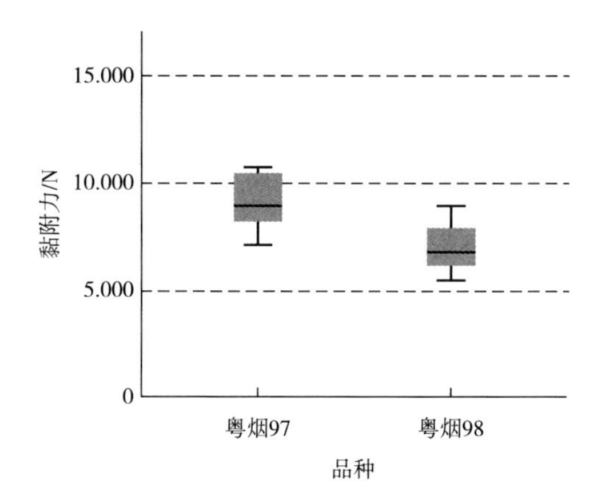

图 3-22 韶关烟叶品种黏附力箱线图

二、不同品种烟叶剪切强度

(一) 不同品种烟叶剪切强度总体情况

由表 3-42 可知，不同品种烟叶样品的剪切强度平均值在 0.215～0.273kN/m，不同品种烟叶的剪切强度指标平均值大小排序依次为：云烟 116、CB-1、秦烟 96、龙江 911、K326、红大、云烟 97、云烟 87、粤烟 98、云烟 99、云烟 105、云烟 85、粤烟 97。

表 3-42 不同品种烟叶剪切强度 单位：kN/m

序号	品种	平均值	最小值	最大值	标准偏差
1	云烟 116	0.273	0.235	0.352	0.044
2	CB-1	0.268	0.188	0.381	0.049
3	秦烟 96	0.263	0.206	0.354	0.035
4	龙江 911	0.254	0.227	0.274	0.017
5	K326	0.250	0.170	0.357	0.045
6	红大	0.248	0.183	0.325	0.038
7	云烟 97	0.247	0.191	0.310	0.045
8	云烟 87	0.240	0.153	0.404	0.046
9	粤烟 98	0.236	0.200	0.307	0.061
10	云烟 99	0.230	0.157	0.324	0.061

续表

序号	品种	平均值	最小值	最大值	标准偏差
11	云烟 105	0. 225	0. 193	0. 254	0. 024
12	云烟 85	0. 223	0. 167	0. 326	0. 057
13	粤烟 97	0. 215	0. 192	0. 245	0. 025

(二) 同品种不同产地烟叶分布情况

1. 云烟 87 品种不同产地烟叶剪切强度差异情况

由图 3-23 可知，不同产地的云烟 87 烟叶的剪切强度在 95%的置信度下 p 值>0. 05，表明云烟 87 的不同产地间烟叶剪切强度指标在 5%水平下差异不显著。

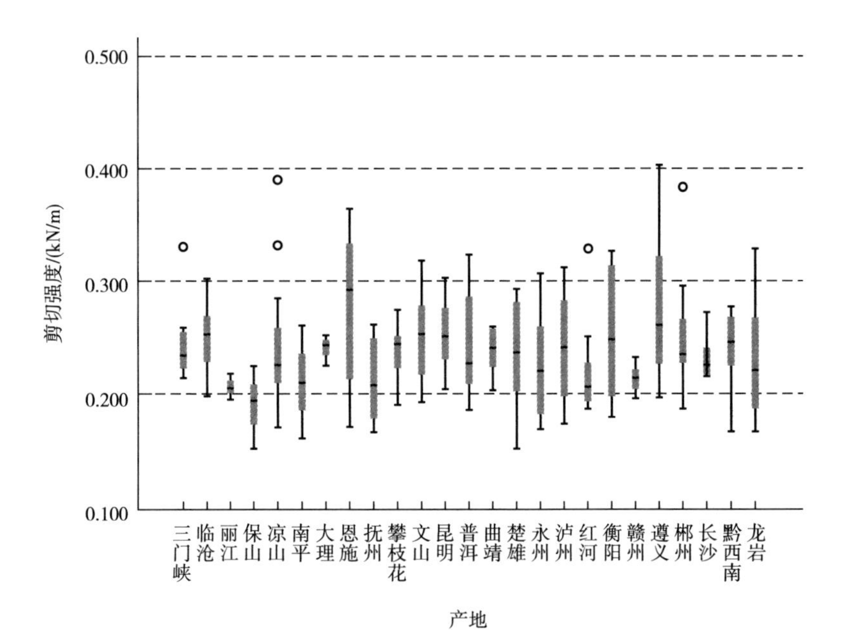

图 3-23　云烟 87 品种烟叶剪切强度箱线图

2. 其他区域性品种不同产地烟叶剪切强度差异情况

由图 3-24~图 3-31 可知，不同产地的相同品种烟叶的剪切强度指标在 95%的置信度下 p 值>0. 05，表明相同品种的不同产地间烟叶剪切强度指标在 5%水平下差异不显著。

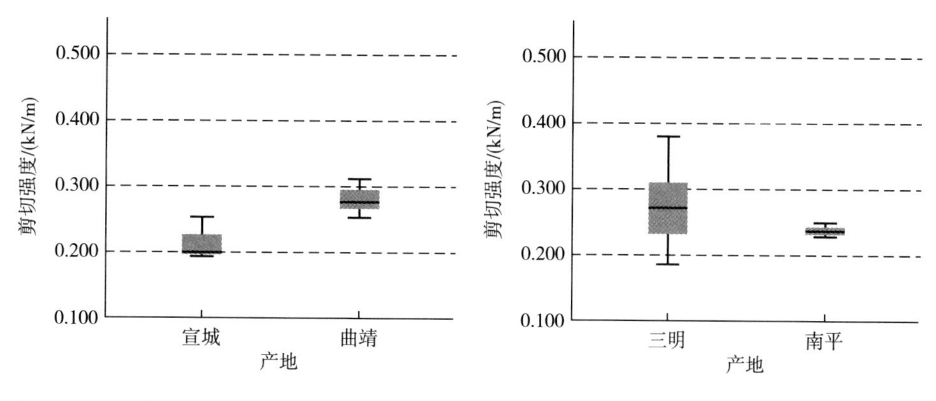

图 3-24　云烟 97 品种烟叶剪切强度箱线图

图 3-25　CB-1 品种烟叶剪切强度箱线图

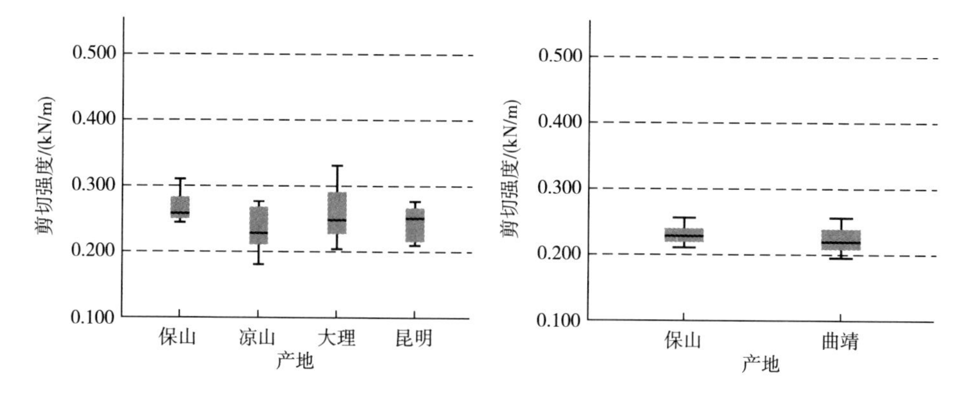

图 3-26　红大品种烟叶剪切强度箱线图

图 3-27　云烟 105 品种烟叶剪切强度箱线图

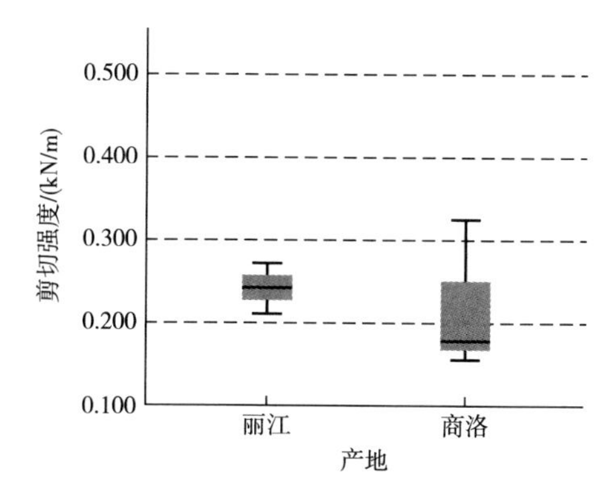

图 3-28　云烟 99 品种烟叶剪切强度箱线图

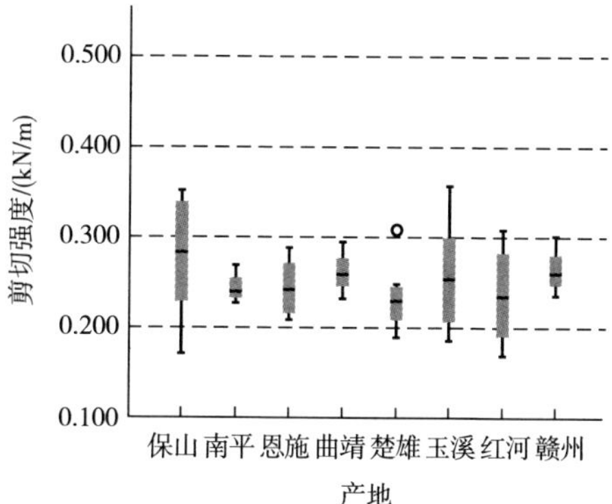

图 3-29　K326 品种烟叶剪切强度箱线图

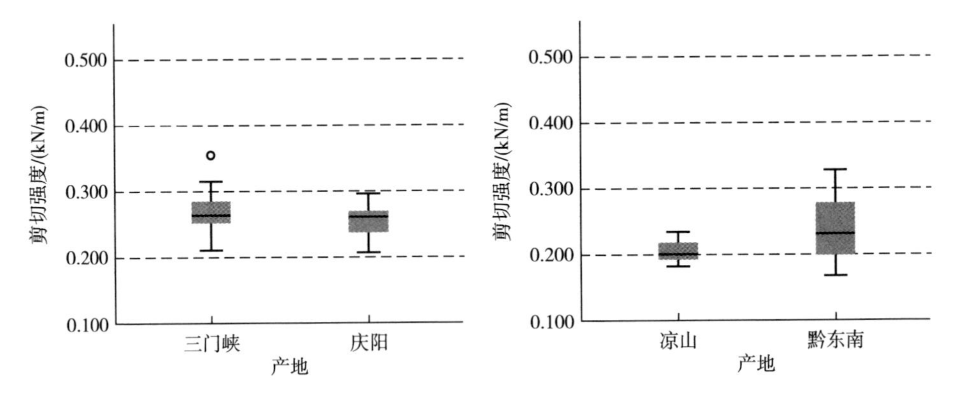

图 3-30　秦烟 96 品种烟叶剪切强度箱线图　图 3-31　云烟 85 品种烟叶剪切强度箱线图

（三）同产地不同品种烟叶分布情况

由图 3-32~图 3-44 可知：

①赣州的 K326、云烟 87 品种间烟叶剪切强度指标在 95%的置信度下 p 值≤0.05，表明赣州的 K326、云烟 87 品种烟叶剪切强度指标在 5%水平下差异显著。

②保山的 K326、云烟 105、云烟 87、红大，丽江的云烟 87、云烟 99，红河、楚雄、恩施的 K326、云烟 87，大理、昆明的云烟 87、红大，三门峡的云烟 87、秦烟 96，凉山的云烟 85、云烟 87、红大，南平的 CB-1、K326、云烟 87，曲靖的 K326、云烟 87、云烟 97、云烟 105、云烟 116，韶关的粤烟 97、粤烟 98 品种烟叶剪切强度指标在 95%的置信度下 p 值>0.05，表明以上不同品种的相同产地烟叶剪切强度指标在 5%水平下差异不显著。

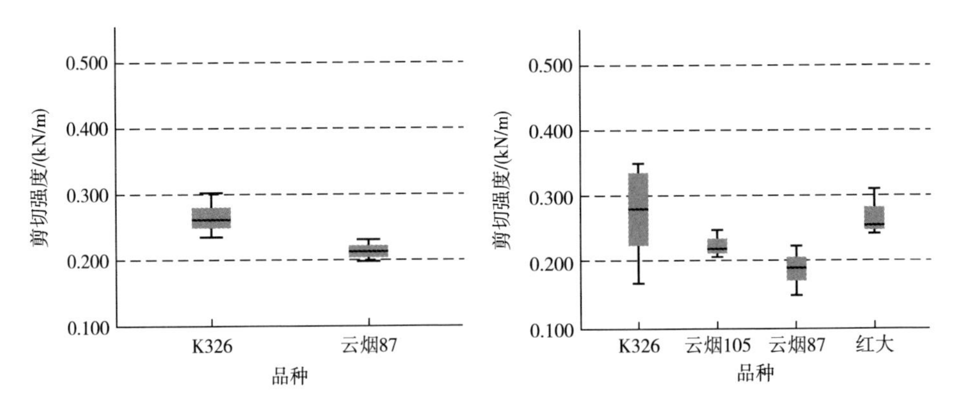

图 3-32　赣州烟叶品种剪切强度箱线图　图 3-33　保山烟叶品种剪切强度箱线图

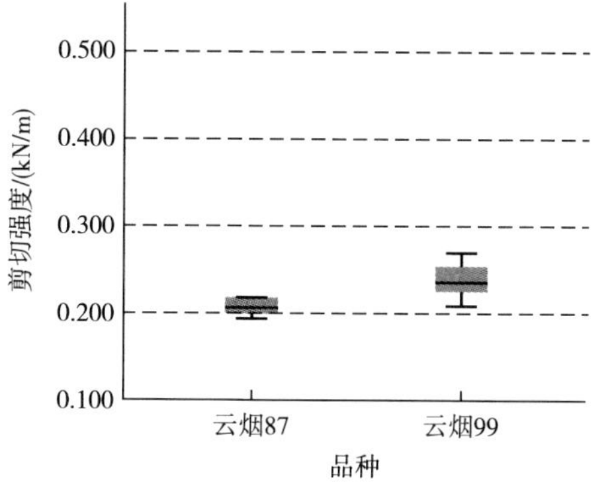

图 3-34　丽江烟叶品种剪切强度箱线图

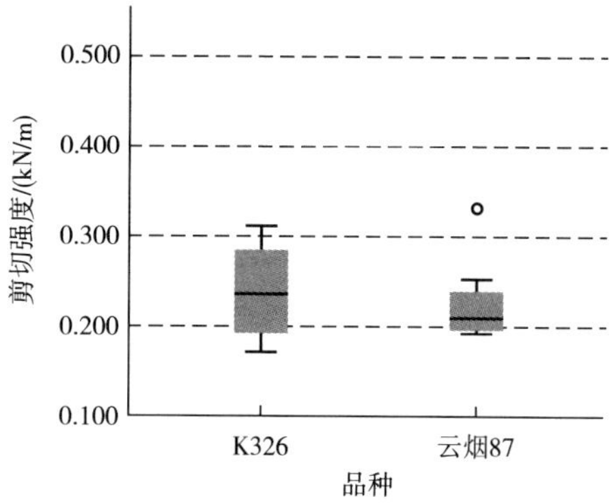

图 3-35　红河烟叶品种剪切强度箱线图

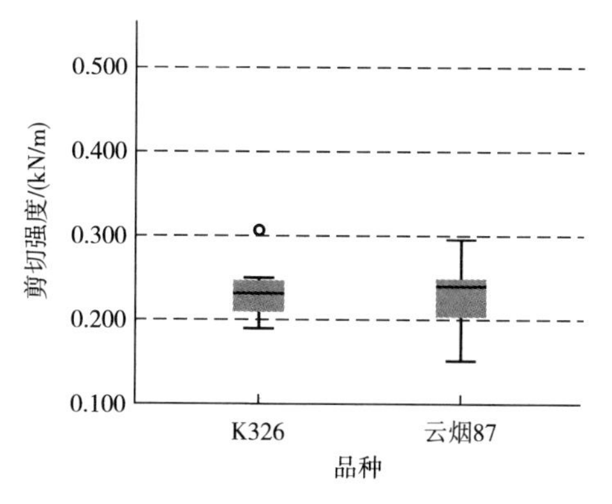

图 3-36　楚雄烟叶品种剪切强度箱线图

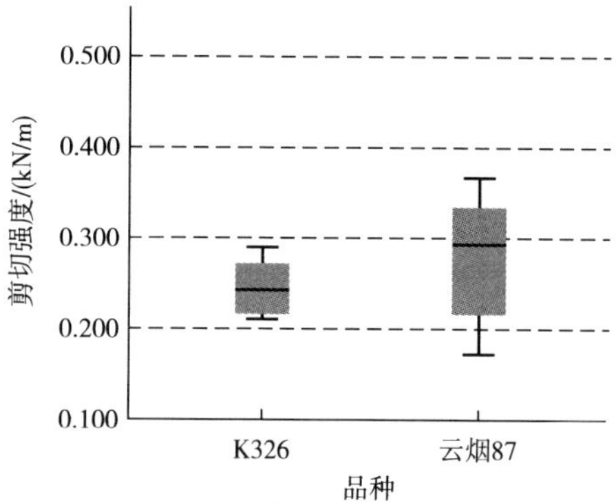

图 3-37　恩施烟叶品种剪切强度箱线图

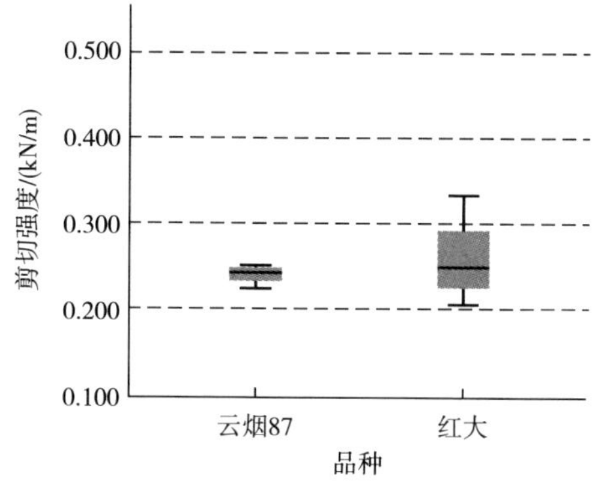

图 3-38　大理烟叶品种剪切强度箱线图

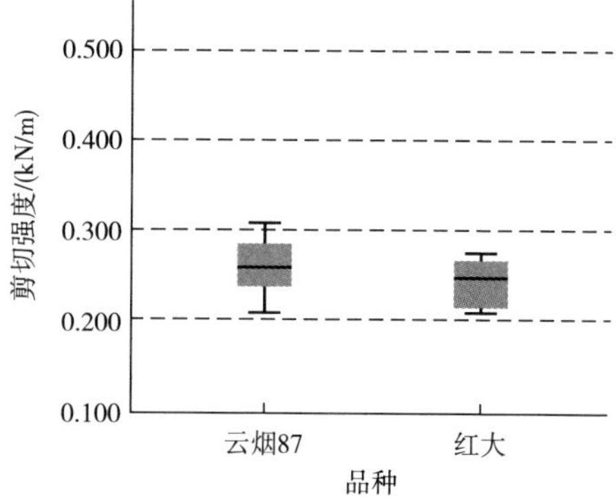

图 3-39　昆明烟叶品种剪切强度箱线图

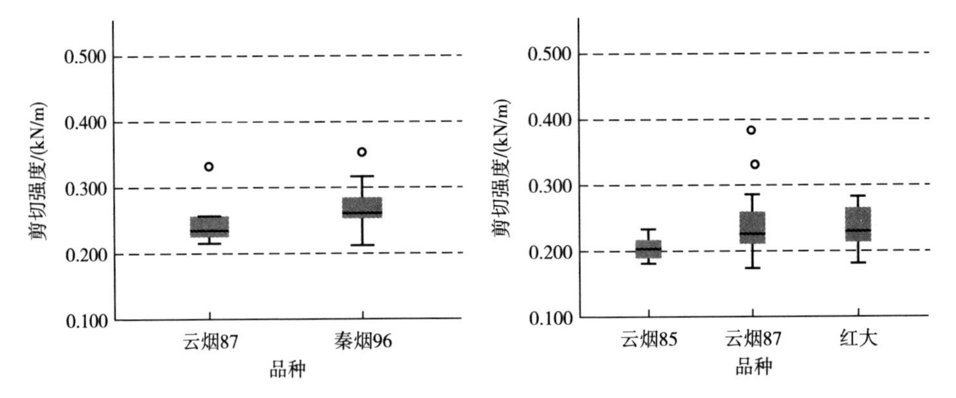

图 3-40　三门峡烟叶品种剪切强度箱线图

图 3-41　凉山烟叶品种剪切强度箱线图

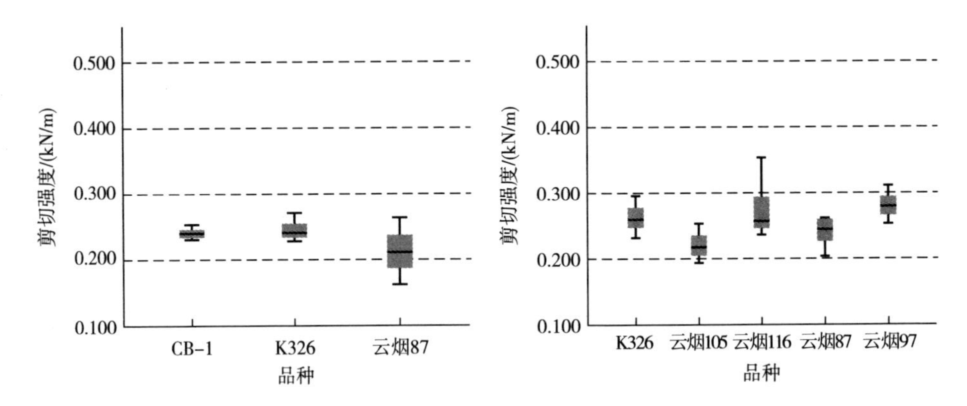

图 3-42　南平烟叶品种剪切强度箱线图

图 3-43　曲靖烟叶品种剪切强度箱线图

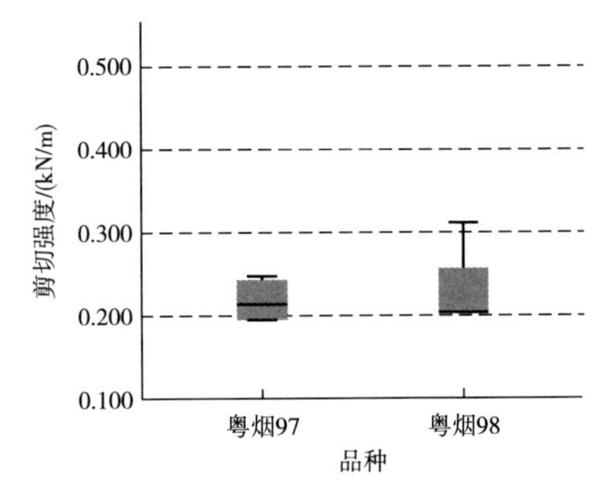

图 3-44　韶关烟叶品种剪切强度箱线图

三、不同品种烟叶拉力

（一）不同品种烟叶拉力分布总体情况

由图 3-45 可知，不同品种烟叶样品的拉力平均值在 1.465～2.163N，不同品种烟叶的拉力指标平均值大小排序依次为：粤烟 98、云烟 97、红大、云烟 116、云烟 99、秦烟 96、CB-1、K326、云烟 87、云烟 85、云烟 105、龙江 911、粤烟 97。

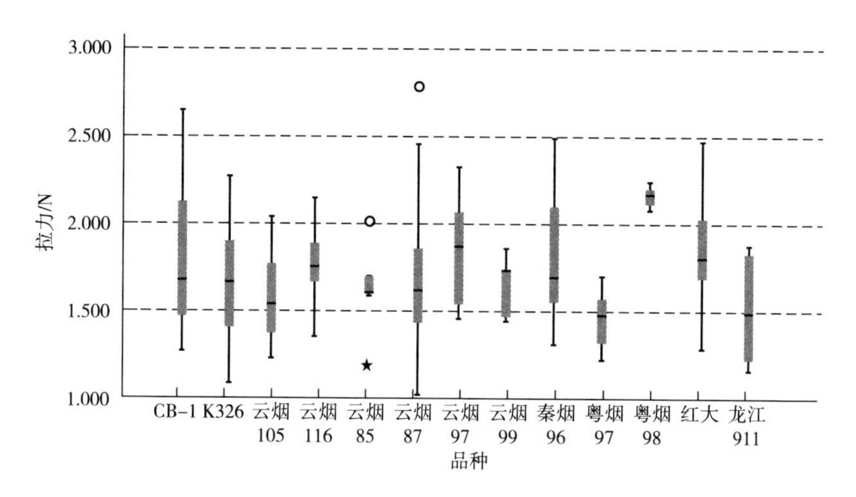

图 3-45 不同品种烟叶拉力箱线图

（二）同品种不同产地烟叶分布情况

1. 云烟 87 品种不同产地烟叶拉力差异情况

由图 3-46 可知，云烟 87 品种不同产地烟叶的拉力指标在 95%的置信度下 p 值<0.05，表明云烟 87 品种不同产地烟叶的拉力指标在 5%水平下差异显著。

25 个产地中，泸州与凉山、普洱、丽江、曲靖、恩施、郴州、南平、大理；红河与普洱、丽江、曲靖、恩施、郴州、南平、大理；抚州与恩施、郴州、南平、大理，楚雄、三门峡、遵义；临沧与郴州、南平、大理；大理与昆明、衡阳、长沙、黔西南、保山、攀枝花、文山、永州、龙岩的云烟 87 品种烟叶拉力指标在 5%水平下差异显著。

2. 其他区域性品种不同产地烟叶拉力差异情况

由图 3-47～图 3-54 可知：

①K326 品种烟叶拉力指标在 95%的置信度下 p 值≤0.05，表明 K326 品种不同产地烟叶的拉力指标在 5%水平下差异显著；红河、恩施与玉溪、曲靖、赣州，保山与赣州的 K326 品种烟叶拉力指标在 5%水平下差异显著。

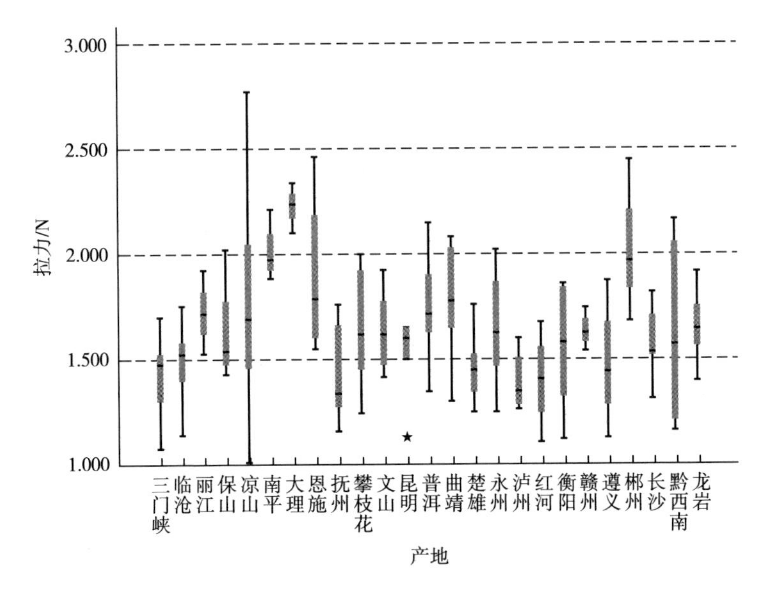

图 3-46　云烟 87 品种烟叶拉力箱线图

②丽江、商洛的云烟 99 品种烟叶拉力指标在 95% 的置信度下 p 值≤0.05，表明云烟 99 品种不同产地烟叶的拉力指标在 5%水平下差异显著。

③曲靖、宣城的云烟 97，三明、南平的 CB-1，昆明、大理、凉山、保山的红大，曲靖、保山的云烟 105，三门峡、庆阳的秦烟 96，凉山、黔东南的云烟 85 品种烟叶拉力指标在 95%的置信度下 p 值>0.05，表明以上相同品种的不同产地间烟叶拉力指标在 5%水平下差异不显著。

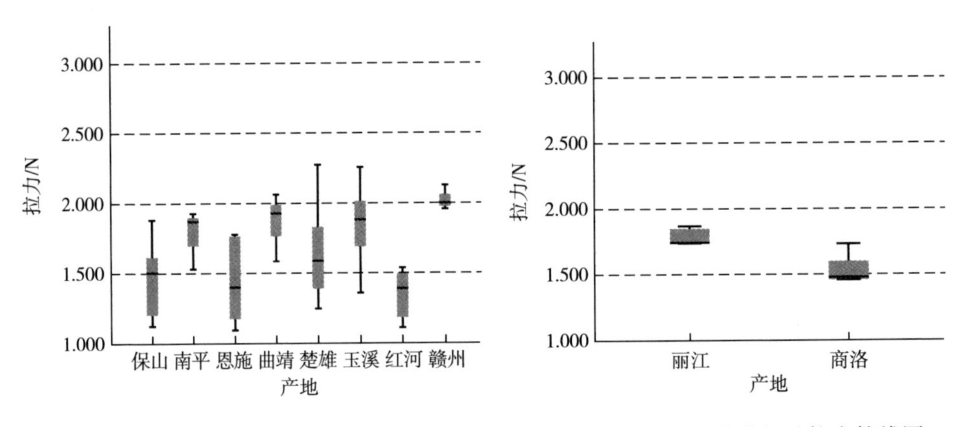

图 3-47　K326 品种烟叶拉力箱线图

图 3-48　云烟 99 品种烟叶拉力箱线图

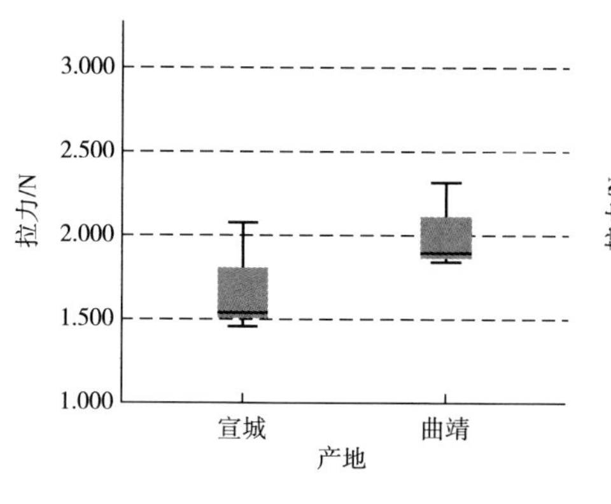

图 3-49　云烟 97 品种烟叶拉力箱线图

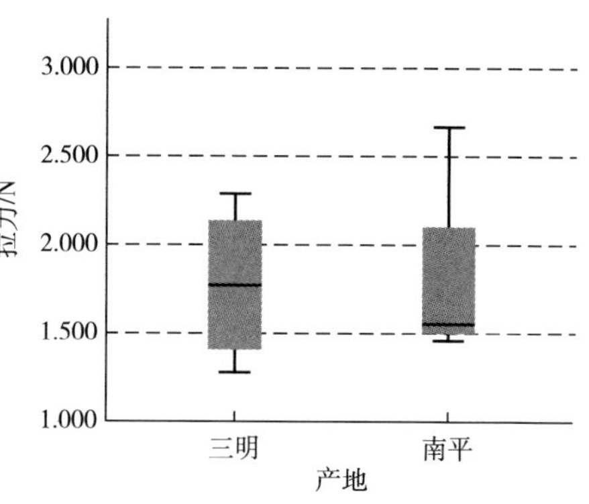

图 3-50　CB-1 品种烟叶拉力箱线图

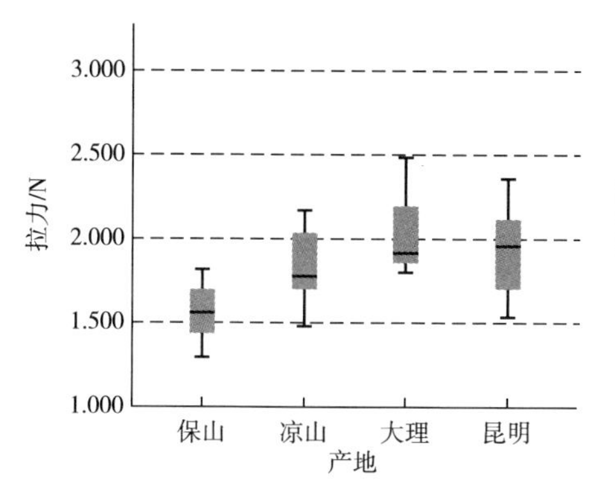

图 3-51　红大品种烟叶拉力箱线图

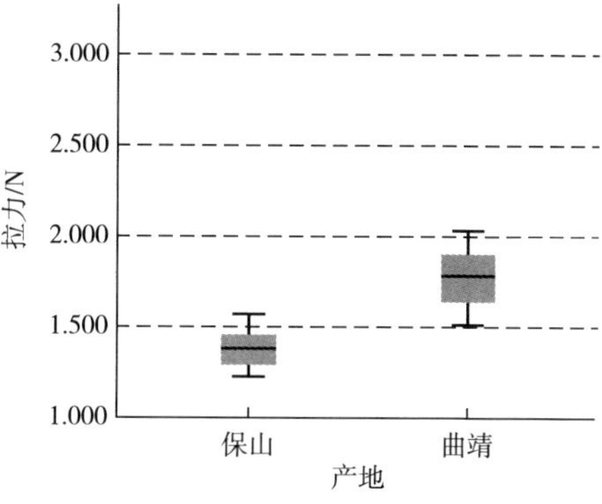

图 3-52　云烟 105 品种烟叶拉力箱线图

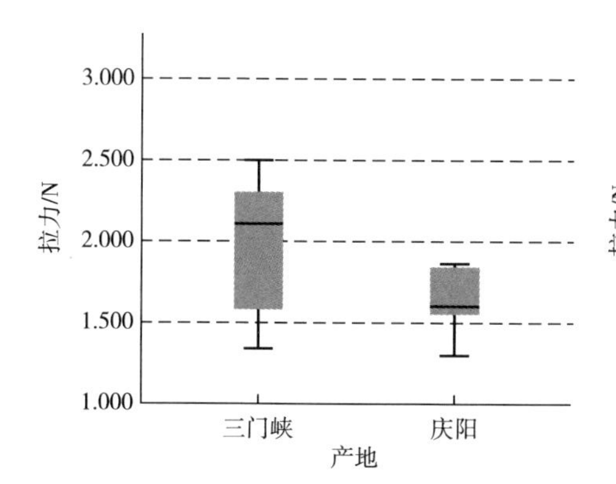

图 3-53　秦烟 96 品种烟叶拉力箱线图

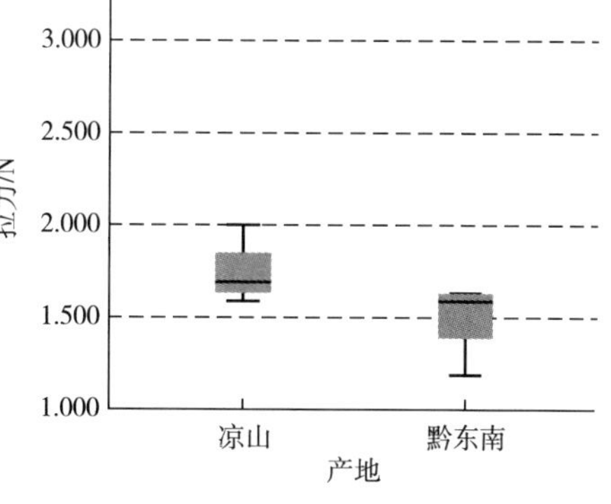

图 3-54　云烟 85 品种烟叶拉力箱线图

(三) 同产地不同品种烟叶分布情况

由图 3-55~图 3-67 可知：

①韶关的粤烟 97、粤烟 98 品种烟叶拉力指标在 95%的置信度下 p 值≤0.05，表明韶关的粤烟 97、粤烟 98 品种烟叶拉力指标在 5%水平下差异显著；粤烟 98 品种的拉力显著高于粤烟 97。

②昆明的云烟 87、红大品种烟叶拉力指标在 95%的置信度下 p 值≤0.05，表明昆明的云烟 87、红大品种烟叶拉力指标在 5%水平下差异显著；红大品种的拉力显著高于云烟 87。

③三门峡的云烟 87、秦烟 96 品种烟叶拉力指标在 95%的置信度下 p 值≤0.05，表明三门峡的云烟 87、秦烟 96 品种烟叶拉力指标在 5%水平下差异显著；秦烟 96 品种的拉力显著高于云烟 87。

④赣州的 K326、云烟 87 品种烟叶拉力指标在 95%的置信度下 p 值≤0.05，表明赣州的 K326、云烟 87 品种烟叶拉力指标在 5%水平下差异显著；K326 品种的拉力显著高于云烟 87。

⑤曲靖的 K326、云烟 87、云烟 97、云烟 105、云烟 116，红河、楚雄、恩施的 K326、云烟 87，丽江的云烟 87、云烟 99，大理的云烟 87、红大，凉山的云烟 85、云烟 87、红大，南平的 CB-1、K326、云烟 87，保山的 K326、云烟 105、云烟 87、红大品种烟叶拉力指标在 95%的置信度下 p 值>0.05，表明以上不同品种的相同产地烟叶拉力指标在 5%水平下差异不显著。

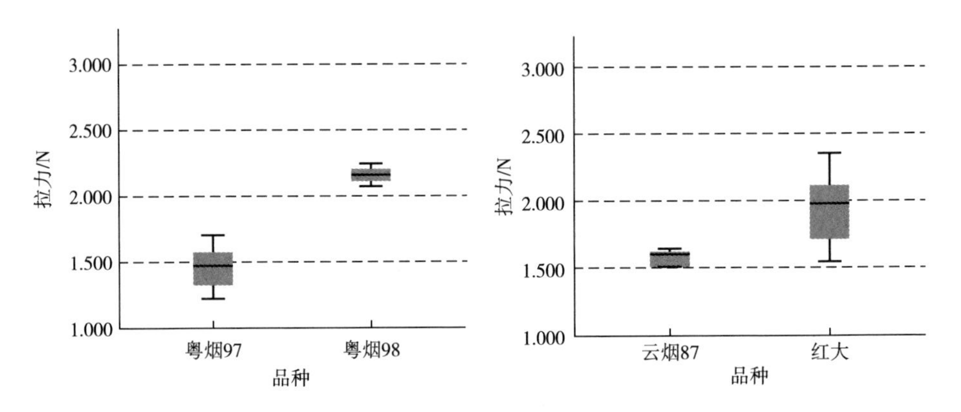

图 3-55　韶关烟叶品种拉力箱线图　　图 3-56　昆明烟叶品种拉力箱线图

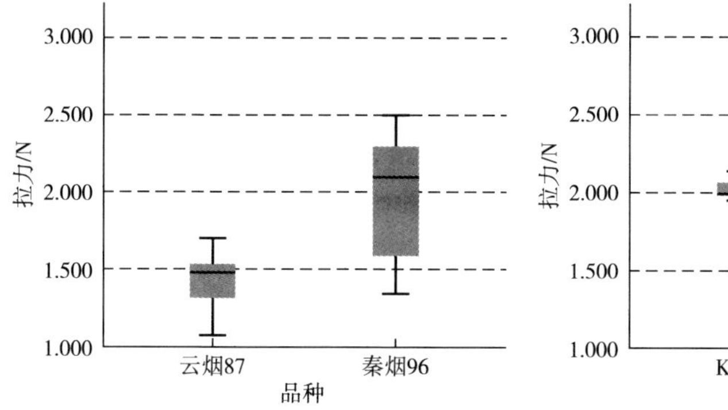

图 3-57 三门峡烟叶品种拉力箱线图

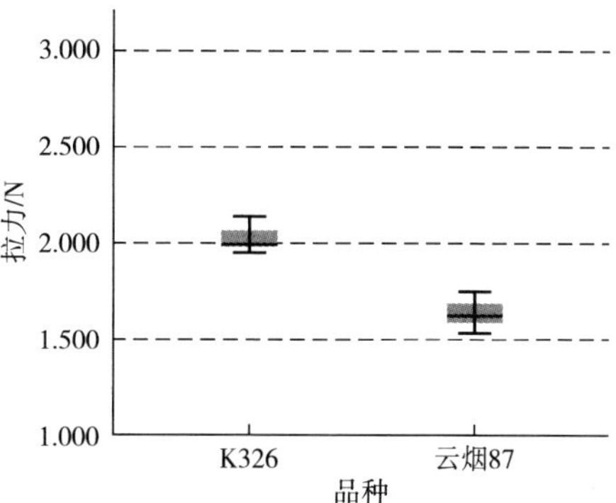

图 3-58 赣州烟叶品种拉力箱线图

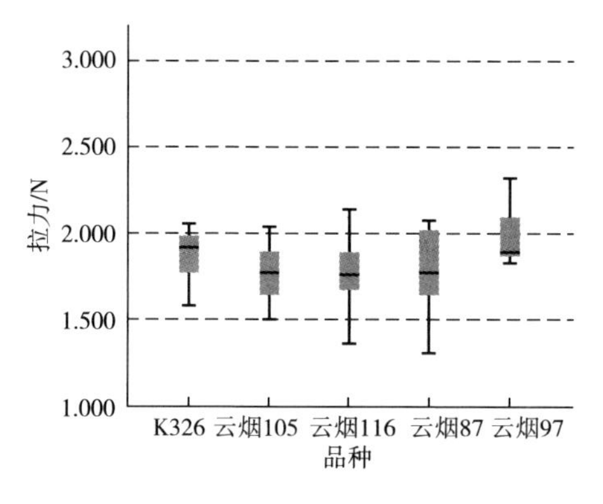

图 3-59 曲靖烟叶品种拉力箱线图

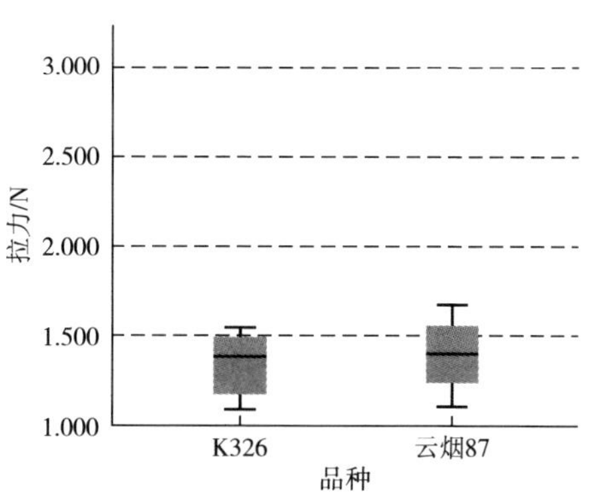

图 3-60 红河烟叶品种拉力箱线图

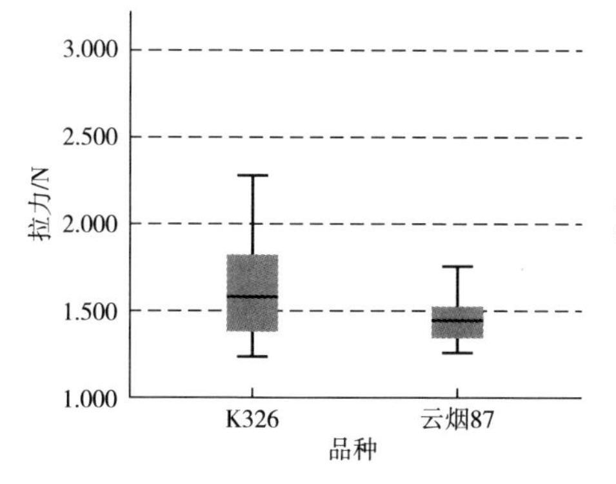

图 3-61 楚雄烟叶品种拉力箱线图

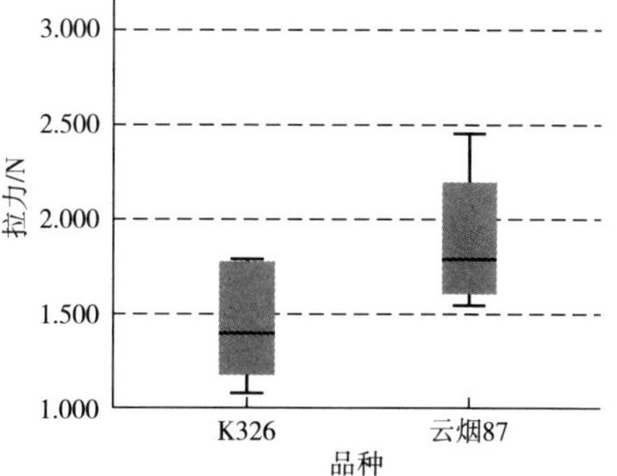

图 3-62 恩施烟叶品种拉力箱线图

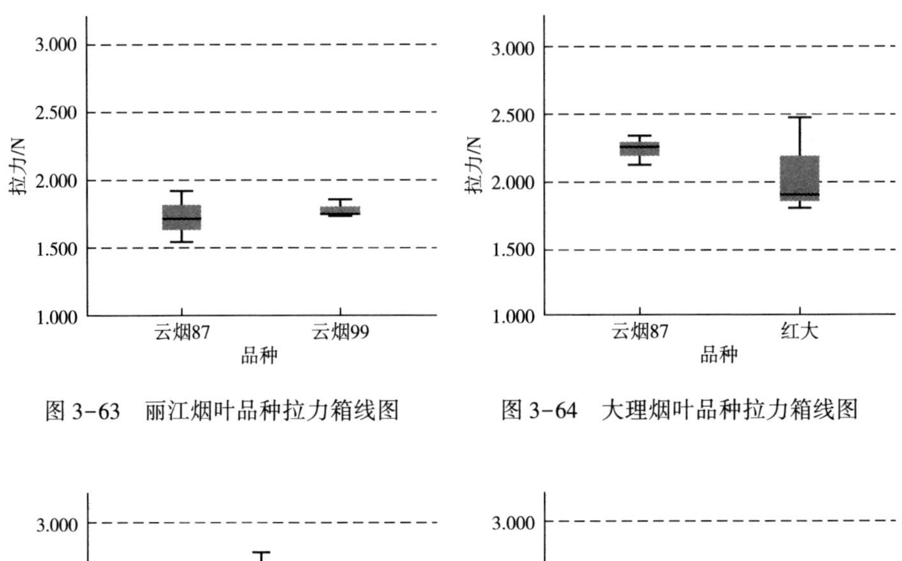

图 3-63　丽江烟叶品种拉力箱线图

图 3-64　大理烟叶品种拉力箱线图

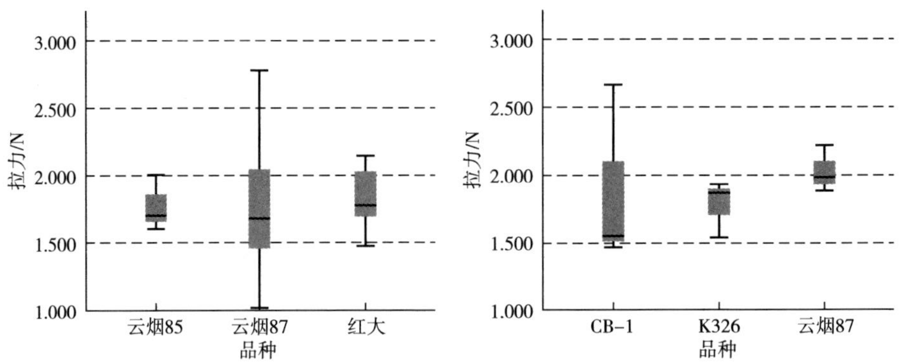

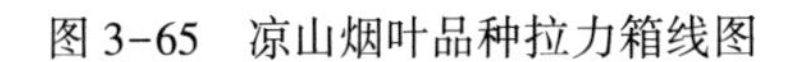

图 3-65　凉山烟叶品种拉力箱线图

图 3-66　南平烟叶品种拉力箱线图

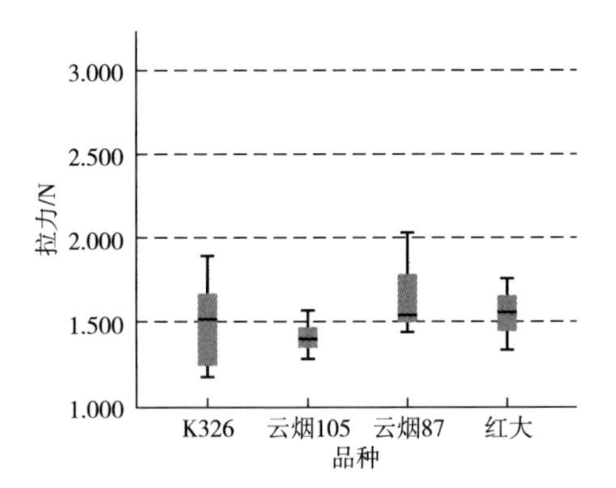

图 3-67　保山烟叶品种拉力箱线图

四、不同品种烟叶伸长率

（一）不同品种烟叶伸长率分布总体情况

由图 3-68 可知，不同品种烟叶样品的伸长率平均值在 13.104% ~ 18.893%，不同品种烟叶的伸长率指标平均值大小排序依次为：CB-1、粤烟 98、龙江 911、云烟 97、红大、K326、云烟 87、云烟 116、云烟 99、云烟 105、云烟 85、秦烟 96、粤烟 97。

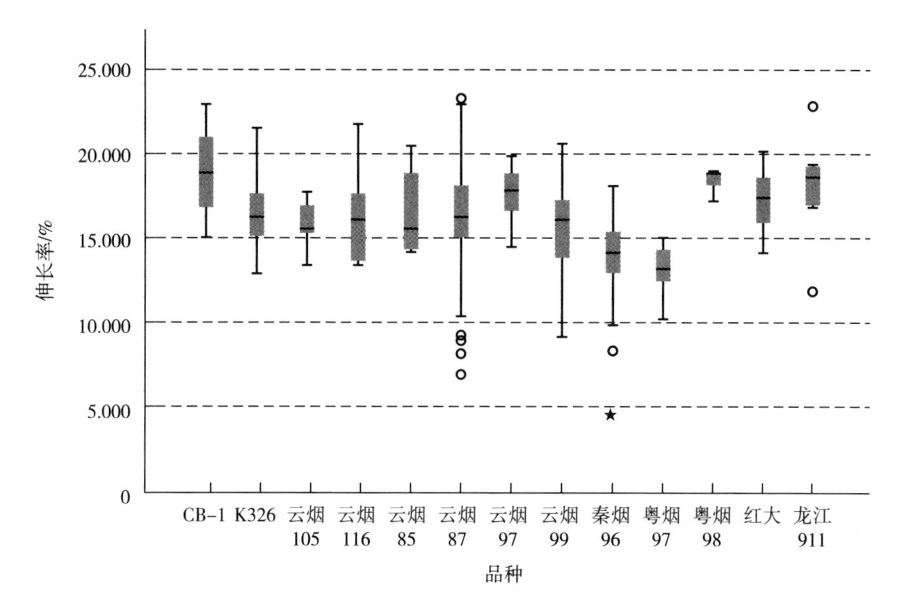

图 3-68　不同品种烟叶伸长率箱线图

（二）同品种不同产地分布情况

1. 云烟 87 品种不同产地烟叶伸长率差异情况

由图 3-69 可知，云烟 87 品种不同产地烟叶的伸长率指标在 95% 的置信度下 p 值 <0.05，表明云烟 87 品种不同产地烟叶的伸长率指标在 5% 水平下差异显著。

25 个产地中，黔西南与楚雄、保山、三门峡、衡阳、赣州、临沧、曲靖、龙岩、抚州、郴州、攀枝花、普洱、大理、南平；遵义与曲靖、龙岩、抚州、郴州、攀枝花、普洱、大理、南平；丽江、文山与郴州、攀枝花、普洱、大理、南平；昆明、红河与攀枝花、普洱、大理、南平；泸州、凉山、永州与普洱、大理、南平；长沙与大理、南平；南平与恩施、楚雄、保山、三门峡、衡阳、赣州、临沧、曲靖、龙岩、抚州、郴州、攀枝花、普洱、大理的烟叶伸长率指标在5%水平下差异显著。

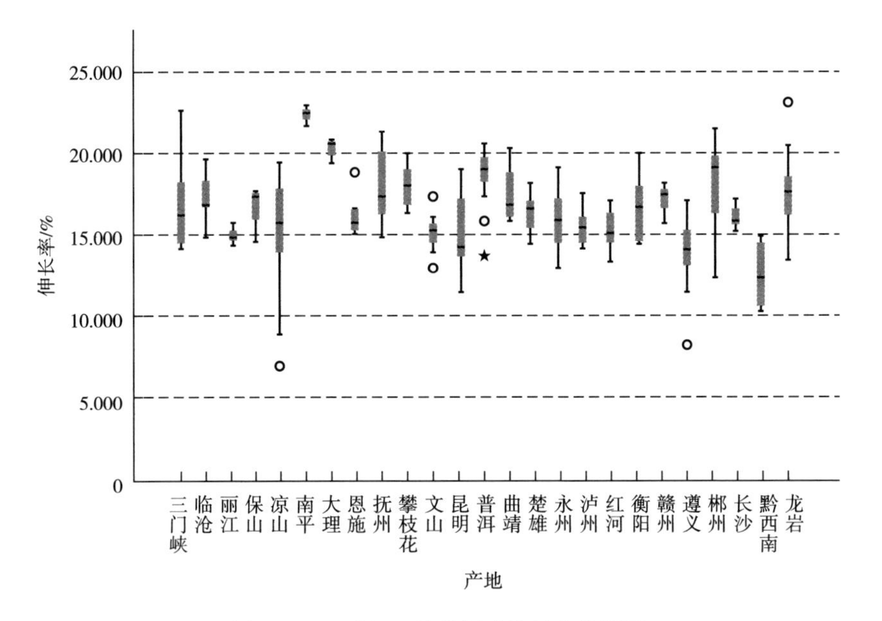

图3-69　云烟87品种烟叶伸长率箱线图

2. 其他区域性品种不同产地烟叶伸长率差异情况

由图3-70~图3-77可知：

①K326品种烟叶伸长率指标在95%的置信度下 p 值≤0.05，表明K326品种不同产地烟叶的伸长率指标在5%水平下差异显著；楚雄、红河、保山与玉溪、南平、赣州，恩施、曲靖与赣州的烟叶伸长率指标在5%水平下差异显著。

②红大品种烟叶伸长率指标在95%的置信度下 p 值≤0.05，表明红大品种不同产地烟叶的伸长率指标在5%水平下差异显著；大理与保山的烟叶伸长率指标在5%水平下差异显著。

③曲靖、宣城的云烟97，三明、南平的CB-1，曲靖、保山的云烟105，丽江、商洛的云烟99，三门峡、庆阳的秦烟96，凉山、黔东南的云烟85品种烟叶伸长率指标在95%的置信度下 p 值>0.05，表明以上相同品种的不同产地间烟叶伸长率指标在5%水平下差异不显著。

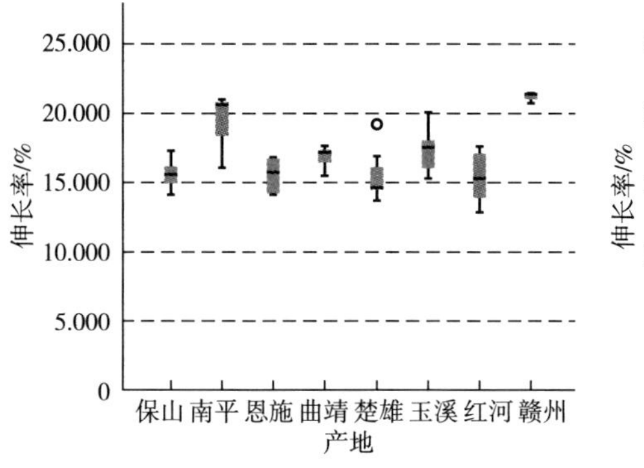

图 3-70　K326 品种烟叶伸长率箱线图

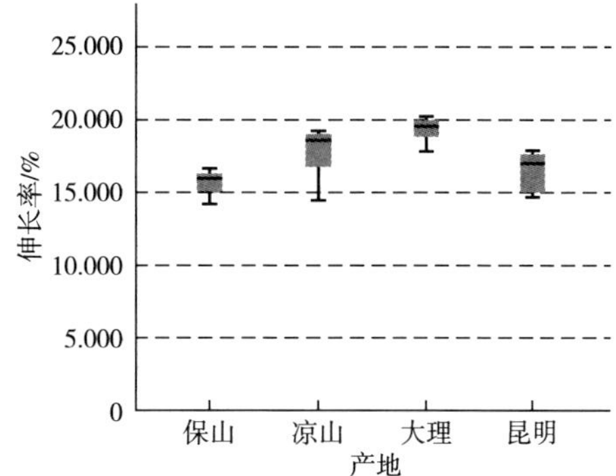

图 3-71　红大品种烟叶伸长率箱线图

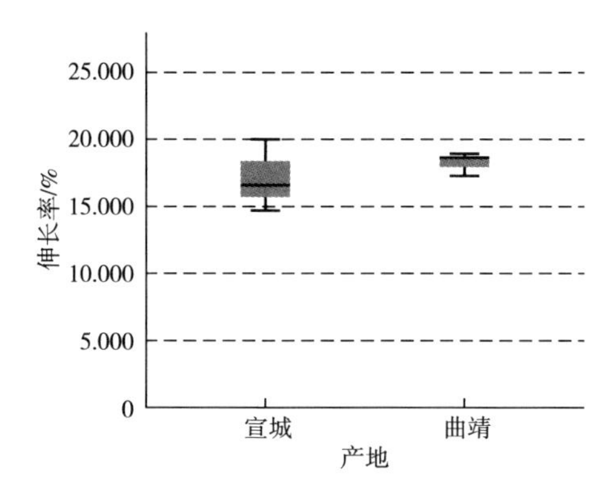

图 3-72　云烟 97 品种烟叶伸长率箱线图

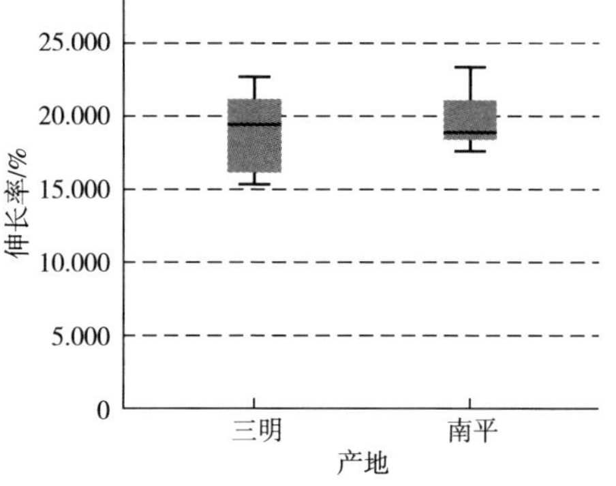

图 3-73　CB-1 品种烟叶伸长率箱线图

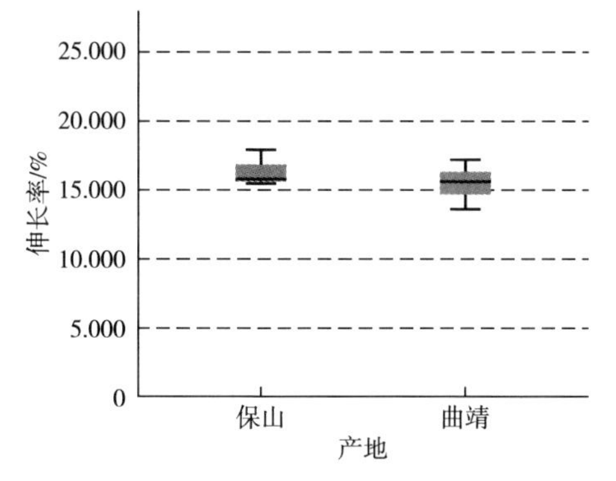

图 3-74　云烟 105 品种烟叶伸长率箱线图

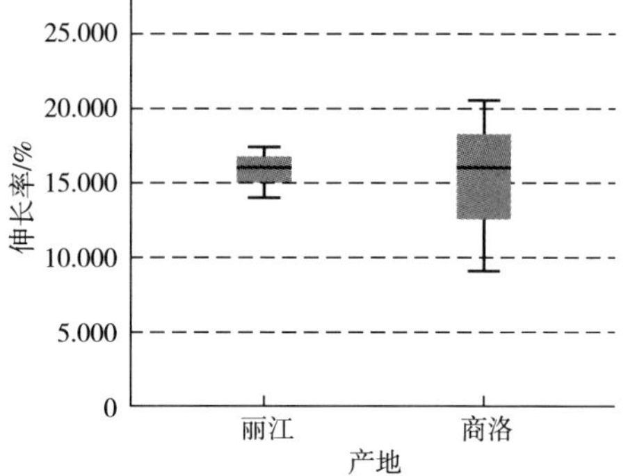

图 3-75　云烟 99 品种烟叶伸长率箱线图

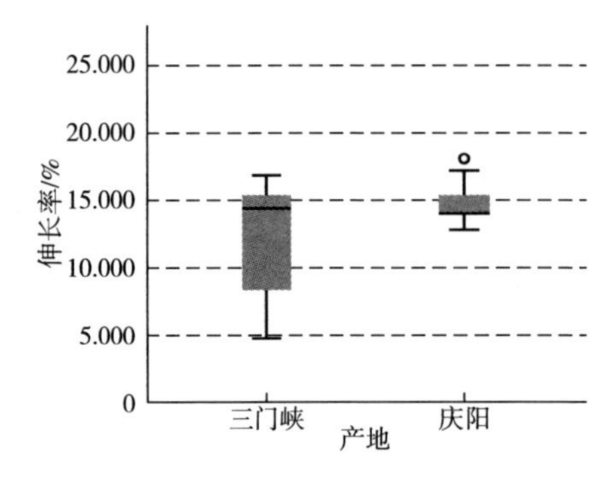

图 3-76　秦烟 96 品种烟叶伸长率箱线图

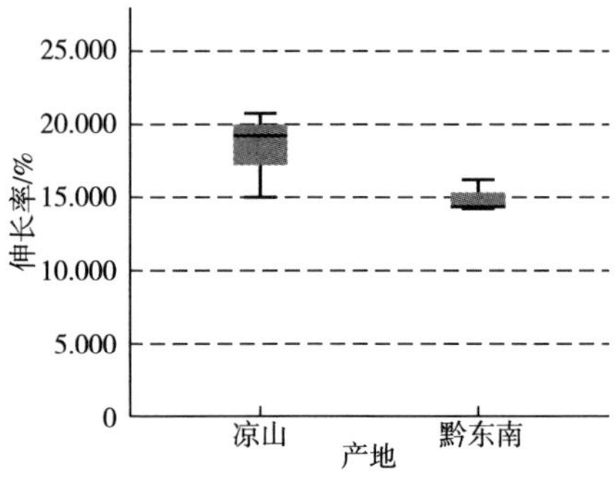

图 3-77　云烟 85 品种烟叶伸长率箱线图

(三) 同产地不同品种烟叶分布情况

由图 3-78~图 3-90 可知：

①韶关的粤烟 97、粤烟 98 品种烟叶伸长率指标在 95%的置信度下 p 值≤0.05，表明韶关的粤烟 97、粤烟 98 品种烟叶伸长率指标在 5%水平下差异显著；粤烟 98 品种的伸长率显著高于粤烟 97。

②赣州的 K326、云烟 87 品种烟叶伸长率在 95%的置信度下 p 值≤0.05，表明赣州的 K326、云烟 87 品种烟叶伸长率指标在 5%水平下差异显著；K326 品种的伸长率显著高于云烟 87。

③红河、楚雄、恩施的 K326、云烟 87，大理、昆明的云烟 87、红大，三门峡的云烟 87、秦烟 96，凉山的云烟 85、云烟 87、红大，南平的 CB-1、K326、云烟 87，曲靖的 K326、云烟 87、云烟 97、云烟 105、云烟 116，保山的 K326、云烟 105、云烟 87、红大，丽江的云烟 87、云烟 99 品种烟叶伸长率指标在 95%的置信度下 p 值>0.05，表明以上不同品种的相同产地烟叶伸长率指标在 5%水平下差异不显著。

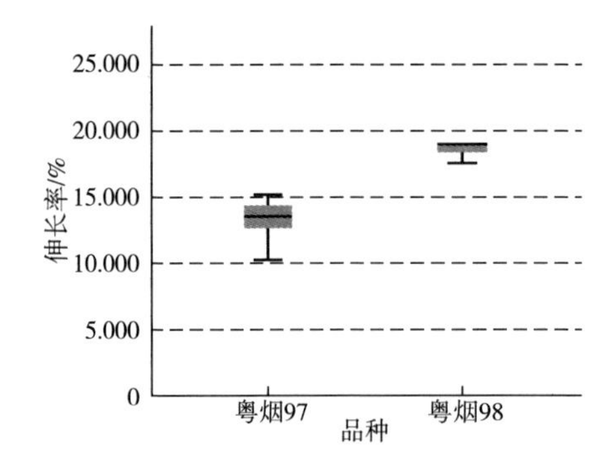

图 3-78　韶关烟叶品种伸长率箱线图

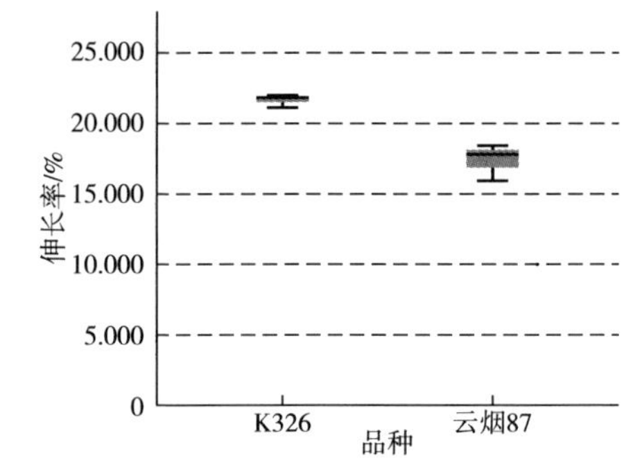

图 3-79　赣州烟叶品种伸长率箱线图

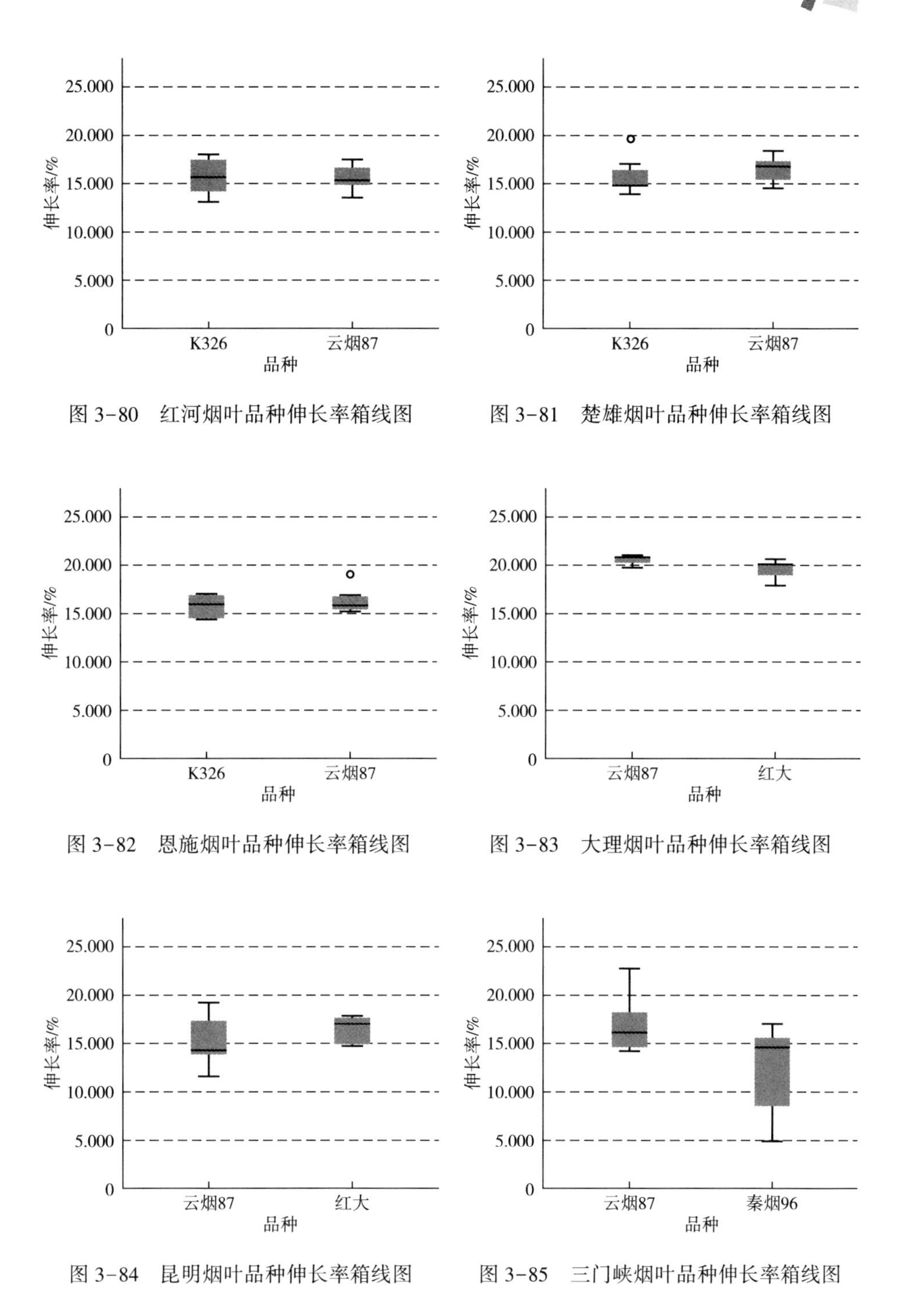

图 3-80　红河烟叶品种伸长率箱线图

图 3-81　楚雄烟叶品种伸长率箱线图

图 3-82　恩施烟叶品种伸长率箱线图

图 3-83　大理烟叶品种伸长率箱线图

图 3-84　昆明烟叶品种伸长率箱线图

图 3-85　三门峡烟叶品种伸长率箱线图

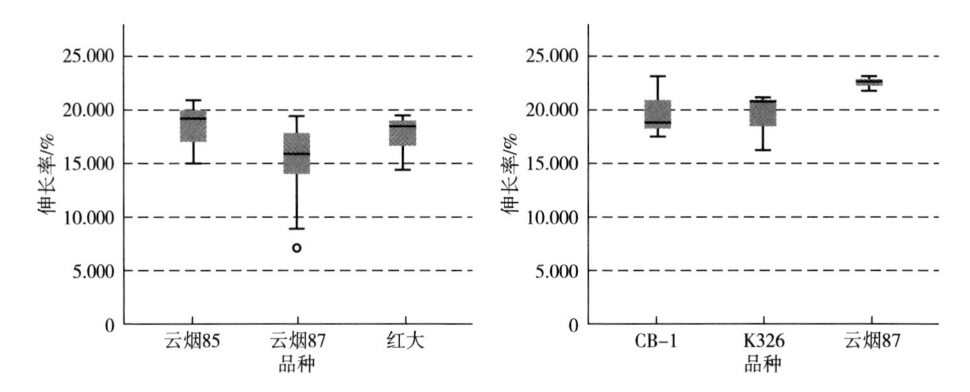

图 3-86　凉山烟叶品种伸长率箱线图

图 3-87　南平烟叶品种伸长率箱线图

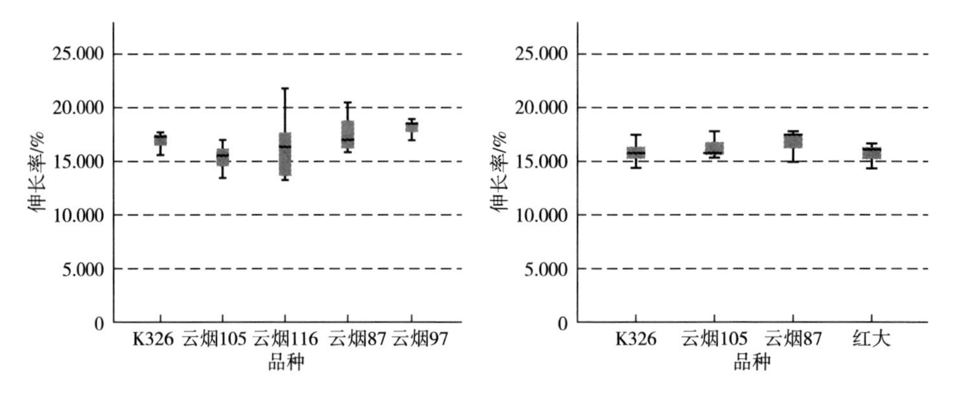

图 3-88　曲靖烟叶品种伸长率箱线图

图 3-89　保山烟叶品种伸长率箱线图

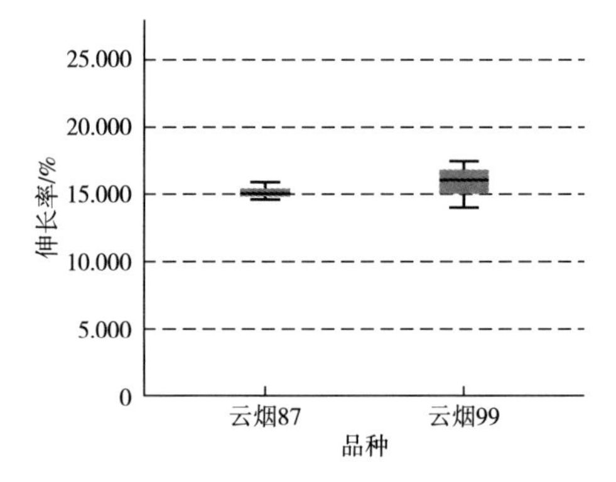

图 3-90　丽江烟叶品种伸长率箱线图

五、不同品种烟叶穿透强度

（一）不同品种烟叶穿透强度总体情况

由图3-91可知，不同品种烟叶样品的穿透强度平均值在0.475~0.621N/mm²，不同品种烟叶的穿透强度指标平均值大小排序依次为：云烟105、云烟85、红大、云烟116、CB-1、云烟97、粤烟98、K326、云烟87、云烟99、粤烟97、秦烟96、龙江911。

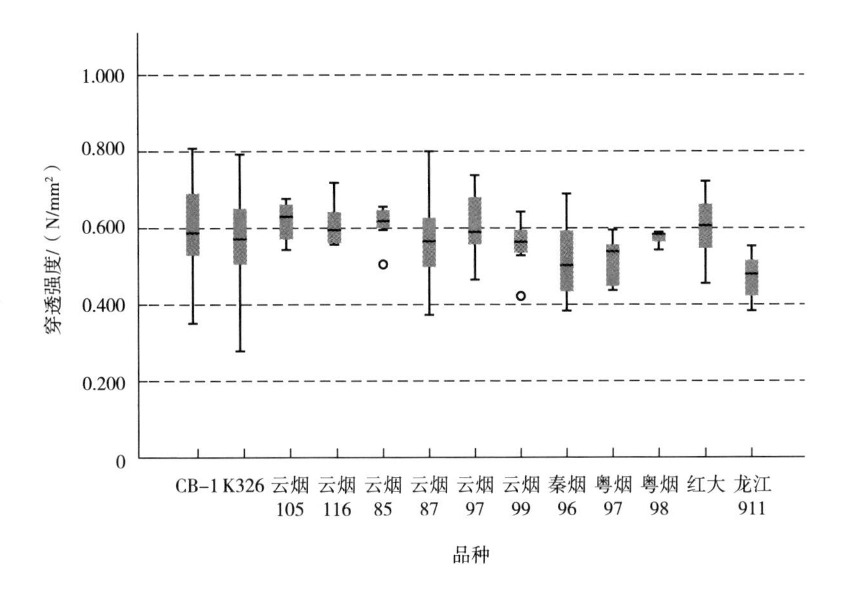

图3-91 不同品种烟叶穿透强度箱线图

（二）同品种不同产地烟叶分布情况

1. 云烟87品种不同产地烟叶穿透强度差异情况

由图3-92可知：云烟87品种不同产地烟叶的穿透强度指标在95%的置信度下p值<0.05，表明云烟87品种不同产地烟叶的穿透强度指标在5%水平下差异显著。

25个产地中，赣州、三门峡与遵义、保山、泸州、龙岩、临沧、凉山、昆明、普洱、文山、丽江、南平、攀枝花、黔西南、曲靖、红河、大理；抚州与泸州、龙岩、临沧、凉山、昆明、普洱、文山、丽江、南平、攀枝花、黔西南、曲靖、红河、大理；永州与龙岩、临沧、凉山、昆明、普洱、文山、丽江、南平、攀枝花、黔西南、曲靖、红河、大理，长沙与普洱、文山、丽江、南平、攀枝花、黔西南、曲靖、红河、大理，衡阳与大理的烟叶穿透强度指标在 5%水平下差异显著。

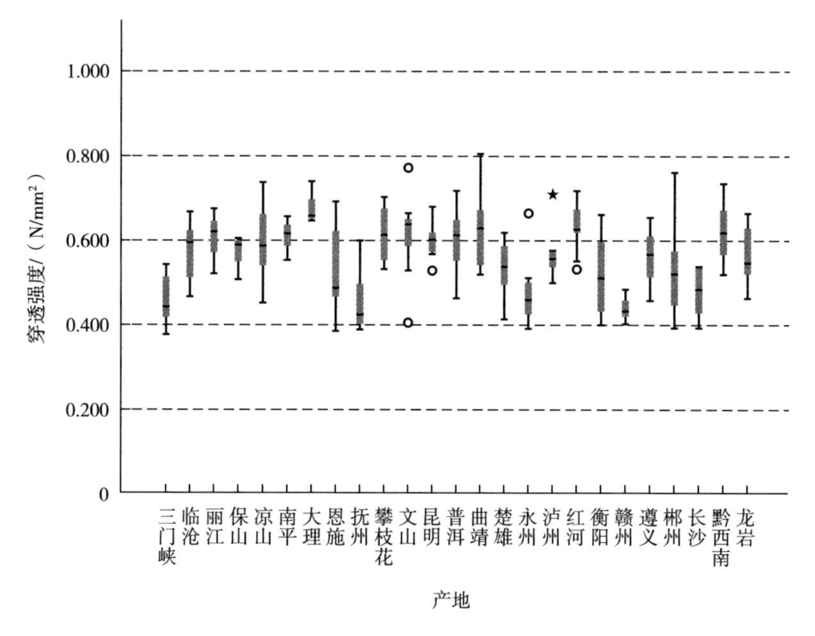

图 3-92　云烟 87 品种烟叶穿透强度箱线图

2. 其他区域性品种不同产地烟叶穿透强度差异情况

由图 3-93~图 3-100 可知：

①K326 品种烟叶穿透强度指标在 95%的置信度下 p 值≤0.05，表明 K326 品种不同产地烟叶的穿透强度指标在 5%水平下差异显著；恩施与楚雄、保山、红河、玉溪、曲靖、南平的烟叶穿透强度指标在 5%水平下差异显著。

②秦烟 96 品种烟叶穿透强度指标在 95%的置信度下 p 值≤0.05，表明秦烟 96 品种不同产地烟叶的穿透强度指标在 5%水平下差异显著；三门峡的秦烟 96 品种烟叶穿透强度显著高于庆阳。

③曲靖、宣城的云烟 97，三明、南平的 CB-1，昆明、大理、凉山、保山的红大，曲靖、保山的云烟 105，丽江、商洛的云烟 99，凉山、黔东南的云烟 85 品种烟叶穿透强度指标在 95%的置信度下 p 值>0.05，表明以上相同品种的不同产地间烟叶穿透强度指标在 5%水平下差异不显著。

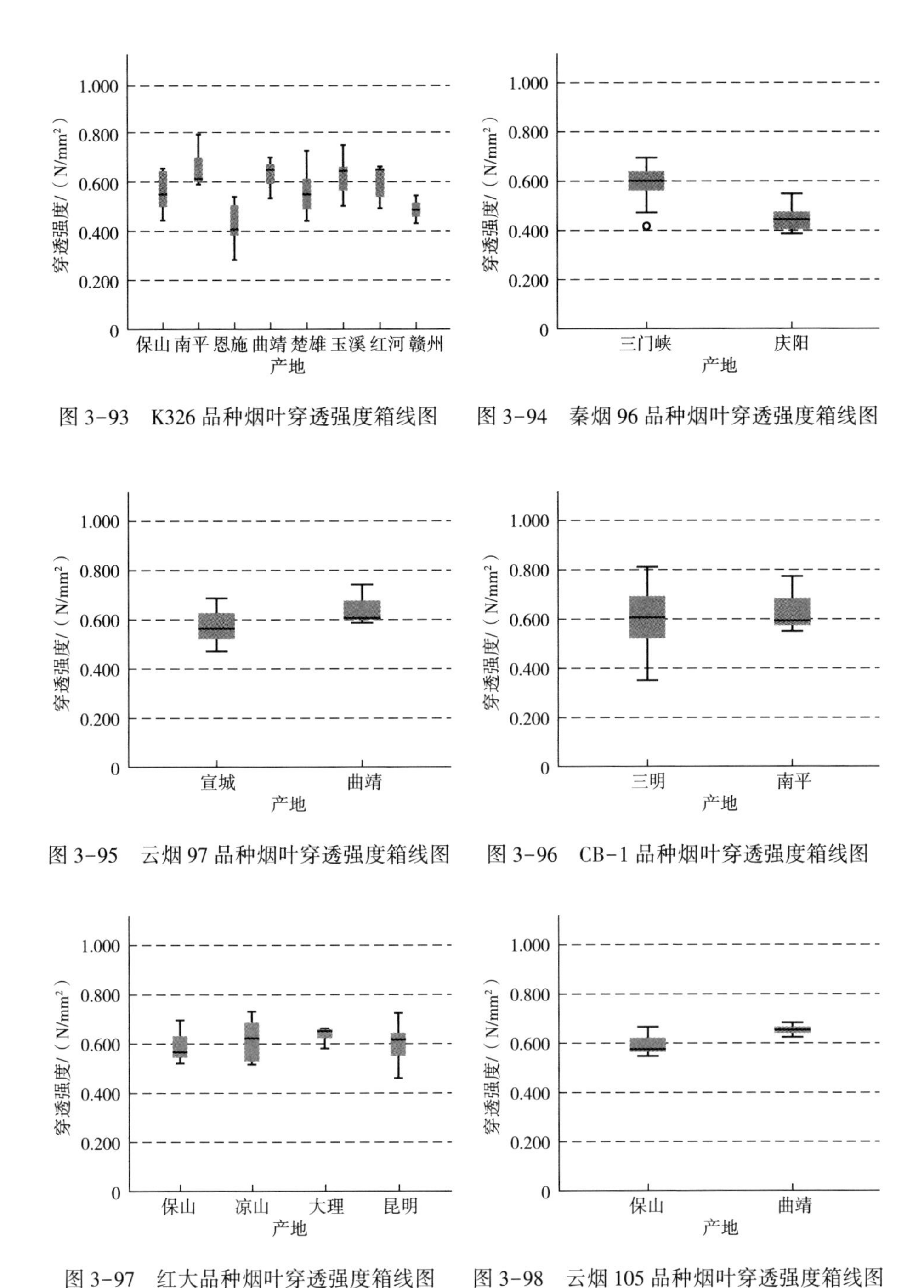

图 3-93 K326 品种烟叶穿透强度箱线图

图 3-94 秦烟 96 品种烟叶穿透强度箱线图

图 3-95 云烟 97 品种烟叶穿透强度箱线图

图 3-96 CB-1 品种烟叶穿透强度箱线图

图 3-97 红大品种烟叶穿透强度箱线图

图 3-98 云烟 105 品种烟叶穿透强度箱线图

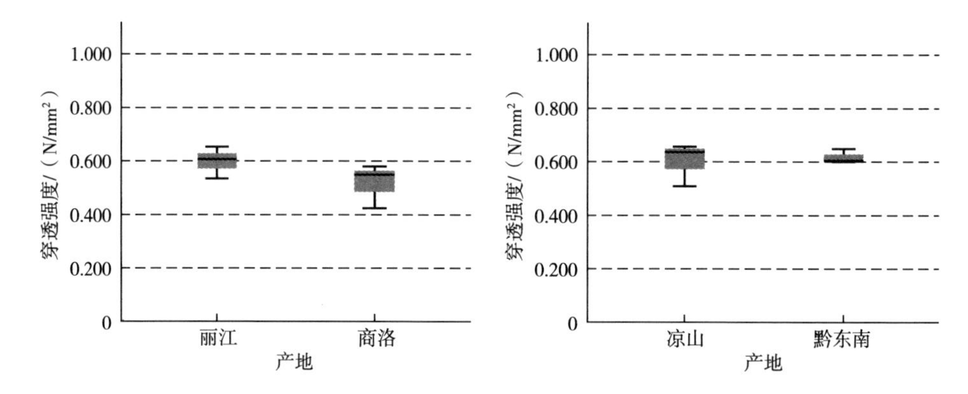

图 3-99　云烟 99 品种烟叶穿透强度箱线图　图 3-100　云烟 85 品种烟叶穿透强度箱线图

（三）同产地不同品种烟叶分布情况

由图 3-101～图 3-113 可知：

①三门峡的云烟 87、秦烟 96 品种烟叶穿透强度指标在 95%的置信度下 p 值≤0.05，表明三门峡的云烟 87、秦烟 96 品种烟叶穿透强度指标在 5%水平下差异显著；秦烟 96 品种的穿透强度显著高于云烟 87。

②丽江的云烟 87、云烟 99，红河、楚雄、恩施的 K326、云烟 87，大理、昆明的云烟 87、红大，赣州的 K326、云烟 87，凉山的云烟 85、云烟 87、红大，南平的 CB-1、K326、云烟 87，曲靖的 K326、云烟 87、云烟 97、云烟 105、云烟 116，保山的 K326、云烟 105、云烟 87、红大，韶关的粤烟 97、粤烟 98 品种烟叶穿透强度指标在 95%的置信度下 p 值>0.05，表明以上不同品种的相同产地烟叶穿透强度指标在 5%水平下差异不显著。

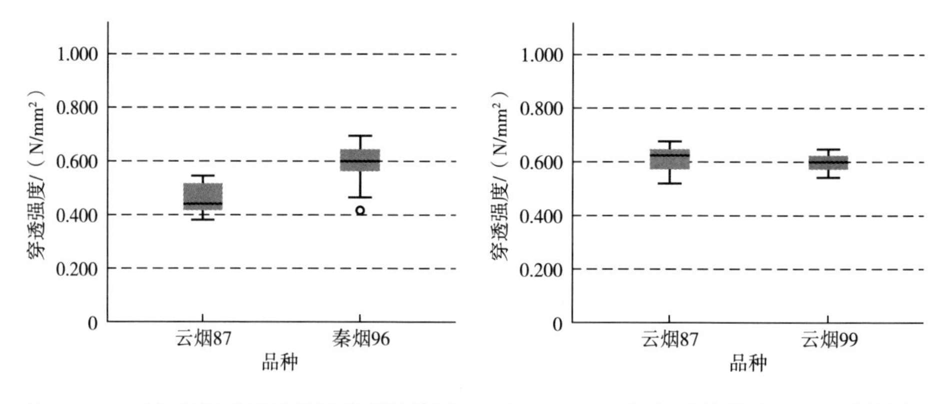

图 3-101　三门峡烟叶品种穿透强度箱线图　图 3-102　丽江烟叶品种穿透强度箱线图

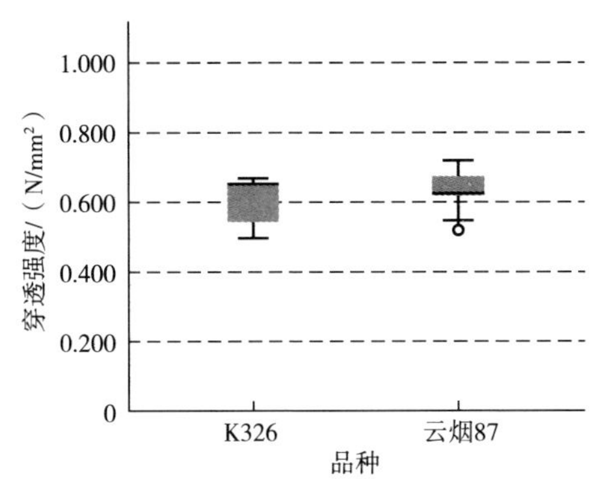

图 3-103 红河烟叶品种穿透强度箱线图

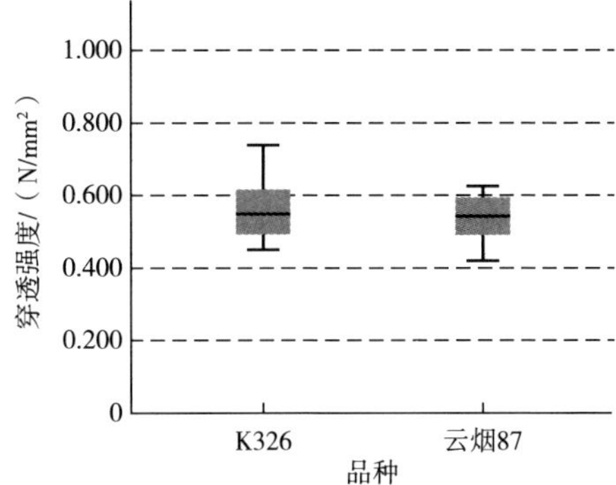

图 3-104 楚雄烟叶品种穿透强度箱线图

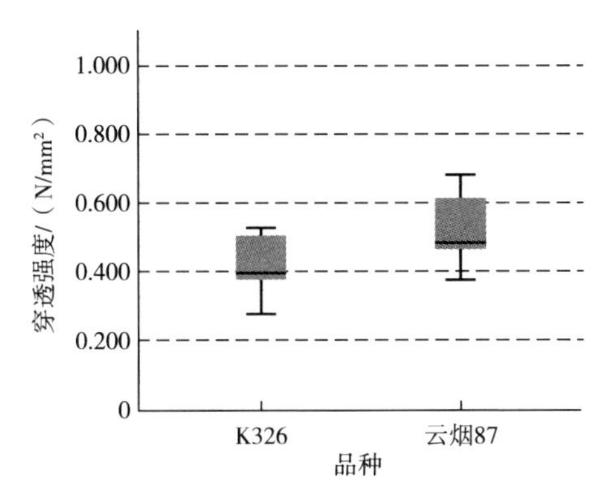

图 3-105 恩施烟叶品种穿透强度箱线图

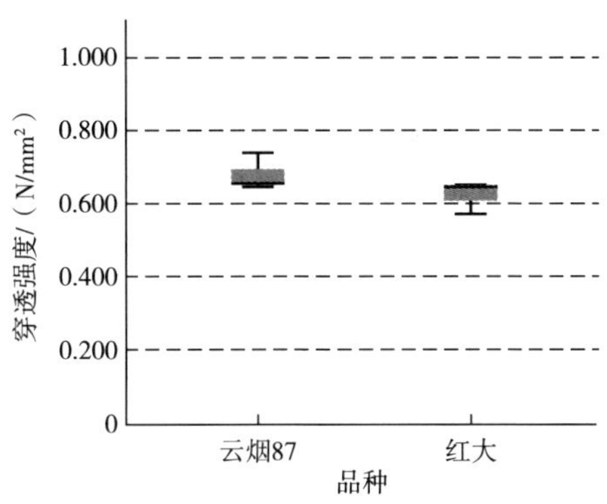

图 3-106 大理烟叶品种穿透强度箱线图

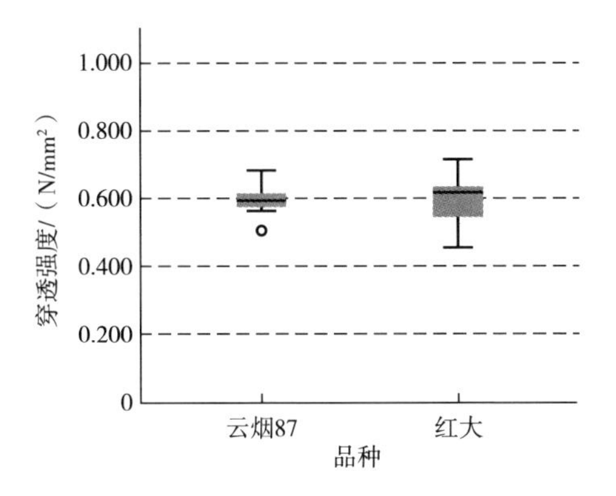

图 3-107 昆明烟叶品种穿透强度箱线图

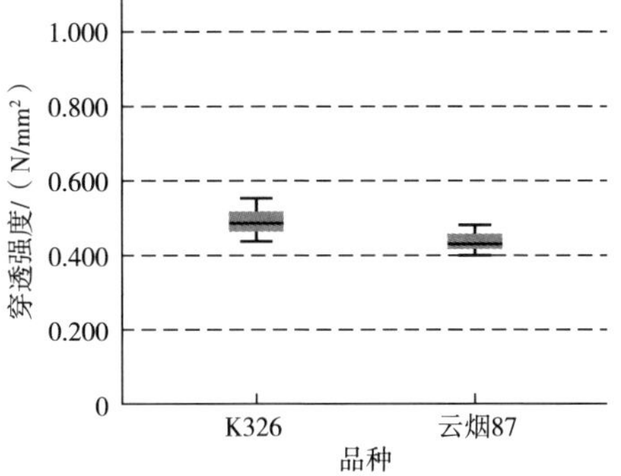

图 3-108 赣州烟叶品种穿透强度箱线图

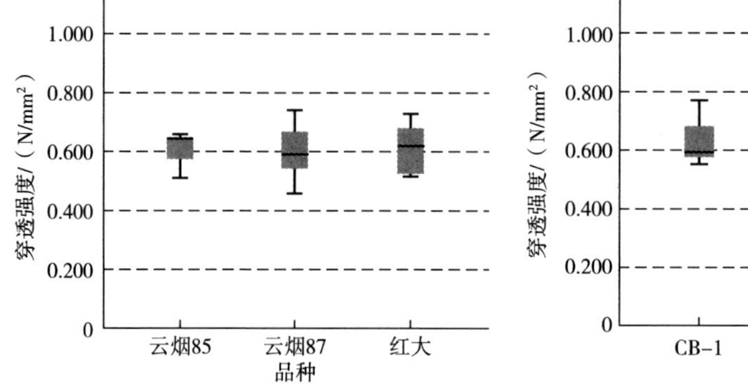

图 3-109　凉山烟叶品种穿透强度箱线图

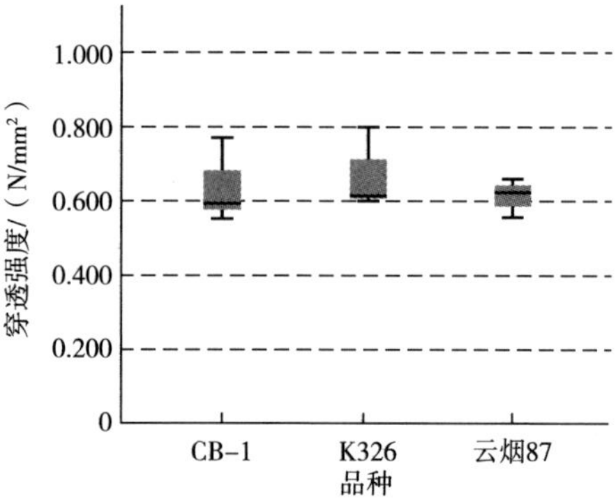

图 3-110　南平烟叶品种穿透强度箱线图

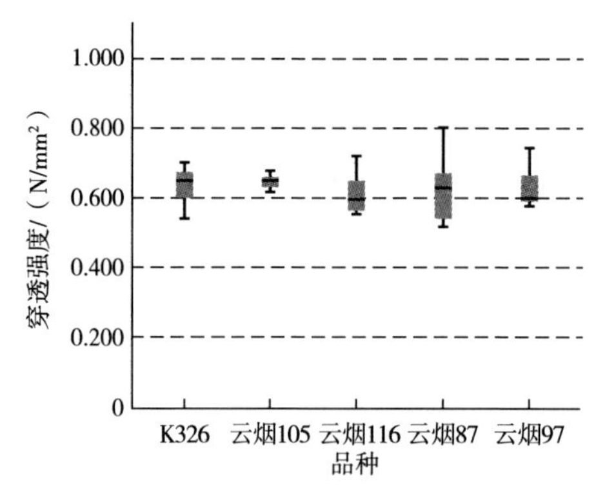

图 3-111　曲靖烟叶品种穿透强度箱线图

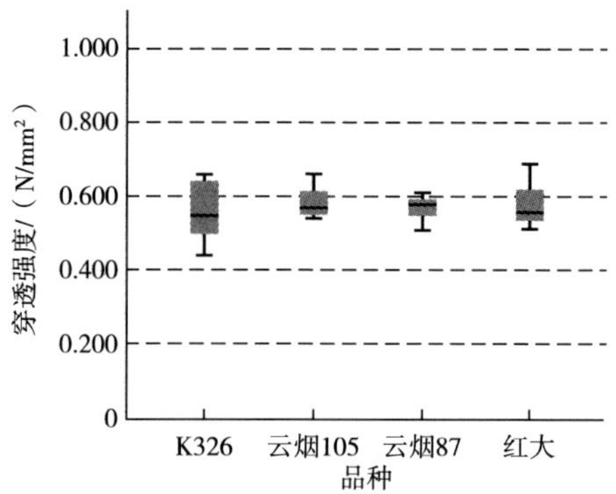

图 3-112　保山烟叶品种穿透强度箱线图

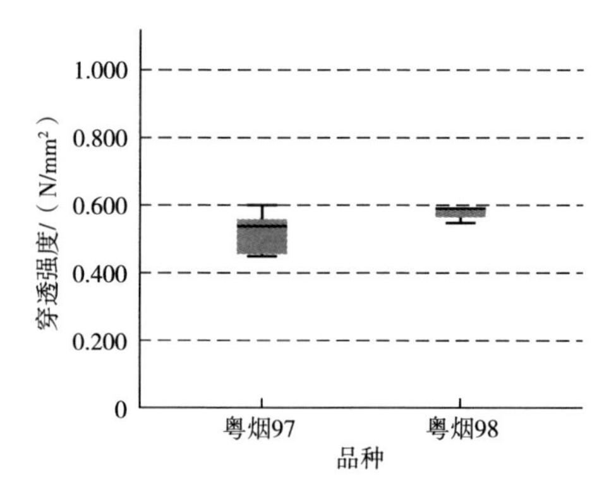

图 3-113　韶关烟叶品种穿透强度箱线图

六、不同品种烟叶叶梗结合力

（一）不同品种烟叶叶梗结合力差异总体情况

由图3-114可知，不同品种烟叶样品的叶梗结合力平均值在0.480～1.012N，不同品种烟叶的叶梗结合力指标平均值大小排序依次为：龙江911、粤烟97、云烟97、粤烟98、CB-1、红大、云烟87、K326、秦烟96、云烟105、云烟85、云烟116、云烟99。

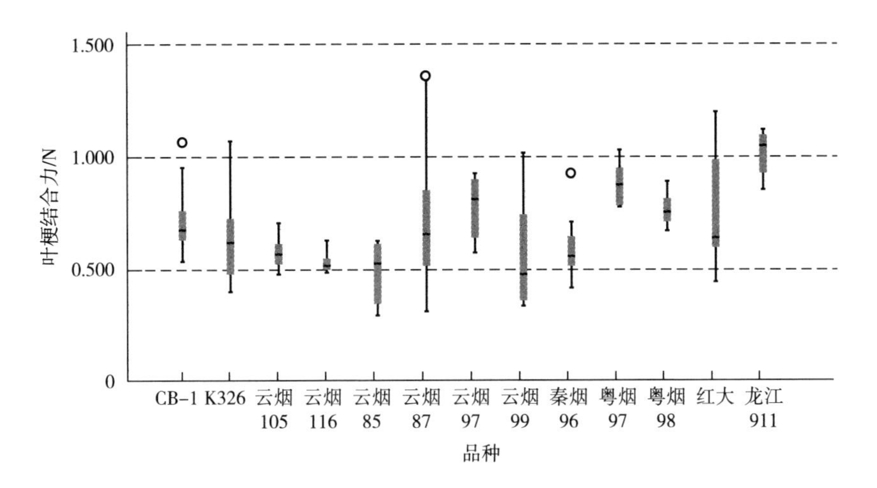

图3-114　不同品种烟叶叶梗结合力箱线图

（二）同品种不同产地烟叶分布情况

1. 云烟87不同产地烟叶叶梗结合力差异情况

由图3-115可以看出：云烟87品种不同产地烟叶的叶梗结合力指标在95%的置信度下p值<0.05，表明云烟87品种不同产地烟叶的叶梗结合力指标在5%水平下差异显著。

25个产地中，保山与凉山、丽江、临沧、三门峡、龙岩、恩施、赣州、衡阳、长沙、郴州、永州、抚州；大理与丽江、临沧、三门峡、龙岩、恩施、赣州、衡阳、长沙、郴州、永州、抚州；文山与临沧、三门峡、龙岩、恩施、赣州、衡阳、长沙、郴州、永州、抚州；曲靖、黔西南、遵义与龙岩、恩施、赣州、衡阳、长沙、郴州、永州、抚州；楚雄、泸州、昆明与恩施、赣州、衡阳、长沙、郴州、永州、抚州；攀枝花与赣州、衡阳、长沙、郴州、永州、抚州，普洱与衡阳、长沙、郴州、永州、抚州；南平、红河与长沙、郴州、永州、抚州；凉山、丽江、临沧、三门峡、龙岩与郴州、永州、抚州的烟叶叶梗结合力指标在5%水平下差异显著。

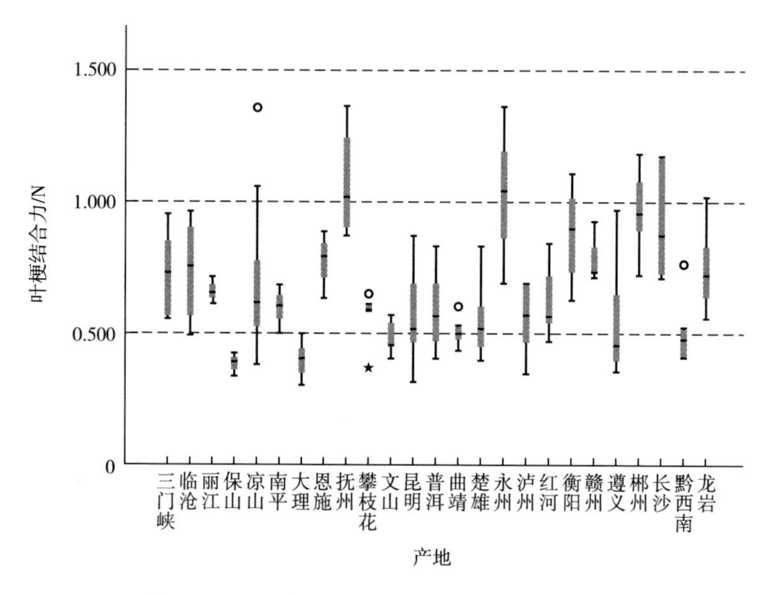

图 3-115　云烟 87 品种烟叶叶梗结合力箱线图

2. 其他区域性品种不同产地烟叶叶梗结合力差异情况

由图 3-116~图 3-123 可知:

①K326 品种烟叶叶梗结合力指标在 95%的置信度下 p 值≤0. 05，表明 K326 品种不同产地烟叶的叶梗结合力指标在 5%水平下差异显著；保山与恩施、赣州，玉溪与赣州的烟叶叶梗结合力指标在 5%水平下差异显著。

②曲靖、宣城的云烟 97 品种烟叶叶梗结合力指标在 95%的置信度下 p 值≤0. 05，表明云烟 97 品种不同产地烟叶的叶梗结合力指标在 5%水平下差异显著；宣城的叶梗结合力显著高于曲靖。

③丽江、商洛的云烟 99 品种烟叶叶梗结合力指标在 95%的置信度下 p 值≤0. 05，表明云烟 99 品种不同产地烟叶的叶梗结合力指标在 5%水平下差异显著；商洛的叶梗结合力显著高于丽江。

④三明、南平的 CB-1，昆明、大理、凉山、保山的红大，曲靖、保山的云烟 105，三门峡、庆阳的秦烟 96，凉山、黔东南的云烟 85 品种烟叶叶梗结合力指标在 95%的置信度下 p 值>0. 05，表明以上相同品种的不同产地间烟叶叶梗结合力指标在 5%水平下差异不显著。

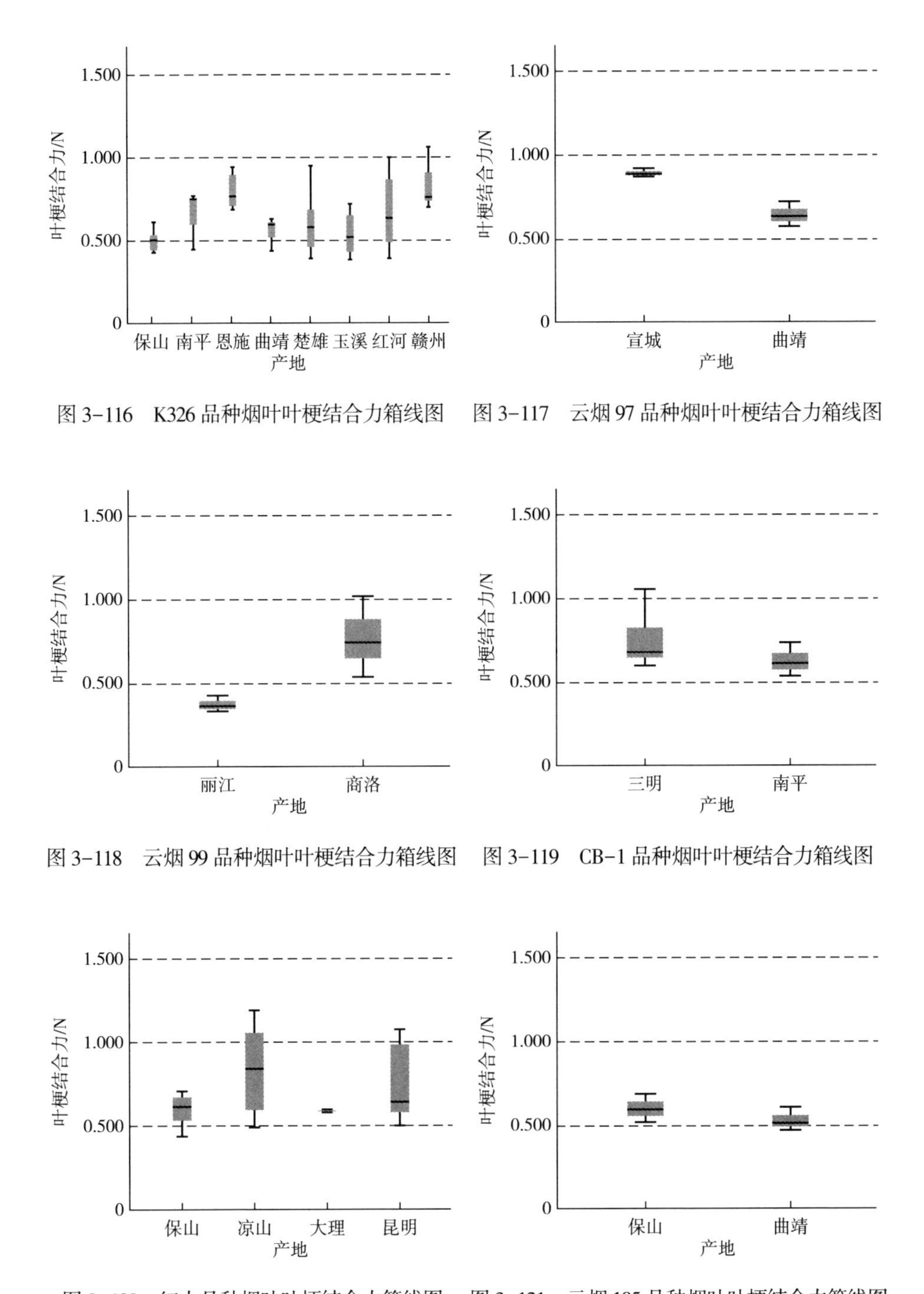

图 3-116 K326 品种烟叶叶梗结合力箱线图

图 3-117 云烟 97 品种烟叶叶梗结合力箱线图

图 3-118 云烟 99 品种烟叶叶梗结合力箱线图

图 3-119 CB-1 品种烟叶叶梗结合力箱线图

图 3-120 红大品种烟叶叶梗结合力箱线图

图 3-121 云烟 105 品种烟叶叶梗结合力箱线图

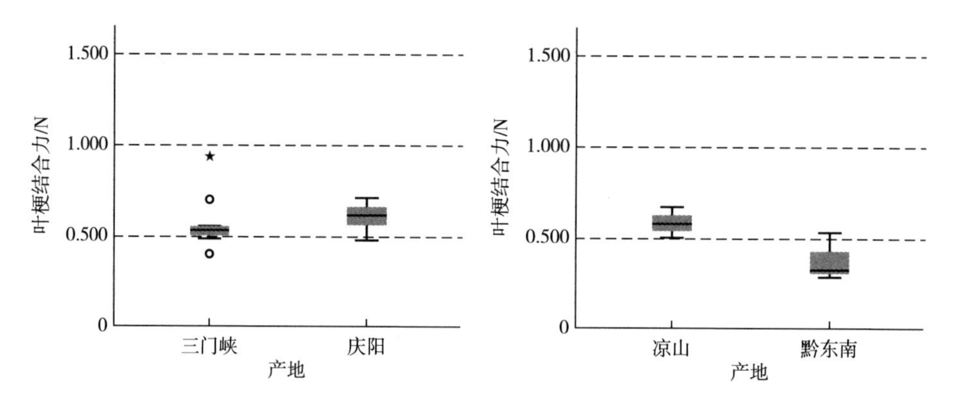

图 3-122　秦烟 96 品种烟叶叶梗结合力箱线图　图 3-123　云烟 85 品种烟叶叶梗结合力箱线图

（三）同产地不同品种烟叶分布情况

由图 3-124~图 3-136 可知：

①三门峡的云烟 87、秦烟 96 品种烟叶叶梗结合力指标在 95%的置信度下 p 值≤0.05，表明三门峡的云烟 87、秦烟 96 品种烟叶叶梗结合力指标在 5%水平下差异显著；云烟 87 品种的叶梗结合力显著高于秦烟 96。

②保山的 K326、云烟 105、云烟 87、红大品种烟叶叶梗结合力在 95%的置信度下 p 值≤0.05，表明保山的不同品种烟叶叶梗结合力指标在 5%水平下差异显著；云烟 87 与 K326、云烟 105、红大品种烟叶的叶梗结合力指标在 5%水平下差异显著，云烟 87 品种的叶梗结合力显著低于 K326、云烟 105、红大。

③大理的云烟 87、红大品种烟叶叶梗结合力指标在 95%的置信度下 p 值≤0.05，表明大理的云烟 87、红大品种烟叶叶梗结合力指标在 5%水平下差异显著；红大品种的叶梗结合力显著高于云烟 87。

④丽江的云烟 87、云烟 99 品种烟叶叶梗结合力在 95%的置信度下 p 值≤0.05，表明丽江的云烟 87、云烟 99 品种烟叶叶梗结合力指标在 5%水平下差异显著；云烟 87 品种的叶梗结合力显著高于云烟 97。

⑤红河、楚雄、恩施的 K326、云烟 87，昆明的云烟 87、红大，赣州的 K326、云烟 87，韶关的粤烟 97、粤烟 98、凉山的云烟 85、云烟 87、红大，南平的 CB-1、K326、云烟 87，曲靖的 K326、云烟 87、云烟 97、云烟 105、云烟 116，品种烟叶叶梗结合力指标在 95%的置信度下 p 值>0.05，表明以上不同品种的相同产地烟叶叶梗结合力指标在 5%水平下差异不显著。

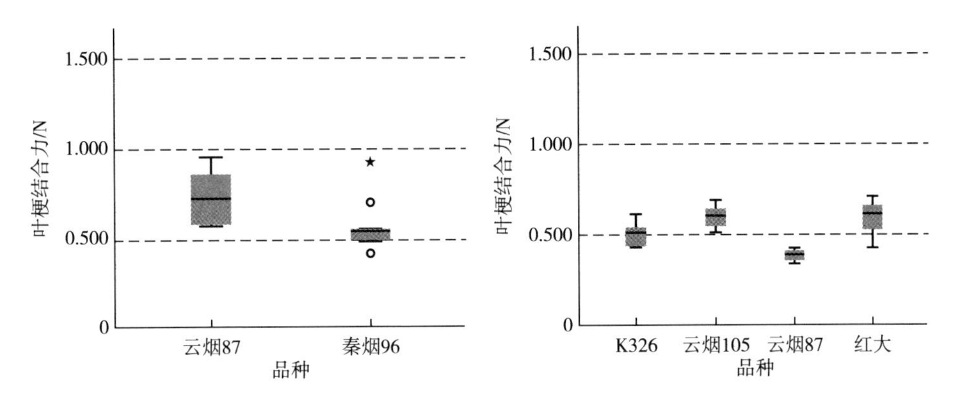

图 3-124　三门峡烟叶品种叶梗结合力箱线图　图 3-125　保山烟叶品种叶梗结合力箱线图

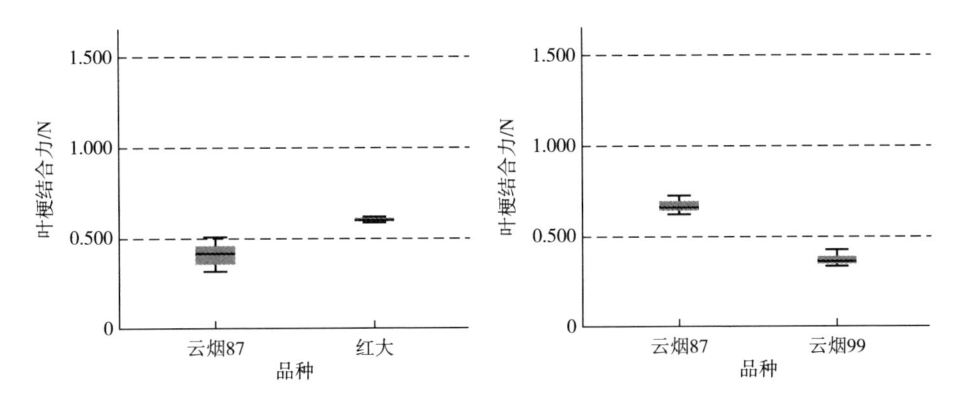

图 3-126　大理烟叶品种叶梗结合力箱线图　图 3-127　丽江烟叶品种叶梗结合力箱线图

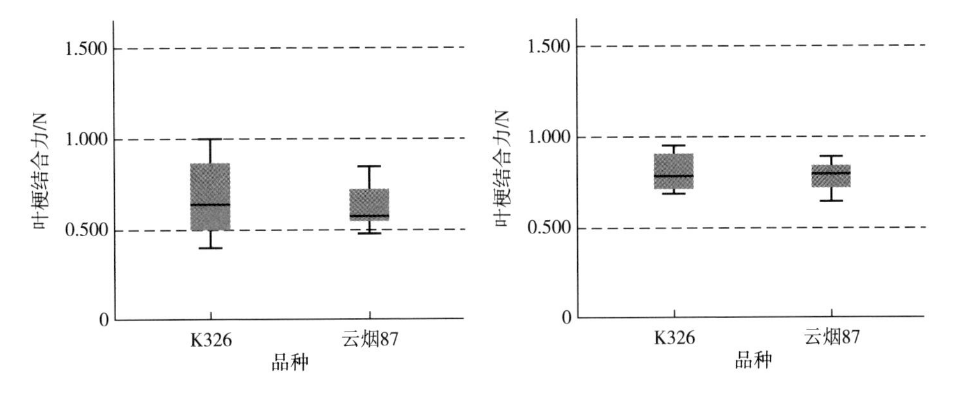

图 3-128　红河烟叶品种叶梗结合力箱线图　图 3-129　恩施烟叶品种叶梗结合力箱线图

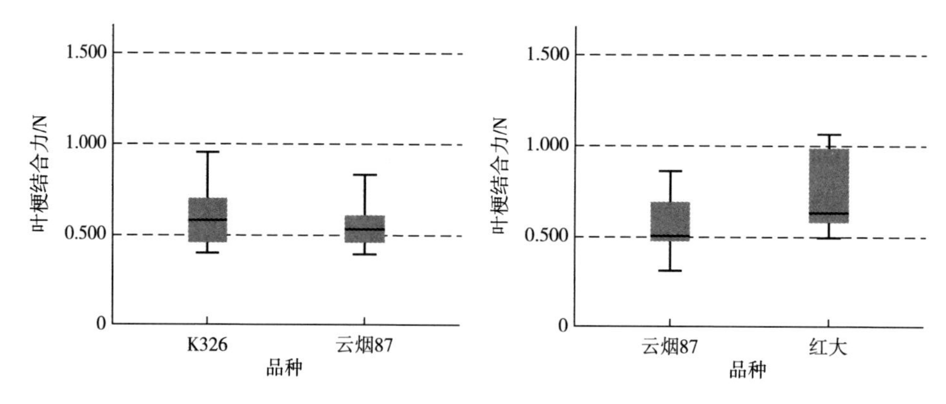

图 3-130　楚雄烟叶品种叶梗结合力箱线图

图 3-131　昆明烟叶品种叶梗结合力箱线图

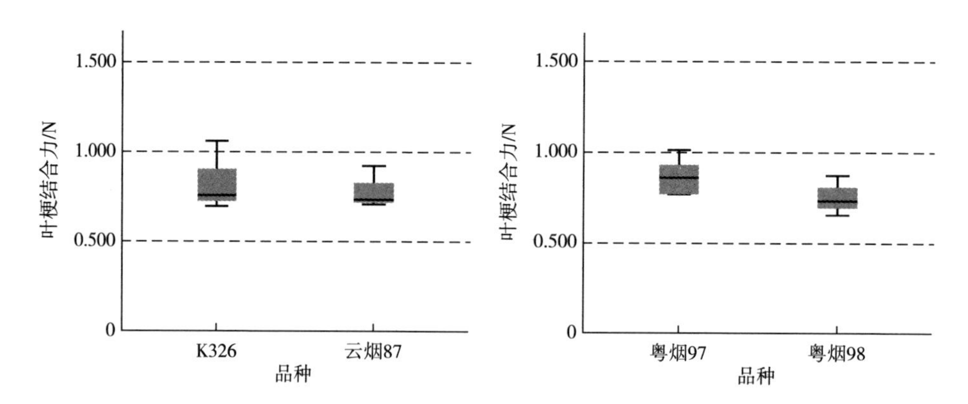

图 3-132　赣州烟叶品种叶梗结合力箱线图

图 3-133　韶关烟叶品种叶梗结合力箱线图

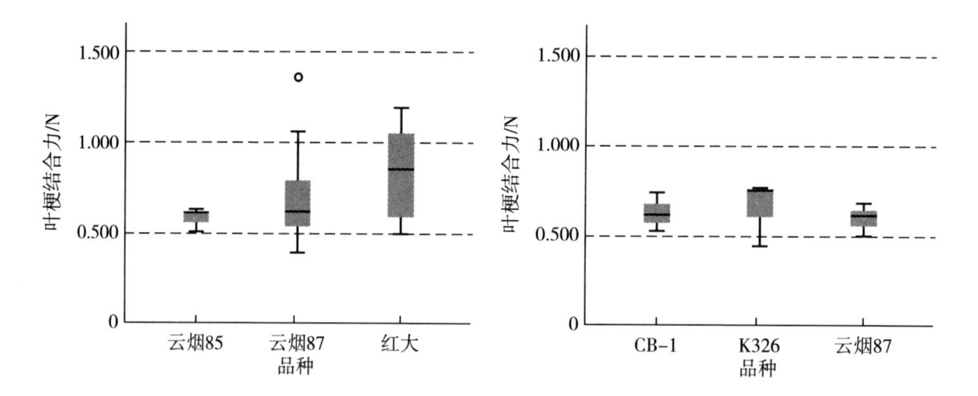

图 3-134　凉山烟叶品种叶梗结合力箱线图

图 3-135　南平烟叶品种叶梗结合力箱线图

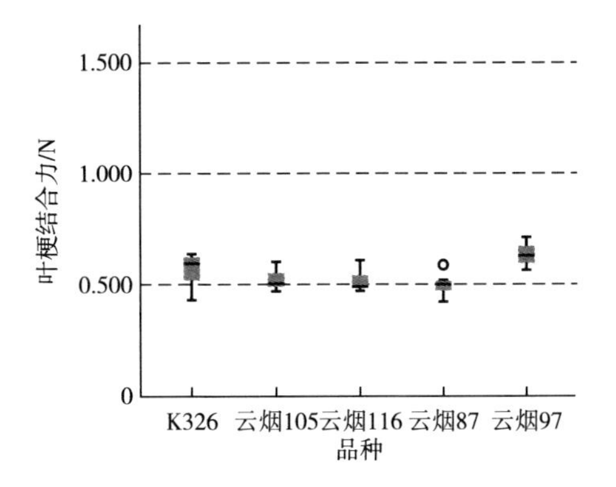

图 3-136　曲靖烟叶品种叶梗结合力箱线图

七、不同品种烟叶支脉结合力

（一）不同品种烟叶支脉结合力总体情况

由图 3-137 可知，不同品种烟叶样品的支脉结合力平均值在 1.159～1.905N，不同品种烟叶的支脉结合力指标平均值大小排序依次为：龙江 911、CB-1、云烟 97、粤烟 97、红大、云烟 87、粤烟 98、云烟 116、云烟 105、K326、秦烟 96、云烟 99、云烟 85。

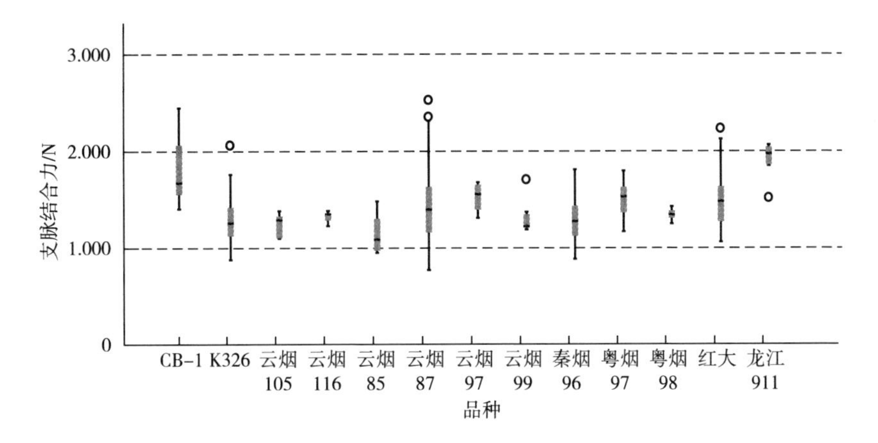

图 3-137　不同品种烟叶支脉结合力箱线图

（二）同品种不同产地烟叶分布情况

1. 云烟 87 品种不同产地烟叶支脉结合力差异情况

由图 3-138 可知：云烟 87 品种不同产地烟叶的支脉结合力指标 Kruskal-Wallis 检验结果为在 95%的置信度下 p 值<0.05，表明云烟 87 品种不同产地烟

叶的支脉结合力指标在 5%水平下差异显著。

25 个产地中，保山与龙岩、丽江、郴州、临沧、抚州、衡阳、三门峡、永州、长沙；大理、黔西南与郴州、临沧、抚州、衡阳、三门峡、永州、长沙；曲靖、赣州、南平、攀枝花、楚雄与临沧、抚州、衡阳、三门峡、永州、长沙；文山与抚州、衡阳、三门峡、永州、长沙；遵义与衡阳、三门峡、永州、长沙；泸州、昆明与三门峡、永州、长沙；凉山、普洱、恩施、红河、龙岩与永州、长沙的烟叶支脉结合力指标在 5%水平下差异显著。

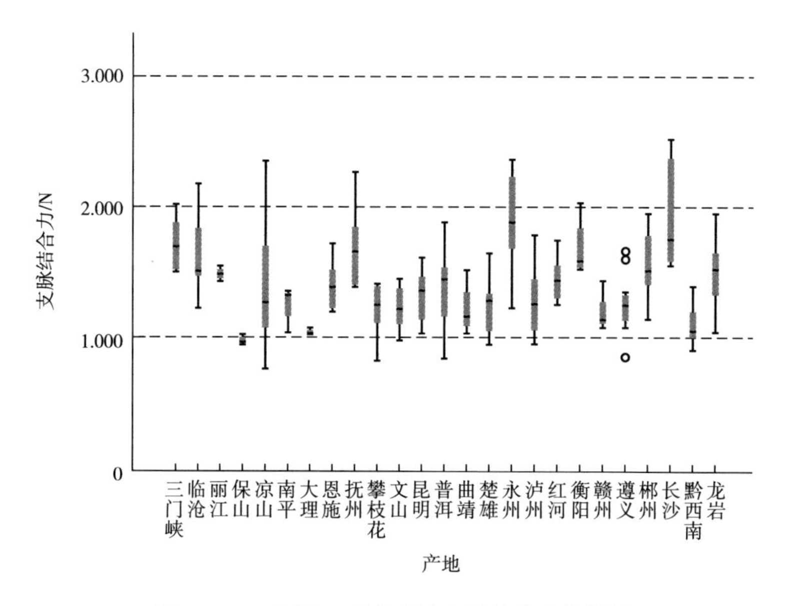

图 3-138　云烟 87 品种烟叶支脉结合力箱线图

2. 其他区域性品种不同产区烟叶支脉结合力差异情况

由图 3-139~图 3-146 可知：

①丽江、商洛的云烟 99 品种烟叶支脉结合力指标在 95%的置信度下 p 值 ≤0.05，表明云烟 99 品种不同产地烟叶的支脉结合力指标在 5%水平下差异显著；商洛的支脉结合力显著高于丽江。

②三明、南平的 CB-1，昆明、大理、凉山、保山的红大，曲靖、保山的云烟 105，曲靖、宣城的云烟 97，保山、南平、恩施、曲靖、楚雄、玉溪、红河、赣州的 K326，三门峡、庆阳的秦烟 96，凉山、黔东南的云烟 85 品种烟叶支脉结合力指标在 95%的置信度下 p 值>0.05，表明以上相同品种的不同产地间烟叶支脉结合力指标在 5%水平下差异不显著。

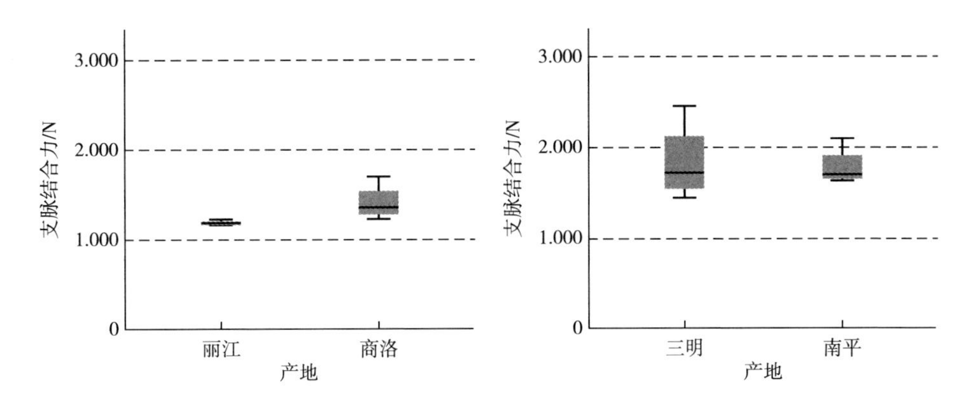

图 3-139 云烟 99 品种烟叶支脉结合力箱线图 图 3-140 CB-1 品种烟叶支脉结合力箱线图

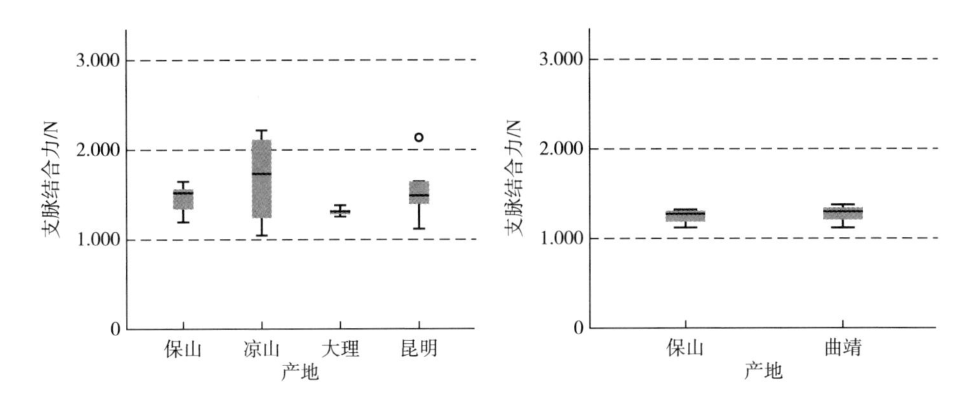

图 3-141 红大品种烟叶支脉结合力箱线图 图 3-142 云烟 105 品种烟叶支脉结合力箱线图

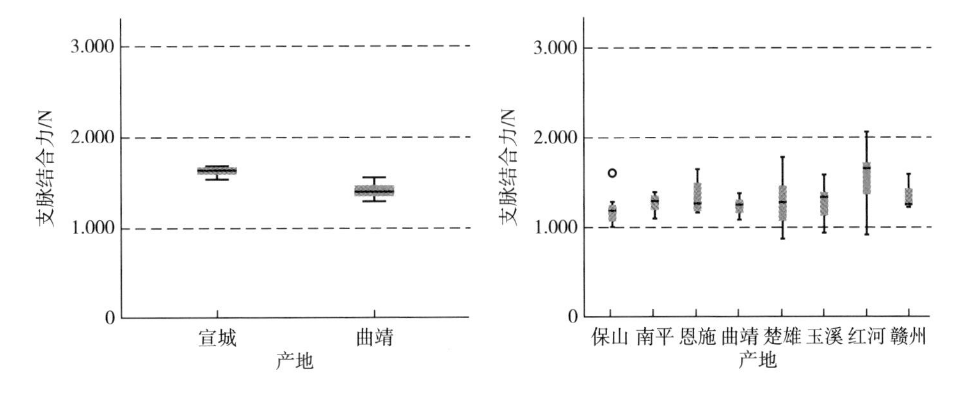

图 3-143 云烟 97 品种烟叶支脉结合力箱线图 图 3-144 K326 品种烟叶支脉结合力箱线图

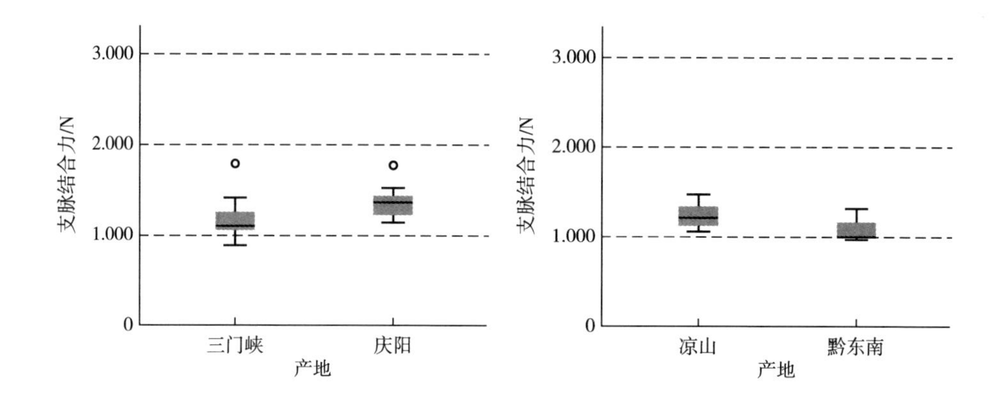

图 3-145　秦烟 96 品种烟叶支脉结合力箱线图　图 3-146　云烟 85 品种烟叶支脉结合力箱线图

（三）同产地不同品种烟叶分布情况

由图 3-147~图 3-159 可知：

①三门峡的云烟 87、秦烟 96 品种烟叶支脉结合力指标在 95%的置信度下 p 值≤0.05，表明三门峡的云烟 87、秦烟 96 品种烟叶支脉结合力指标在 5%水平下差异显著；云烟 87 品种的支脉结合力显著高于秦烟 96。

②丽江的云烟 87、云烟 99 品种烟叶支脉结合力指标在 95%的置信度下 p 值≤0.05，表明丽江的云烟 87、云烟 99 品种烟叶支脉结合力指标在 5%水平下差异显著；云烟 87 品种的支脉结合力显著高于云烟 99。

③大理的云烟 87、红大品种烟叶支脉结合力指标在 95%的置信度下 p 值≤0.05，表明大理的云烟 87、红大品种烟叶支脉结合力指标在 5%水平下差异显著；红大品种的支脉结合力显著高于云烟 87。

④保山的 K326、云烟 105、云烟 87、红大，红河、楚雄、恩施的 K326、云烟 87，昆明的云烟 87、红大，韶关的粤烟 97、粤烟 98，凉山的云烟 85、云烟 87、红大，南平的 CB-1、K326、云烟 87，曲靖的 K326、云烟 87、云烟 97、云烟 105、云烟 116，赣州的 K326、云烟 87 品种烟叶支脉结合力指标在 95%的置信度下 p 值>0.05，表明以上不同品种的相同产地烟叶支脉结合力指标在 5%水平下差异不显著。

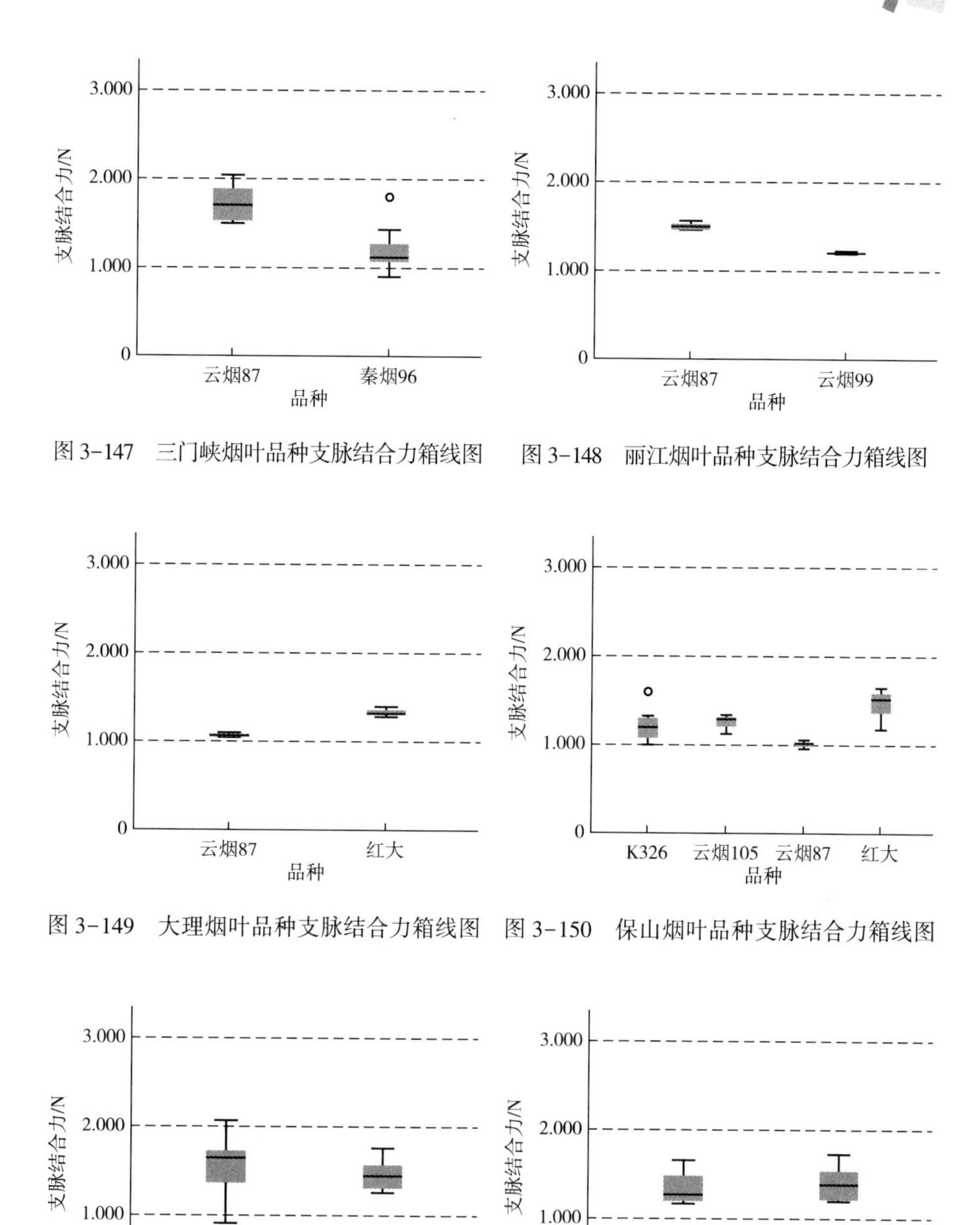

图 3-147　三门峡烟叶品种支脉结合力箱线图

图 3-148　丽江烟叶品种支脉结合力箱线图

图 3-149　大理烟叶品种支脉结合力箱线图

图 3-150　保山烟叶品种支脉结合力箱线图

图 3-151　红河烟叶品种支脉结合力箱线图

图 3-152　恩施烟叶品种支脉结合力箱线图

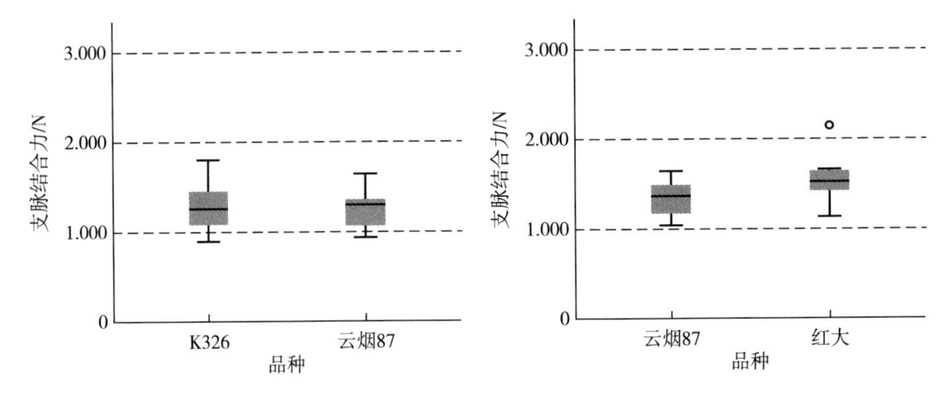

图 3-153　楚雄烟叶品种支脉结合力箱线图　图 3-154　昆明烟叶品种支脉结合力箱线图

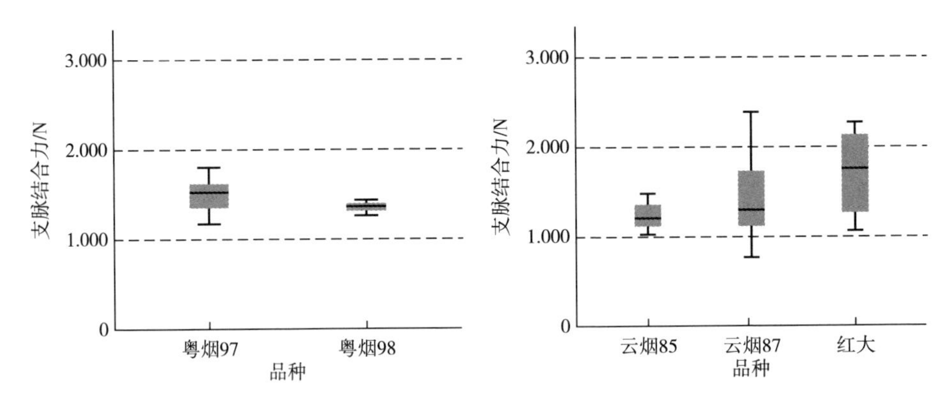

图 3-155　韶关烟叶品种支脉结合力箱线图　图 3-156　凉山烟叶品种支脉结合力箱线图

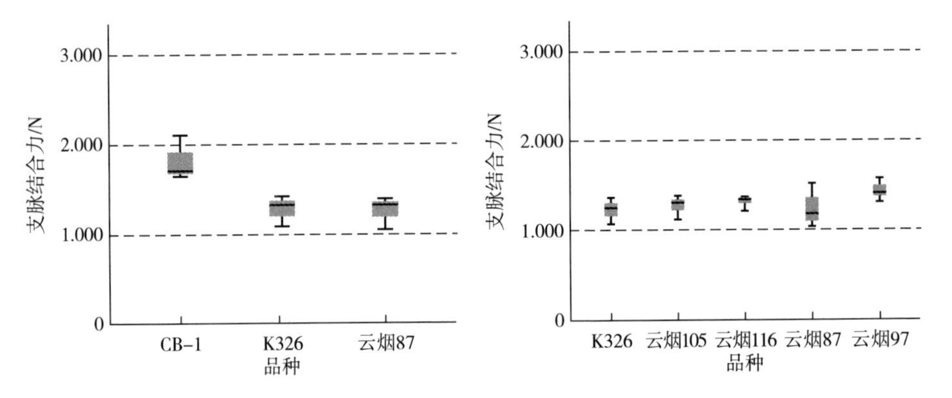

图 3-157　南平烟叶品种支脉结合力箱线图　图 3-158　曲靖烟叶品种支脉结合力箱线图

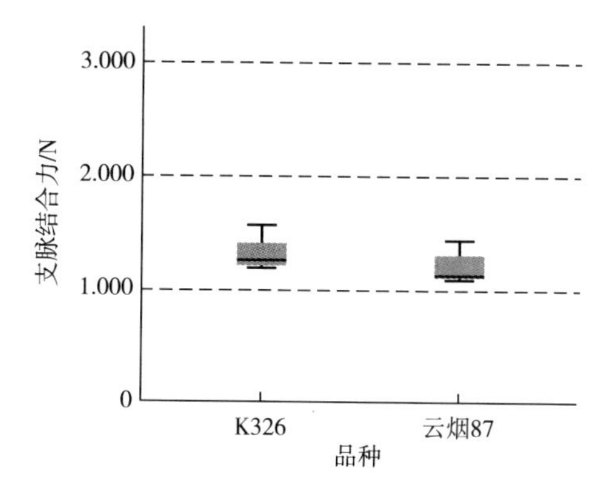

图 3-159　赣州烟叶品种支脉结合力箱线图

第五节　含水率对烟叶主要物理特性的影响

烟叶力学特性是判断烟叶耐加工性的重要依据，而烟叶含水率是影响烟叶力学特性的一个重要因素，因此，作者拟通过分析烟叶力学特性与烟叶含水率的相关性，为卷烟加工工艺、打叶复烤工艺的改进等方面提供基础数据。

本节选取郴州、永州、洛阳、三明、毕节 5 个产地的 24 个烟叶等级，按照打叶复烤打叶水分设定的基本要求，将每个烟叶等级均制备低（16.0%）、中（17.0%）、高（18.0%）3 个含水率梯度样品，按照第二章所述的烟叶物理特性检测方法，分别对其黏附力、剪切强度、穿透强度、抗张强度（拉力和伸长率）、叶梗结合力（主脉结合力和支脉结合力）等指标进行检测。

由表 3-43 可知，低（16.0%）梯度烟叶样品的含水率在 15.70%~16.30%，平均值为 15.96%；中（17.0%）梯度烟叶样品的含水率在 16.70%~17.30%，平均值为 17.00%；高（18.0%）梯度烟叶样品的含水率在 17.60%~18.30%，平均值为 18.01%。

表 3-43　　不同梯度烟叶含水率　　单位：%

含水率梯度	平均值	最小值	最大值	标准偏差
低（16.0）	15.96	15.70	16.30	0.204
中（17.0）	17.00	16.70	17.30	0.216
高（18.0）	18.01	17.60	18.30	0.199

一、含水率对烟叶黏附力的影响

由表 3-44 和图 3-160 可知，低（16.0%）梯度烟叶样品的黏附力在

1.136~5.554N，平均值为3.871N；中（17.0%）梯度烟叶样品的黏附力在2.746~8.404N，平均值为5.669N；高（18.0%）梯度烟叶样品的黏附力在3.416~9.611N，平均值为7.513N；在16.00%~18.00%的水分设定范围内，随着含水率的增加黏附力呈增大趋势。

表3-44　不同含水率烟叶黏附力　单位：N

含水率设置/%	平均值	最小值	最大值	标准偏差
低（16.0）	3.871	1.136	5.554	1.214
中（17.0）	5.669	2.746	8.404	1.358
高（18.0）	7.513	3.416	9.611	1.393

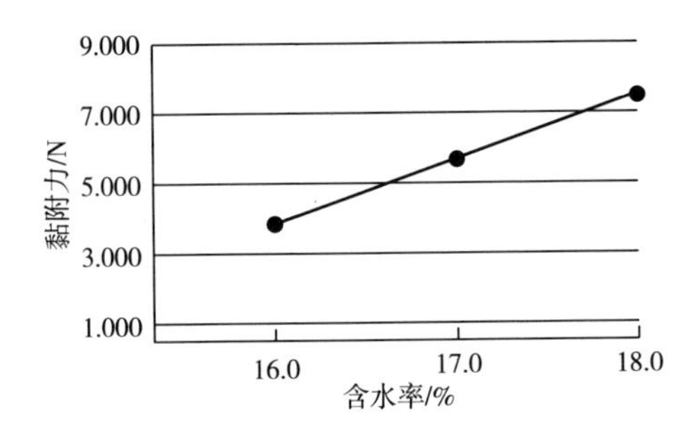

图3-160　不同含水率烟叶黏附力变化趋势图

由表3-45和表3-46可知，不同含水率烟叶黏附力指标主体间效应检验结果为$p<0.001$，表明不同含水率烟叶的黏附力在1%水平下差异显著；且3个含水率梯度的黏附力分别为3个子集，表明低（16.0%）、中（17.0%）、高（18.0%）的烟叶黏附力指标之间在5%水平下差异显著。

表3-45　不同含水率烟叶黏附力指标主体间效应检验结果

源	Ⅲ类平方和	自由度	均方	F	显著性
修正模型	159.170*	2	79.585	45.406	0.000
截距	2326.436	1	2326.436	1327.301	0.000
含水率	159.170	2	79.585	45.406	0.000
误差	120.940	69	1.753		
总计	2606.546	72			
修正后总计	280.110	71			

注：* $r^2=0.568$（调整后 $r^2=0.556$）。

表 3-46　　不同含水率烟叶黏附力指标多重比较检验结果

含水率/%	子集		
	1	2	3
低（16.0）	3.871		
中（17.0）		5.670	
高（18.0）			7.513
显著性	1.000	1.000	1.000

二、含水率对烟叶剪切强度的影响

由表 3-47 和图 3-161 可知，低（16.0%）梯度烟叶样品的剪切强度在 0.203~0.316kN/m，平均值为 0.267kN/m；中（17.0%）梯度烟叶样品的剪切强度在 0.207~0.391kN/m，平均值为 0.282kN/m；高（18.0%）梯度烟叶样品的剪切强度在 0.198~0.442kN/m，平均值为 0.298kN/m；在 16.00%~18.00%的水分设定范围内，随着含水率的增加剪切强度增大趋势不明显。

表 3-47　　不同含水率烟叶剪切强度　　单位：kN/m

含水率设置/%	平均值	最小值	最大值	标准偏差
低（16.0）	0.267	0.203	0.316	0.035
中（17.0）	0.282	0.207	0.391	0.046
高（18.0）	0.298	0.198	0.442	0.057

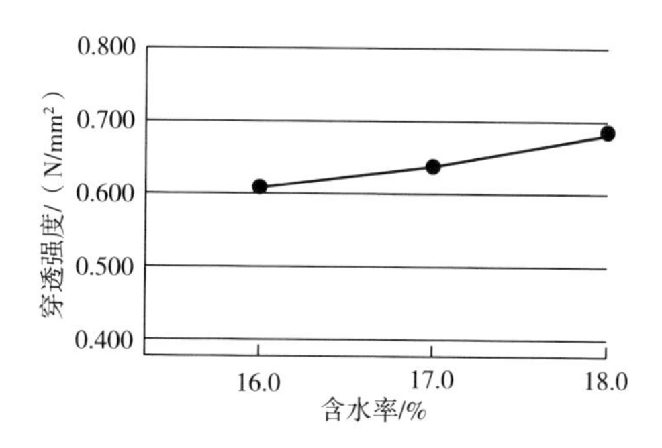

图 3-161　不同含水率烟叶剪切强度变化趋势图

由表 3-48 可知，不同含水率烟叶剪切强度指标主体间效应检验结果为 $p=0.143>0.05$，表明不同含水率烟叶的剪切强度在 5%水平下差异不显著。

表 3-48　不同含水率烟叶剪切强度指标主体间效应检验结果

源	Ⅲ类平方和	自由度	均方	F	显著性
修正模型	1.340*	2	0.670	2.000	0.143
截距	952.808	1	952.808	2845.171	0.000
含水率	1.340	2	0.670	2.000	0.143
误差	23.107	69	0.335		
总计	977.254	72			
修正后总计	24.447	71			

注：* $r^2=0.055$（调整后 $r^2=0.027$）。

三、含水率对烟叶拉力的影响

由表 3-49 和图 3-162 可知，低（16.0%）梯度烟叶样品的拉力在 1.214~2.599N，平均值为 1.900N；中（17.0%）梯度烟叶样品的拉力在 1.683~2.742N，平均值为 2.158N；高（18.0%）梯度烟叶样品的拉力在 1.853~3.011N，平均值为 2.417N；在 16.00%~18.00%的水分设定范围内，随着含水率的增加拉力呈增大趋势。

表 3-49　不同含水率烟叶拉力　单位：N

含水率设置/%	平均值	最小值	最大值	标准偏差
低（16.0）	1.900	1.214	2.599	0.378
中（17.0）	2.158	1.683	2.742	0.329
高（18.0）	2.417	1.853	3.011	0.349

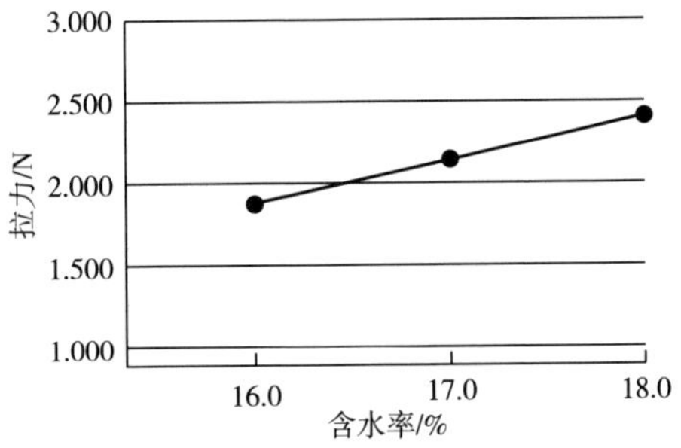

3.000
2.500
2.000
1.500
1.000
拉力/N
16.0
17.0
18.0
含水率/%

图 3-162　不同含水率烟叶拉力变化趋势图

由表 3-50 和表 3-51 可知，不同含水率烟叶拉力指标主体间效应检验结果为 $p<0.001$，表明不同含水率烟叶的拉力在 1%水平下差异显著；且 3

个含水率梯度的拉力分别为3个子集，表明低（16.0%）、中（17.0%）、高（18.0%）的烟叶拉力之间在5%水平下差异显著。

表3-50　　不同含水率烟叶拉力指标主体间效应检验结果

源	Ⅲ类平方和	自由度	均方	F	显著性
修正模型	3.218*	2	1.609	12.958	0.000
截距	335.424	1	335.424	2701.282	0.000
含水率	3.218	2	1.609	12.958	0.000
误差	8.568	69	0.124		
总计	347.210	72			
修正后总计	11.786	71			

注：* $r^2=0.273$（调整后 $r^2=0.252$）。

表3-51　　不同含水率烟叶拉力指标多重比较检验结果

含水率/%	子集		
	1	2	3
低（16.0）	1.900		
中（17.0）		2.158	
高（18.0）			2.417
显著性	1.000	1.000	1.000

四、含水率对烟叶伸长率的影响

由表3-52和图3-163可知，低（16.0%）梯度烟叶样品的伸长率在8.673%~23.743%，平均值为14.629%；中（17.0%）梯度烟叶样品的伸长率在9.457%~20.064%，平均值为16.039%；高（18.0%）梯度烟叶样品的伸长率在13.854%~21.145%，平均值为16.869%；在16.00%~18.00%的水分设定范围内，随着含水率的增加伸长率呈增大趋势。

表3-52　　不同含水率烟叶伸长率　　单位:%

含水率设置	平均值	最小值	最大值	标准偏差
低（16.0）	14.629	8.673	23.743	3.241
中（17.0）	16.039	9.457	20.064	2.559
高（18.0）	16.869	13.854	21.145	2.237

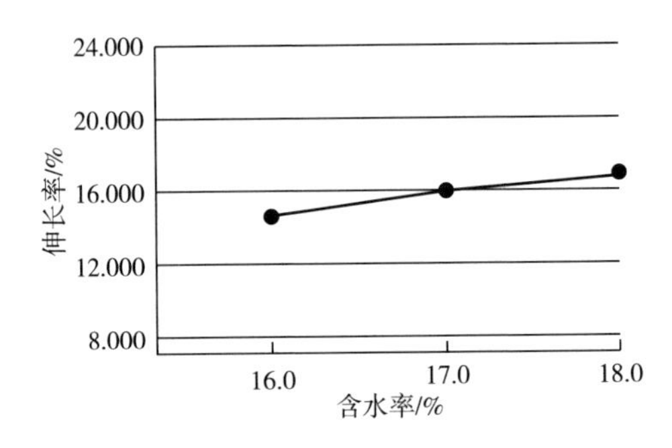

图 3-163　不同含水率烟叶伸长率变化趋势图

由表 3-53 和表 3-54 可知，不同含水率烟叶伸长率指标主体间效应检验结果为 $p<0.05$，表明不同含水率烟叶的伸长率在 5%水平下差异显著。低（16.0%）、中（17.0%）梯度的伸长率为同一子集，表明低（16.0%）、中（17.0%）梯度的烟叶伸长率之间在 5%水平下差异不显著；高（18.0%）梯度的烟叶伸长率单独为一个子集，表明高（18.0%）梯度的烟叶伸长率与低（16.0%）、中（17.0%）梯度在 5%水平下差异显著。

表 3-53　不同含水率烟叶伸长率指标主体间效应检验结果

源	Ⅲ类平方和	自由度	均方	*F*	显著性
修正模型	61.544*	2	30.772	4.185	0.019
截距	18077.994	1	18077.994	2458.350	0.000
含水率	61.544	2	30.772	4.185	0.019
误差	507.406	69	7.354		
总计	18646.944	72			
修正后总计	568.950	71			

注：* $r^2=0.108$（调整后 $r^2=0.082$）。

表 3-54　不同含水率烟叶伸长率指标多重比较检验结果

含水率/%	子集	
	1	2
低（16.0）	14.629	
中（17.0）	16.039	16.039
高（18.0）		16.870
显著性	0.076	0.292

五、含水率对烟叶穿透强度的影响

由表 3-55 和图 3-164 可知，低（16.0%）梯度烟叶样品的穿透强度在 0.443~0.812N/mm^2，平均值为 0.608N/mm^2；中（17.0%）梯度烟叶样品的穿透强度在 0.528~0.733N/mm^2，平均值为 0.639N/mm^2；高（18.0%）梯度烟叶样品的穿透强度在 0.565~0.798N/mm^2，平均值为 0.682N/mm^2；在 16.00%~18.00% 的水分设定范围内，随着含水率的增加穿透强度呈增大趋势。

表 3-55　不同含水率烟叶穿透强度　单位：N/mm^2

含水率设置/%	平均值	最小值	最大值	标准偏差
低（16.0）	0.608	0.443	0.812	0.082
中（17.0）	0.639	0.528	0.733	0.064
高（18.0）	0.682	0.565	0.798	0.065

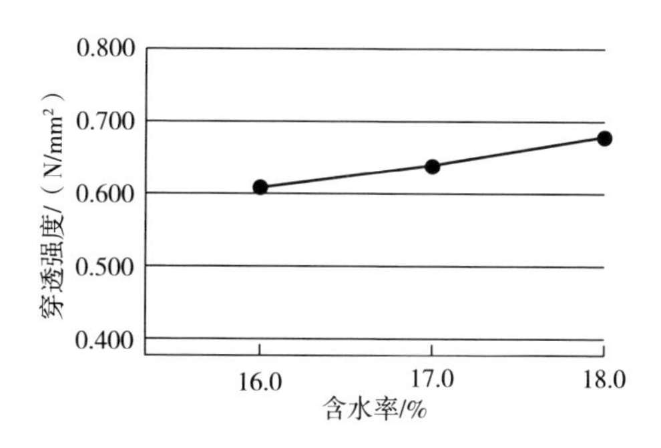

图 3-164　不同含水率烟叶穿透强度变化趋势图

由表 3-56 和表 3-57 可知，不同含水率烟叶穿透强度指标主体间效应检验结果为 $p<0.01$，表明不同含水率烟叶的穿透强度在 1% 水平下差异显著。低（16.0%）、中（17.0%）梯度的穿透强度为同一子集，表明低（16.0%）、中（17.0%）梯度的烟叶穿透强度之间在 5% 水平下差异不显著；高（18.0%）梯度的烟叶穿透强度单独为一个子集，表明高（18.0%）梯度的烟叶穿透强度与低（16.0%）、中（17.0%）梯度在 5% 水平下差异显著。

表 3-56　不同含水率烟叶穿透强度指标主体间效应检验结果

源	Ⅲ类平方和	自由度	均方	F	显著性
修正模型	0.065*	2	0.033	6.562	0.002
截距	29.765	1	29.765	5996.274	0.000
含水率	0.065	2	0.033	6.562	0.002
误差	0.343	69	0.005		
总计	30.173	72			
修正后总计	0.408	71			

注：* r^2=0.160（调整后 r^2=0.135）。

表 3-57　不同含水率烟叶穿透强度指标多重比较检验结果

含水率/%	子集	
	1	2
低（16.0）	0.608	
中（17.0）	0.639	
高（18.0）		0.682
显著性	0.133	1.000

六、含水率对烟叶叶梗结合力的影响

由表 3-58 和图 3-165 可知，低（16.0%）梯度烟叶样品的叶梗结合力在 0.190~0.641N，平均值为 0.390N；中（17.0%）梯度烟叶样品的叶梗结合力在 0.258~0.610N，平均值为 0.390N；高（18.0%）梯度烟叶样品的叶梗结合力在 0.248~0.676N，平均值为 0.480N；在 16.00%~18.00%的水分设定范围内，随着含水率的增加叶梗结合力呈增大趋势。

表 3-58　不同含水率烟叶叶梗结合力　单位：N

含水率设置/%	平均值	最小值	最大值	标准偏差
低（16.0）	0.390	0.190	0.641	0.116
中（17.0）	0.390	0.258	0.610	0.095
高（18.0）	0.480	0.248	0.676	0.107

由表 3-59 和表 3-60 可知，不同含水率烟叶叶梗结合力指标主体间效应检验结果为 $p<0.01$，表明不同含水率烟叶的叶梗结合力在 1%水平下差异显

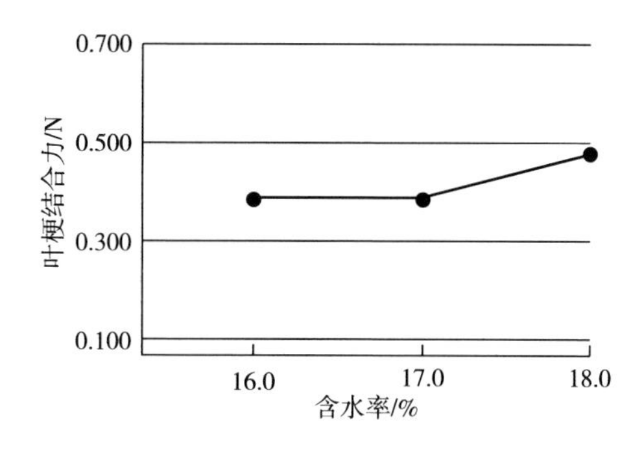

图 3-165　不同含水率烟叶叶梗结合力变化趋势图

著。低（16.0%）、中（17.0%）梯度的叶梗结合力为同一子集，表明低（16.0%）、中（17.0%）梯度的烟叶叶梗结合力之间在5%水平下差异不显著；高（18.0%）梯度的烟叶叶梗结合力单独为一个子集，表明高（18.0%）梯度的烟叶叶梗结合力与低（16.0%）、中（17.0%）梯度在5%水平下差异显著。

表 3-59　不同含水率烟叶叶梗结合力指标主体间效应检验结果

源	Ⅲ类平方和	自由度	均方	F	显著性
修正模型	0.130*	2	0.065	5.728	0.005
截距	12.687	1	12.687	1121.934	0.000
含水率	0.130	2	0.065	5.728	0.005
误差	0.780	69	0.011		
总计	13.597	72			
修正后总计	0.910	71			

注：* r^2=0.142（调整后 r^2=0.118）。

表 3-60　不同含水率烟叶叶梗结合力指标多重比较检验结果

含水率/%	子集	
	1	2
低（16.0）	0.390	
中（17.0）	0.390	
高（18.0）		0.480
显著性	0.997	1.000

七、含水率对烟叶支脉结合力的影响

由表 3-61 和图 3-166 可知，低（16.0%）梯度烟叶样品的支脉结合力在 0.493~1.453N，平均值为 0.901N；中（17.0%）梯度烟叶样品的含水率在 0.617~1.458N，平均值为 0.903N；高（18.0%）梯度烟叶样品的含水率在 0.670~1.438N，平均值为 0.938N；在 16.00%~18.00%的水分设定范围内，随着含水率的增加支脉结合力变化趋势不明显。

表 3-61　不同含水率烟叶支脉结合力　单位：N

含水率设置/%	平均值	最小值	最大值	标准偏差
低（16.0）	0.901	0.493	1.453	0.230
中（17.0）	0.903	0.617	1.458	0.170
高（18.0）	0.938	0.670	1.438	0.191

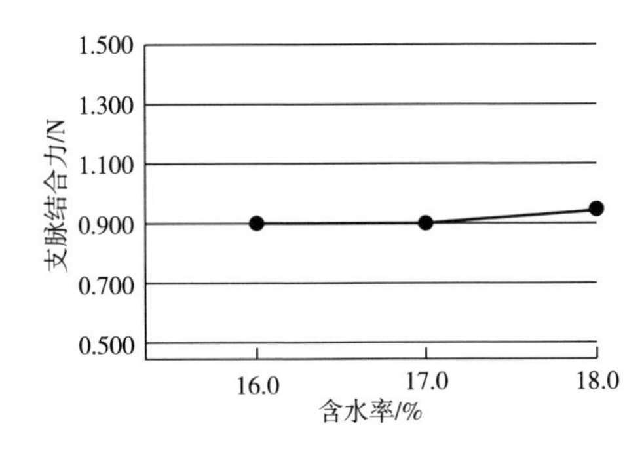

图 3-166　不同含水率烟叶支脉结合力变化趋势图

由表 3-62 可知，不同含水率烟叶支脉结合力指标主体间效应检验结果为 $p=0.559>0.05$，表明不同含水率烟叶的支脉结合力在 5%水平下差异不显著。

表 3-62　不同含水率烟叶支脉结合力指标主体间效应检验结果

源	Ⅲ类平方和	自由度	均方	F	显著性
修正模型	0.068*	2	0.034	0.586	0.559
截距	93.831	1	93.831	1626.538	0.000
含水率	0.068	2	0.034	0.586	0.559
误差	3.980	69	0.058		
总计	97.879	72			
修正后总计	4.048	71			

注：* $r^2=0.008$（调整后 $r^2=-0.021$）。

第四章 造纸法再造烟叶物理特性

第一节 引言

再造烟叶是卷烟叶组的重要组成部分，因其可塑性强、化学组分在一定范围内可调可控而在新型烟草、减害降焦、增香保润、降低成本等方面越来越受到重视。造纸法再造烟叶已成为传统卷烟不可或缺的原料，且在加热卷烟应用中得到快速发展。造纸法再造烟叶品质包括物理质量和感官质量，物理质量会影响再造烟叶切丝时跑条、跑片、掉纤及掺配均匀性等制丝加工适应性，感官质量则会影响到其在卷烟产品配方使用。

影响造纸法再造烟叶物理质量的因素很多，包括烟草原料的种类及配比，瓜尔胶、碳酸钙和外加纤维的品种类型、添加比例等；从生产工艺上来讲，影响因素包括制浆工艺、抄造成型工艺等。目前，再造烟叶企业尚未对上述影响因素进行系统性研究，生产过程中主要靠感官评价和经验调整相关原料配比和工艺参数。

再造烟叶的关键物理指标（如定量、厚度、松厚度、填充值、平衡含水率、抗张强度、横向和纵向拉伸率等）相互影响，存在较强的相关性。刘建平等[45] 研究发现：基片灰分、厚度、紧度、涂布量绝对值、涂布率、单程留着率、基片横幅定量差等关键物理指标与打浆度、纤维湿重相关；打浆度与基片灰分、厚度、紧度、涂布量绝对值、涂布率在 0.01 水平（双侧）上显著相关；纤维湿重与基片灰分、单程留着率、厚度、紧度、基片横幅定量差在 0.05 水平（双侧）上显著相关。基片物理指标与低浓打浆度、低浓纤维湿重的 Pearson 相关性 r 均小于 0.5，说明除了打浆度、纤维湿重外还存在其他影响因素，需要进一步研究确定。

冯洪涛等[46] 研究发现：造纸法再造烟叶的纤维长度、纤维宽度与抗张强度呈极显著负相关，纤维宽度与填充值达到显著负相关，纤维长度与定量、纤维宽度与定量均达显著正相关。纤维长度分布范围 0.6～1.2mm、1.8～

2.4mm 与抗张强度，1.2～1.4mm 与定量极显著相关；0～0.8mm、2.8～3.0mm 与抗张强度，1.2～1.6mm 与厚度，0.22～0.24mm 与平衡含水率均显著相关。

赵英良[47] 等研究发现：涂布后再造烟叶成品与涂布前纸基相比，定量、厚度、平衡含水率增加，填充值、松厚度和抗张强度下降；纸基的长度和宽度都有所增加，横向和纵向拉伸率变化分别为 3.8%～5.2%和 5.3%～6.3%。

王凤兰[48] 等研究发现：涂布液流变性能以及涂布辊之间压力对涂布影响较大，而在较低车速下涂布液温度以及纸机车速对涂布率的影响则较小。邱晔[49]、张林霄[50] 等研究表明：碳酸氢盐的应用有助于提高再造烟叶涂布率，而涂布率的提高又对再造烟叶综合品质的提高有重要影响。

惠建权等[51] 通过对不同涂布率的样品进行理化指标、感官质量评价，确定造纸法再造烟叶涂布率的适宜范围在 45%～75%和最佳范围为 55%～65%。陈顺辉[52] 分析了波美度、温度及涂布辊压力对涂布率的影响，结果表明，波美度和温度对涂布率的影响显著，而对涂布辊压力影响较小。唐向兵等[53] 探讨的再造烟叶涂布液过滤系统能够有效提高涂布液品质，提供连续稳定生产条件，有助于改善再造烟叶品质。

因此，通过系统分析国内外代表性造纸法再造烟叶企业（如行业四个再造烟叶示范基地、中烟施伟策等）产品的 15 项关键物理指标（定量、厚度、抗张强度、剪切强度、摩擦系数、热水可溶物、燃烧速率、柔软度等）、纤维结构指标（纤维数量、长度、纤维比例等）、烟气指标、常规化学指标、挥发性致香成分等，评估自主开发的再造烟叶与行业内再造烟叶产品存在的差异，找出自主开发的再造烟叶产品的改进方向，提高再造烟叶的制丝加工适应性和卷烟产品配方使用价值。还可以通过对比行业不同年度的再造烟叶指标差异，统计分析再造烟叶行业未来发展趋势和方向。为企业再造烟叶产品物理指标改进和制浆工艺优化提供数据参考，也为制定造纸法再造烟叶领域的中长期发展规划提供数据支持，明确今后科研主攻方向。

第二节　国内代表性造纸法再造烟叶物理特性

国内外再造烟叶所采用的造纸法工艺，虽然制造原理借鉴了造纸工艺，与其大同小异，但因各家企业设计理念、工艺设计流程、制造设备、再造烟叶产品定位及应用需求不同，所制造出来的再造烟叶无论是物理性能，还是

化学成分差异很大。横向比较各家企业的再造烟叶产品物理指标及化学指标差异，评估该行业整体质量情况，对于每家企业查找自身产品居于何种水平、探索改进方向都具有重要意义。

收集法国摩迪、中烟施伟策、行业四个再造烟叶示范基地（杭州利群、广东金科、河南中烟、云南中烟）、福建金闽、江苏鑫源、山东瑞博斯、湖北新业 10 家国内外代表性再造烟叶生产企业的 11 个样品，按照行业通用测试方法测试其物理指标并对比分析了物理特性差异。

一、定量

由表 4-1 可知：前 10 个常规定量的再造烟叶基片样品的定量范围在 52.4~59.8g/m^2，平均值为 56.8g/m^2，成品定量范围在 88.5~98.3g/m^2，平均值为 93.9g/m^2。6#、7#、11#基片定量分别为 59.4、59.8、46.2g/m^2，成品定量分别为 98.3、97.4、67.0g/m^2；6#、7#基片和成品定量均高于平均值。11#样品为低定量中试产品，所以其基片和成品的定量均低于常规再造烟叶。

表 4-1　再造烟叶基片和成品定量　单位：g/m^2

序号	基片定量	成品定量
1	59.4	94.3
2	59.2	90.2
3	52.9	92.1
4	54.6	94.7
5	52.4	93.5
6	59.4	98.3
7	59.8	97.4
8	55.4	93.3
9	55.1	88.5
10	59.3	96.8
11	46.2	67.0
平均值（全部）	55.8	91.5
平均值（前 10）	56.8	93.9

二、涂布率

涂布工序是造纸法再造烟叶生产过程的关键工序，涂布工序将香味物质负载在基片纤维上，影响再造烟叶产品风格、香气、烟气、满足感、轻松感等感官质量。涂布率表征负载在基片上的致香成分含量，会直接影响再造烟叶产品的风格、香味物质负载效果、稳定性及最终的加热卷烟产品质量。涂布率指标是生产过程中的关键监控指标，会直接影响再造烟叶产品感官质量，进而影响其在新型烟草中的雾化效果及传统卷烟中的使用比例和使用价值。生产企业均迫切需要建立快速测定方法以实时监控生产过程质量，实现全生命周期质量控制、产品质量溯源的目标。

由表4-2可知：常规定量的再造烟叶成品涂布率范围在34.4~43.9%，平均值为39.1%，6#、7#、11#成品的涂布率分别为39.5%、38.6%、31.0%，6#、7#、10#涂布率接近行业平均值。11#样品为低定量中试产品，其涂布率低于常规再造烟叶。

表4-2　　再造烟叶成品涂布率　　单位:%

指标	1	2	3	4	5	6	7	8	9	10	11	行业平均值	平均值
涂布率	37.0	34.4	42.5	42.3	43.9	39.6	38.6	40.6	37.8	38.7	31.0	38.2	39.1

三、抗张强度

再造烟叶基片和成品抗张强度见表4-3。

表4-3　　再造烟叶基片和成品的抗张强度　　单位：kN/m

样品		1	2	3	4	5	6	7	8	9	10	11	行业平均值	平均值
基片	纵向	0.60	0.46	0.30	0.35	0.32	0.53	0.41	0.16	0.37	0.25	0.47	0.36	0.38
	横向	0.26	0.22	0.18	0.30	0.12	0.35	0.30	0.07	0.15	0.16	0.25	0.24	0.22
成品	纵向	0.56	0.36	0.46	0.40	0.24	0.54	0.60	0.33	0.50	0.17	0.43	0.40	0.42
	横向	0.30	0.17	0.16	0.35	0.10	0.33	0.31	0.16	0.16	0.10	0.23	0.23	0.22

（一）基片抗张强度

1. 纵向抗张强度

常规定量的再造烟叶基片纵向抗张强度范围在0.16~0.60kN/m，平均值

为0.38kN/m；1#样品最高，8#样品最低。6#、7#、11#的基片纵向抗张强度分别为0.53、0.41、0.47kN/m，6#最高，7#最低，6#>11#>7#，且均高于行业平均值。

2. 横向抗张强度

常规定量的再造烟叶基片横向抗张强度范围在0.07~0.35kN/m，平均值为0.22kN/m；6#样品最高，8#样品最低。6#、7#、11#的基片横向抗张强度分别为0.35、0.30、0.25kN/m，6#最高，11#最低，6#>7#>11#，6#、7#、11#基片横向抗张强度均高于行业平均值。

（二）成品抗张强度

1. 纵向抗张强度

常规定量的再造烟叶成品纵向抗张强度范围在0.17~0.60kN/m，平均值为0.42kN/m；7#样品最高，10#样品最低。6#、7#、11#的成品纵向抗张强度分别为0.54、0.60、0.43kN/m，7#最高，11#最低，7#>6#>11#，且均高于行业平均值。

2. 横向抗张强度

常规定量的再造烟叶成品横向抗张强度范围在0.10~0.35kN/m，平均值为0.22kN/m；4#样品最高，5#和10#样品最低。6#、7#、11#的横向抗张强度分别为0.33、0.31、0.23kN/m，6#最高，11#最低，6#>7#>11#。6#、7#均高于行业平均值，11#等于行业平均值。

四、厚度

再造烟叶基片和成品厚度可见表4-4。

表4-4　　再造烟叶基片和成品的厚度　　单位：mm

样品	1	2	3	4	5	6	7	8	9	10	11	行业平均值	平均值
基片	0.21	0.24	0.18	0.19	0.22	0.22	0.20	0.20	0.19	0.20	0.15	0.20	0.20
成品	0.22	0.25	0.23	0.26	0.25	0.24	0.25	0.24	0.25	0.22	0.18	0.24	0.24

（一）基片厚度

常规定量的再造烟叶基片厚度范围在0.18~0.24mm，平均值为0.20mm；2#样品最高，3#样品最低；6#、7#、11#的基片厚度分别为0.22、0.20、

0.15mm，6#最高，但与7#接近，11#最低，6#>7#>11#。

（二）成品厚度

常规定量的再造烟叶成品厚度范围在0.22～0.26mm，平均值为0.24mm；4#样品最高，1#和10#样品最低；6#、7#、11#的厚度分别为0.24、0.25、0.18mm，7#最高，但与6#接近，11#最低，7#>6#>11#。

五、燃烧速率

由表4-5可知：常规定量的再造烟叶成品的燃烧速率范围在0.40～0.60mm/s，平均值为0.53mm/s；1#样品最高，7#样品最低。

表4-5　再造烟叶成品的燃烧速率　单位：mm/s

指标	1	2	3	4	5	6	7	8	9	10	11	行业平均值	平均值
燃烧速率	0.60	0.55	0.59	0.54	0.44	0.42	0.40	0.55	0.53	0.56	0.65	0.53	0.52

6#、7#、11#成品的燃烧速率分别为0.42、0.40、0.65mm/s，11#>6#>7#，11#最高，6#与7#接近，且均低于行业平均值，11#成品的燃烧速率高于行业平均值。

六、填充值

再造烟叶基片和成品填充值见表4-6。

表4-6　再造烟叶基片和成品的填充值　单位：cm^3/g

样品	1	2	3	4	5	6	7	8	9	10	11	行业平均值	平均值
基片	8.98	8.98	8.32	9.22	9.04	10.44	10.29	7.82	9.99	6.19	9.28	8.96	8.93
成品	5.16	5.29	6.17	5.67	4.82	6.22	5.70	5.23	6.20	4.37	5.00	5.44	5.48

（一）基片填充值

常规定量的再造烟叶基片的填充值范围在6.19～10.44cm^3/g，平均值为8.93cm^3/g；6#样品最高，10#样品最低。6#、7#、11#基片的填充值分别为10.44、10.29、9.28cm^3/g，6#最高，6#与7#接近，6#>7#>11#，均高于行业平

均值。

（二）成品填充值

常规定量的再造烟叶成品的填充值范围在4.37～6.22cm³/g，平均值为5.48cm³/g；6#样品最高，10#样品最低。6#、7#、11#成品的填充值分别为6.22、5.70、5.00cm³/g，6#最高，11#最低，6#>7#>11#；6#、7#均高于行业平均值，而11#略低于行业平均值。

基片的填充值高于成品的填充值，涂布后成品的填充值降低，且基片和成品的填充值都是6#>7#>11#。

七、吸水性

再造烟叶基片和成品吸水性见表4-7。

表4-7　再造烟叶基片和成品的吸水性　单位：mm/10min

样品	1	2	3	4	5	6	7	8	9	10	11	行业平均值	平均值
基片	26.5	22.5	13.5	25.0	25.0	18.0	16.5	25.0	13.0	23.0	20.0	20.7	20.8
成品	10.0	9.5	10.0	15.0	12.0	13.0	10.0	11.0	9.0	14.0	10.0	11.2	11.4

（一）基片吸水性

常规定量的再造烟叶基片的吸水性范围在13.0～26.5mm/10min，平均值为20.8mm/10min；1#样品最高，9#样品最低。6#、7#、11#基片的吸水性分别为18.0、16.5、20.0mm/10min，11#最高，7#最低，11#>6#>7#，均低于行业平均值。

（二）成品吸水性

常规定量的再造烟叶成品的吸水性范围在9.0～15.0mm/10min，平均值为11.4mm/10min；4#样品最高，9#样品最低。6#、7#、11#成品的吸水性分别为13.0、10.0、10.0mm/10min，6#最高，7#与11#相同，6#>7#=11#；6#高于行业平均值，7#与11#均低于行业平均值。

八、摩擦系数

成品的动静摩擦系数表征摩擦力大小，与再造烟叶在制丝加工过程中跑片、跑条有相关性。再造烟叶纵向、横向摩擦系数见表4-8。

表 4-8 再造烟叶成品的动静摩擦系数

指标		1	2	3	4	5	6	7	8	9	10	11	行业平均值	平均值
纵向	动摩擦系数	0.340	0.377	0.452	0.431	0.399	0.415	0.353	0.432	0.328	0.581	0.437	0.413	0.411
	静摩擦系数	0.434	0.582	0.591	0.637	0.779	0.628	0.651	0.602	0.556	0.839	0.682	0.635	0.630
横向	动摩擦系数	0.350	0.377	0.497	0.485	0.452	0.501	0.342	0.418	0.336	0.595	0.424	0.434	0.435
	静摩擦系数	0.570	0.553	0.635	0.772	0.895	0.814	0.534	0.588	0.568	0.802	0.634	0.670	0.673

（一）纵向摩擦系数

1. 纵向动摩擦系数

常规定量的再造烟叶成品的纵向动摩擦系数范围在 0.328~0.581，平均值为 0.411；10#样品最高，9#样品最低。6#、7#、11#成品的纵向动摩擦系数分别为 0.415、0.353、0.437，11#最高，7#最低，11#>6#>7#；6#、11#高于行业平均水平，而 7#低于行业平均水平。

2. 纵向静摩擦系数

常规定量的再造烟叶成品的纵向静摩擦系数范围在 0.434~0.839，平均值为 0.630；10#样品最高，1#样品最低。6#、7#、11#成品的纵向静摩擦系数分别为 0.628、0.651、0.682，11#最高，6#最低，11#>7#>6#；6#接近行业平均水平，而 7#、11#均高于行业平均水平。

整体来说，静摩擦系数大于动摩擦系数，动静摩擦系数增加的规律是不一致的。

（二）横向摩擦系数

1. 横向动摩擦系数

常规定量的再造烟叶成品的横向动摩擦系数范围在 0.336~0.595，平均值为 0.435；10#样品最高，9#样品最低。6#、7#、11#成品的横向动摩擦系数分别为 0.501、0.342、0.424，6#最高，7#最低，6#>11#>7#；6#高于行业平均水平，7#低于行业平均水平，而 11#接近行业平均水平。

2. 横向静摩擦系数

常规定量的再造烟叶成品的横向静摩擦系数范围在 0.534~0.895，平均

值为0.673；5#样品最高，7#样品最低。6#、7#、11#成品的横向动摩擦系数分别为0.814、0.534、0.634，6#最高，7#最低，6#>11#>7#；6#高于行业平均水平，7#低于行业平均水平，而11#接近行业平均水平。

九、热水可溶物

基片的热水可溶物对于基片和成品的感官质量影响较大。

由表4-9可知，常规定量的再造烟叶基片的热水可溶物范围在6.42%~11.62%，平均值为8.3%；10#样品最高，2#样品最低。6#、7#、11#基片的热水可溶物分别为6.54%、8.19%、8.17%；7#最高，6#最低，11#与7#接近，7#≈11#>6#，均低于行业平均值。

表4-9　　再造烟叶成品的热水可溶物　　单位:%

指标	1	2	3	4	5	6	7	8	9	10	11	行业平均值	平均值
热水可溶物	7.57	6.42	10.16	8.68	7.15	6.54	8.19	8.03	8.64	11.62	8.17	8.29	8.30

十、耐破度

再造烟叶基片和成品耐破度见表4-10。

表4-10　　再造烟叶基片和成品的耐破度　　单位：kPa

样品	1	2	3	4	5	6	7	8	9	10	11	行业平均值	平均值
基片	32.8	29.0	28.7	33.5	28.2	27.9	29.6	27.1	29.7	27.8	41.1	30.5	29.4
成品	29.8	28.2	28.3	29.3	27.1	27.2	27.1	26.5	26.4	27.2	28.8	27.8	27.7

（一）基片耐破度

常规定量的再造烟叶基片的耐破度范围在27.1~33.5kPa，平均值为29.4kPa；4#样品最高，8#样品最低。6#、7#、11#基片的耐破度分别为27.9、29.6、41.1kPa，11#最高，6#最低，11#>7#>6#；11#高于行业平均水平；6#低于行业平均值；7#与行业平均水平接近。

（二）成品耐破度

常规定量的再造烟叶成品的耐破度范围在26.4~29.8kPa，平均值为27.7kPa；1#样品最高，9#样品最低。6#、7#、11#成品的耐破度分别为27.2、

27.1、28.8kPa，11#>7#≈6#，11#最高，高于行业平均水平，而6#与7#接近，均略低于行业平均水平。

十一、零距离抗张强度

由表4-11可知：常规定量的再造烟叶基片的零距离抗张强度范围在12.95~32.91N/cm，行业平均值为21.15N/cm；1#样品最高，8#样品最低。6#、7#、11#基片的零距离抗张强度分别为18.43、25.02、16.58N/cm，7#最高，11#最低，7#>6#>11#；7#高于行业平均水平，6#、11#低于行业平均值。

表4-11　　再造烟叶基片的零距离抗张强度　　单位：N/cm

样品	1	2	3	4	5	6	7	8	9	10	11	行业平均值
基片	32.91	22.65	23.02	22.1	13.98	18.43	25.02	12.95	19.47	25.55	16.58	21.15

十二、柔软度

再造烟叶基片和成品的柔软度值见表4-12。

表4-12　　再造烟叶基片和成品的柔软度值　　单位：mN

样品	1	2	3	4	5	6	7	8	9	10	11	行业平均值	平均值
基片	33.7	33.8	28	29.2	32.9	63.8	72.1	19.3	43.1	33.9	26.8	37.9	39.0
成品	54.3	36.1	39.7	31.3	26.5	54.8	45.5	43.2	67.1	61.2	33.3	44.8	46.0

（一）基片柔软度值

常规定量的再造烟叶基片的柔软度范围在19.3~72.1mN，平均值为39.0mN；7#样品的柔软度值最高，柔软度最低，8#样品的柔软度值最低，柔软度最高。6#、7#、11#基片的柔软度值分别为63.8、72.1、26.8mN，7#最高，11#最低，7#>6#>11#；6#、7#基片的柔软度值远高于行业平均水平，柔软度低；11#基片的柔软度值低于行业平均值，柔软度高。

（二）成品柔软度值

常规定量的再造烟叶成品的柔软度范围在26.5~67.1mN，平均值为46.0mN；9#样品最高，5#样品最低。6#、7#、11#成品的柔软度值分别为54.8、45.5、33.3mN，6#最高，11#最低，6#>7#>11#；6#成品的柔软度值高于行业平均水平，其柔软度低；7#成品的柔软度值与行业平均水平接近，11#

成品的柔软度值低于行业平均值。

十三、剪切强度

再造烟叶基片和成品剪切强度见表 4-13。

表 4-13　　**再造烟叶基片和成品的剪切强度**　　单位：kN/m

样品		1	2	3	4	5	6	7	8	9	10	11	行业平均值	平均值
基片	纵向	0.35	0.16	0.18	0.29	0.18	0.20	0.32	0.11	0.29	0.22	0.20	0.23	0.23
	横向	0.20	0.16	0.16	0.28	0.16	0.32	0.34	0.13	0.24	0.13	0.23	0.21	0.21
成品	纵向	0.17	0.11	0.19	0.23	0.20	0.16	0.16	0.10	0.18	0.18	0.20	0.17	0.17
	横向	0.15	0.08	0.12	0.26	0.17	0.13	0.12	0.12	0.12	0.11	0.23	0.15	0.14

（一）基片剪切强度

1. 纵向剪切强度

常规定量的再造烟叶基片的纵向剪切强度范围在 0.11～0.35kN/m，平均值为 0.23kN/m；1#基片的纵向剪切强度最高，8#基片的纵向剪切强度最低。6#、7#、11#基片的纵向剪切强度分别为 0.20、0.32、0.20kN/m，7#最高，6#、11#最低，7#>6#=11#；7#基片的纵向剪切强度高于行业平均水平；6#、11#基片的纵向剪切强度低于行业平均值。

2. 横向剪切强度

常规定量的再造烟叶基片的横向剪切强度范围在 0.13～0.34kN/m，平均值为 0.21kN/m；7#基片的剪切强度最高，8#和 10#基片的剪切强度最低。6#、7#、11#基片的横向剪切强度分别为 0.32、0.34、0.23kN/m，6#、7#接近，11#最低，7#≈6#>11#，6#、7#基片的横向剪切强度远高于行业平均水平；11#基片的横向剪切强度略高于行业平均值。

（二）成品剪切强度

1. 纵向剪切强度

常规定量的再造烟叶成品的纵向剪切强度范围在 0.10～0.23kN/m，平均值为 0.17kN/m；4#成品的纵向剪切强度最高，8#成品的纵向剪切强度最低。6#、7#、11#成品的纵向剪切强度分别为 0.16、0.16、0.20kN/m，11#>7#=6#；11#成品的纵向剪切强度高于行业平均水平；6#、7#成品的纵向剪切强度低于行业平均值。

2. 横向剪切强度

常规定量的再造烟叶成品的横向剪切强度范围在 0.08~0.26kN/m，平均值为 0.14kN/m；4#成品的横向剪切强度最高，2#成品的横向剪切强度最低。6#、7#、11#成品的横向剪切强度分别为 0.13、0.12、0.23kN/m，11#>6#≈7#；11#成品的横向剪切强度高于行业平均水平；6#、7#成品的横向剪切强度低于行业平均值。

十四、单位重量纤维数量

由表 4-14 可知：0.1g 再造烟叶基片疏解后，通过纤维分析仪测定的纤维数量范围在 5882~14164 根，行业平均值为 10487 根；10#样品最高，5#样品最低。6#、7#、11#基片的纤维数量分别为 10858、9743、13764 根，11#最高，7#最低，11#>6#>7#；11#远高于行业平均水平；6#略高于行业平均水平；7#低于行业平均值。

表 4-14　单位重量纤维数量　单位：根

样品	1	2	3	4	5	6	7	8	9	10	11	行业平均值
成品	13463	8201	10914	9754	5882	10858	9743	10339	8274	14164	13764	10487

十五、样品纤维长度

由表 4-15 可知：样品纤维加权平均长度范围在 0.585~0.898mm，行业平均值为 0.700mm；4#样品最高，7#样品最低。6#、7#、11#基片的纤维数量分别为 0.604、0.585、0.675 根，11#最高，7#最低，11#>6#>7#；11#略低于行业平均水平；6#低于行业平均水平；7#远低于行业平均水平。

表 4-15　样品纤维加权平均长度　单位：mm

样品	1	2	3	4	5	6	7	8	9	10	11	行业平均值
成品	0.677	0.641	0.697	0.898	0.845	0.604	0.585	0.728	0.688	0.657	0.675	0.700

十六、不同长度纤维分布区间

通过纤维分析仪分析并统计各长度区间的纤维比例（表 4-16），可以了解不同企业再造烟叶基片的纤维构成。

表 4-16　　不同长度纤维分布区间　　单位:%

长度/μm	1	2	3	4	5	6	7	8	9	10	11	平均值
200~400	19.71	14.94	12.79	11.34	16.17	15.71	17.34	11.91	12.81	12.91	14.30	14.54
400~600	13.05	17.72	14.82	8.79	8.38	19.53	20.46	13.88	17.41	17.28	16.65	15.27
600~800	9.88	22.81	20.29	9.59	5.80	26.99	27.18	19.99	21.76	23.70	20.48	18.95
800~1000	8.49	16.57	18.42	7.81	4.99	18.19	17.56	17.25	15.59	19.87	14.88	14.51
1000~1200	6.93	7.73	8.87	5.45	4.35	7.06	6.19	6.97	6.06	9.40	7.06	6.91
1200~1600	12.28	6.27	5.63	9.91	6.89	3.88	3.83	5.64	5.67	5.03	5.72	6.43
1600~2000	9.63	4.25	4.18	9.96	8.17	2.53	2.40	5.50	5.01	3.08	4.98	5.43
2000~3000	14.99	7.03	10.57	24.71	26.74	4.53	3.72	12.57	11.32	7.45	13.73	12.49
3000~5000	4.72	2.69	4.44	12.45	18.42	1.59	1.33	6.30	4.38	1.27	2.20	5.43
200~800	42.64	55.46	47.89	29.72	30.35	62.22	64.97	45.78	51.97	53.90	51.44	48.76
800~1600	27.70	30.57	32.92	23.16	16.23	29.14	27.59	29.87	27.31	34.30	27.66	27.86
1600~3000	36.90	17.55	20.38	44.57	41.80	10.94	9.95	23.71	22.00	15.56	24.43	24.35

1. 纤维长度 200~800μm

11 个样品在该长度范围里比例的平均值为 48.76%。1#、3#、8#的 200~800μm 长度纤维比例分别为 42.64%、47.89%、45.78%，比例都小于 50%；而 2#、6#、7#、9#、10#、11#的 200~800μm 长度纤维比例分别为 55.46%、62.22%、64.97%、51.97%、53.90%、51.44%，比例都大于 50%，且 6#、7#样品在该长度范围里的比例远高于其他样品；只有 4#、5#样品 200~800μm 长度纤维比例偏低，分别为 29.72%、30.35%。

2. 纤维长度 800~1600μm

11 个样品在该长度范围里比例的平均值为 27.86%。除 5#样品的比例为 16.23%，为 11 个样品中最低的，其他样品在该纤维长度范围的比例为 23.16%~34.3%，比较接近。

3. 纤维长度 1600~3000μm

11 个样品在该长度范围里比例的平均值为 24.35%。在该长度范围，比例超过 40%的样品只有 4#、5#两个样品，比例分别为 44.57%、41.80%；1#样品在该长度范围比例为 36.9%；3#、8#、9#、11#样品在该长度范围的比例为 20.38%~24.43%；2#和 10#样品在该长度范围比例为 17.55%、15.56%；只有 6#、7#样品在该长度范围的比例在 10%左右，这也与 6#、7#样品在 200~

800μm 长度范围比例最高是一致的。

第三节 造纸法再造烟叶涂布液渗透吸收的影响因素

在再造烟叶生产过程中，对基片施加涂布液为关键工序，涂布液吸收效果会直接影响产品的风格、稳定性及最终的再造烟叶产品质量。

影响涂布液在造纸法再造烟叶基片吸收效果的因素很多，从物理性质上来讲，影响因素包括烟草原料的种类、配比、瓜尔胶和外加纤维的品种类型、添加比例等；从生产工艺上来讲，影响因素包括涂布前纸基含水率、纸基定量、涂布液温度、涂布液净化程度、车速、辊压力等。目前，再造烟叶企业尚未对上述影响因素进行系统性研究，生产过程中主要靠经验调整相关原料配比和工艺参数。

一、不同外加纤维施加比例对基片吸收效果的影响

造纸法再造烟叶由于所用原料主要为烟梗，而烟梗制浆后纤维较短，强度较低，在抄造成型工艺后引纸时容易断纸，所以再造烟叶企业会在浆料中添加一定比例的木浆纤维（阔叶木、针叶木等）提高纸基强度，因木浆纤维与烟梗纤维细胞结构、制浆工艺存在差异，不同外加纤维施加比例会影响抄造后的再造烟叶纸基对涂布液吸收效果。

由表 4-17 可知：纯外加纤维基片的渗透吸收效果好于添加了烟草纤维的基片；并且烟草纤维添加比例越高，渗透吸收效果越差；纯烟草纤维吸收效果最差。这与外加纤维从针叶木、阔叶木制浆后抄造成浆板，在再造烟叶企业经进一步疏解、二次制浆后纤维的分丝帚化情况，以及针叶木、阔叶木纤维细胞结构有关。

表 4-17　不同外加纤维施加比例对基片吸收效果影响　单位：°

时间/s	比例/%				
	纯外加纤维 (100)	20：11 (33)	20：7 (26)	20：3 (13)	纯烟草 (0)
0.1	45.2	67.9	73.0	79.2	85.6
0.2	30.2	45.2	53.7	59.5	79.7
0.3	24.5	39.5	47.0	52.2	73.4
0.4	23.4	35.5	42.2	48.1	68.5
0.5	22.1	32.2	36.2	43.4	63.8

续表

时间/s	比例/%				
	纯外加纤维（100）	20：11（33）	20：7（26）	20：3（13）	纯烟草（0）
0. 6	24. 0	29. 2	33. 9	39. 8	60. 8
0. 7	20. 1	26. 5	31. 5	33. 5	55. 0
0. 8	18. 4	22. 1	28. 6	32. 6	50. 5
0. 9	16. 1	20. 5	25. 8	29. 5	45. 2

二、涂布液黏度对基片吸收效果的影响

由表4-18可知，涂布液随黏度的增加，吸收速率变慢。浓缩20%样品明显慢于其他样品，浓缩20%样品1s的接触角为60. 4°，与原样的0. 6~0. 9s的接触角接近，吸收速率降低了30%~40%；浓缩20%样品1s的接触角为60. 4°，与稀释30%样品的0. 3s的接触角接近，涂布液黏度太大会附着于基片表面影响其在基片中的进一步吸收，所以适当降低涂布液黏度可以提高其渗透吸收效果。

表4-18　　不同黏度涂布液吸收性能测试结果　　单位：°

时间/s	黏度					
	浓缩20%	浓缩10%	原样	稀释10%	稀释20%	稀释30%
0. 3	87. 3	78. 9	75. 4	67. 3	64. 8	61. 6
0. 6	71. 1	67. 2	62. 7	59. 0	55. 9	54. 2
0. 9	67. 3	56. 2	55. 8	55. 1	49. 3	47. 1
1. 0	60. 4	52. 5	51. 4	50. 1	42. 6	42. 1

三、基片正反面对涂布液吸收效果的影响

由表4-19可知：在再造烟叶生产过程中，发现再造烟叶基片涂布后正反两面存在色差（见图4-1），正反面的色差反映了涂布液的吸收效果。

表4-19　　涂布液在基片正反两面吸收测试结果　　单位：°

时间/s	正面	反面
0. 1	92. 0	71. 1
0. 2	82. 4	74. 9
0. 3	75. 4	66. 5

续表

时间/s	正面	反面
0.4	70.5	64.4
0.5	66.2	60.6
0.6	62.7	60.4
0.7	59.5	57
0.8	57.9	55.8
0.9	55.8	54.2
1.0	51.4	50.2
2.0	44.6	38.3

图 4-1　再造烟叶基片涂布效果

涂布液在基片涂布后正反两面存在色差主要是由于浆料在纸基抄造成型时，细小纤维、填料在滤水过程中沉降在靠近滤网一面（反面），造成纸基上层的长纤维较多，而下层短纤维和填料较多；涂布液在上表面（正面）由于长纤维分丝帚化不完全而导致涂布液渗透吸收较慢，薄片成品颜色较浅，而在下表面（反面）短纤维较多，短纤维分丝帚化相对充分，涂布液渗透吸收较快，造成薄片成品颜色较深。

四、不同定量基片对涂布液在基片中动态吸收的影响

由表 4-20 可知：随着定量的增加，同一时间的接触角逐渐增大，其对涂

布液的渗透吸收变慢，达到完全渗透吸收的时间增长，这与基片厚度随定量的增加而增加呈正相关关系。所以适当降低基片定量有利于提高涂布液的渗透吸收速率，也有利于提高车速。但定量的降低会带来基片强度的减小，容易出现断纸，需根据生产线工艺设备、烟草原料和外加纤维配比等情况优化定量降低幅度。

表 4-20　　不同定量基片对涂布液在基片中动态吸收影响　　单位:°

时间/s	定量/(g/m^2)				
	40	50	60	70	80
0.1	74.8	76.9	82.0	87.7	90.4
0.2	63.4	65.0	67.9	69.1	73.5
0.3	55.4	58.6	61.5	65.4	67.3
0.4	52.5	55.4	56.3	58.8	60.4
0.5	50.8	51.2	51.9	53.6	58.5
0.6	47.0	48.6	49.3	50.6	55.1
0.7	38.1	40.5	41.4	43.4	46.4
0.8	37.9	39.5	40.3	41.4	44.1
0.9	33.3	35.7	36.4	37.6	40.5

五、瓜尔胶施加比例对涂布液渗透吸收的影响

由表 4-21 可知：随着瓜尔胶施加比例的增加，同一时间的接触角逐渐增大，其对涂布液的渗透吸收变慢，达到完全渗透吸收的时间增长。

表 4-21　　瓜尔胶施加比例对涂布液渗透吸收的影响　　单位:°

时间/s	比例/%		
	0.1	0.3	0.5
0.1	88.7	90.5	92.3
0.2	70.8	79.4	82.2
0.3	63.2	69.2	74.1
0.4	56.0	64.5	68.3
0.5	49.0	60.0	62.5
0.6	45.8	56.1	58.9

续表

时间/s	比例/%		
	0.1	0.3	0.5
0.7	41.3	55.3	56.0
0.8	38.1	49.9	52.9
0.9	32.2	45.1	50.0

瓜尔胶主要用于提高纤维间结合力，有助留作用，提高产品得率，但施加量太大不但会影响渗透吸收速率，还会对感官质量有一定的负面作用。

六、涂布液温度对涂布液渗透吸收的影响

由表4-22可知：随着涂布液温度的增加，涂布液黏度降低，流动性提高，相同吸收时间内基片吸收涂布液速率快，超声波透射技术通过检测接收极接收到的能透过基片的超声波量增大来表征，达到完全渗透吸收所需时间缩短，所以适当提高涂布液温度可以提高涂布液在基片中的吸收速率。

表4-22　涂布液温度对涂布液渗透吸收的影响

涂布液温度/℃	35	40	45	50	55	60
透过超声波量/dB	8.3	13.1	16.2	22.9	27.7	30.8

涂布液温度会影响涂布液黏度，温度越高其流动性越好，基片吸收涂布液速率提高；但温度太高会导致涂布液香味成分损失加大，所以要在提高涂布液吸收速率的同时降低香味成分损失。

七、基片水分对涂布液渗透吸收的影响

由表4-23可知：随着基片含水率的增加，动态渗透吸收仪器的接收极接收到的能透过基片的超声波量先增大后减小，在40%左右的含水率接收到的能透过基片的超声波量达到最大，说明基片达到完全渗透吸收所需时间最短。含水率大于40%后完全渗透吸收所需时间增加，这与含水率高时水分子占用了吸附空间而导致涂布液难以渗入基片有关。

表4-23　基片水分对涂布液渗透吸收的影响

基片含水率/%	10	20	30	40	50	60
透过超声波量/dB	20.0	20.2	21.6	22.8	9.5	4.9

第四节 添加物对造纸法再造烟叶物理特性的影响

再造烟叶是一种以烟梗、烟末以及碎烟片等烟草原料经过重新组合，加工生产而成的再生产品。目前比较成熟的造纸法再造烟叶生产工艺是将烟梗、烟末分别用水萃取，得到萃取液和烟梗烟末浆，将烟梗烟末浆混合打浆后，送到抄纸机上抄造成形，两种萃取液分别进行除杂、浓缩、醇化等处理后混合，再涂布到再造烟叶基片上。其主要工序包括原料筛选、洗涤、萃取、浓缩、除杂、醇化、抄造、涂布、干燥及后处理切片切丝等。

一、外加纤维

由于造纸法再造烟叶生产中所用的烟梗和碎烟叶等原料的纤维素含量较低且较短，在再造烟叶抄造成型时，其成片强度较差，因此必须在制浆过程中添加适量的外加纤维提高基片强度，以适应高速纸机避免出现断纸。外加纤维包括木质纤维（如针叶木、阔叶木等）、竹浆纤维、麻浆纤维、草浆纤维及各种新型纤维等，需根据各企业再造烟叶产品特点和需求开展研究，选择合适的外加纤维类型。

已有研究结果表明：①随着木浆纤维量的增大，再造烟叶抗张强度变大，紧度升高，疏松度降低；②不同的木浆纤维加入量对再造烟叶厚度和定量的影响很小，厚度和定量均比较稳定；③涂布纸的厚度和定量比原纸大，这是生产过程中能够加以控制的，有利于进行抗张强度、伸长量、填充性等各项物理指标的比较；④随纤维加入量的逐渐增大，再造烟叶开始分离破碎的时间逐渐滞后，说明木浆纤维的加入量对再造烟叶的耐水性有显著影响；涂布纸的耐水性不及原纸，这是由于原纸经涂布后，其内部结构发生了变化，导致涂布纸的耐水性变差。

再造烟叶抗张强度随纤维加入量增加而增大，且涂布纸的抗张强度比原纸略大。按 YC/T 16—2014《再造烟叶》的质量要求，抗张强度应不大于 1kN/m，3%、6%木浆纤维加入量的涂布纸合乎要求，而 9%、12%的都超出了标准。这说明对于造纸法再造烟叶，抗张强度随着外加木浆纤维用量增加而增大，而抗张强度并不是越大越好，木浆纤维的加入量也应在一定范围内。

二、碳酸钙

（一）碳酸钙添加量对造纸法再造烟叶基片物理指标的影响

随着碳酸钙添加量增加，基片中灰分含量、定量明显增加；填充值和平衡含水率都是先增加后逐渐降低，添加量为30%时，填充值和平衡含水率达到最大；而抗张强度、抗张指数、耐破强度、耐破指数和松厚度指标都随碳酸钙添加量的增加而逐渐降低；单层厚度和层积厚度随碳酸钙添加量的增加而略有增加。碳酸钙添加量对造纸法再造烟叶基片物理指标有较大影响，调控基片物理指标可以从改变碳酸钙添加量角度出发，会有较明显的效果。

（二）碳酸钙添加量对造纸法再造烟叶产品物理指标的影响

碳酸钙不同添加量对再造烟叶产品物理指标的影响与对基片物理指标影响的变化规律基本一致，随着碳酸钙添加量增加，定量、填充值、单层厚度、层积厚度先增加然后逐渐降低；抗张强度、抗张指数、耐破强度、耐破指数和松厚度指标逐渐降低。平衡含水率的变化趋势受涂布液的影响呈现先降低然后增加的趋势，总体变化不大。

（三）碳酸钙添加量对造纸法再造烟叶基片常规烟气指标的影响

随着碳酸钙添加量的增加，基片一氧化碳、焦油、总粒相物和抽吸口数都呈下降趋势，烟气水分含量呈现先下降后升高的趋势。碳酸钙添加量为30%时，水分含量最小，而一氧化碳和焦油释放量的比值变化不大，可能是随着碳酸钙添加量的增加，单位质量基片中可燃烧的有机物质减少，燃烧形成的烟气中各指标都降低。在保证再造烟叶感官质量的前提下，可以通过适当增加碳酸钙添加量的方法降低再造烟叶一氧化碳和焦油释放量。

（四）碳酸钙添加量对造纸法再造烟叶产品常规烟气指标的影响

随着碳酸钙添加量的增加，抽吸口数、总粒相物、一氧化碳、烟气烟碱、焦油、烟气水分、单位质量样品的总粒相物、单位质量样品的烟气烟碱、单位质量样品的水分、单位质量样品的焦油、单位质量样品的一氧化碳都呈先下降后上升趋势。碳酸钙添加量为30%时，常规烟气各指标达到最小值。一氧化碳/焦油比、单位质量样品的一氧化碳/焦油比随碳酸钙添加量的增加而有增大趋势，说明碳酸钙添加量对再造烟叶产品常规烟气指标影响较大，如果采用添加非外源性物质的方式降低烟气成分，可以选择从碳酸钙添加量角度考虑。

三、湿部助剂

造纸法再造烟叶是采用废弃的烟梗、烟片和烟末等物质为原料用纸机抄造成片状的再生产品，最后作为卷烟中的填充料[54]。原料在磨浆过程中会形成大量的细小组分，同时还有烟草水溶性物质与填料存在于浆料体系中，这会对浆料体系的留着和滤水产生严重的负面影响，因此必须选用合适的助留

助滤剂。这样，一方面可以提高填料和细小纤维的留着，改善白水循环，减少污染；另一方面可以增强浆料的滤水性能，提高纸机脱水效率，增加纸机车速，从而提高再造烟叶基片的抄造效率[55,56]。由于生产烟草薄片的原料来自卷烟生产过程中废弃的烟梗、烟末，烟草浆料具有纤维含量少，杂细胞含量多，热水抽出物多，细小组分含量多等特点。由于没有充分认识造纸法再造烟叶生产过程与一般制浆造纸生产过程的特点与差别，没有相应的技术措施，造纸法再造烟叶生产基本沿用制浆造纸工艺，缺乏对其独特的制浆、湿部抄造等工艺技术的应用研究，导致目前我国的造纸法再造烟叶工艺技术和产品质量与国外相比仍存在相当大的差距。目前，我国造纸法生产烟草薄片，在湿部抄造过程中，有效细小组分流失大，白水固含量高、循环回用度低、排放量大、污染负荷居高不下，导致原材料利用率低、环境污染严重和生产成本高，甚至影响再造烟叶产品松厚度、柔软性、匀度、色泽、韧性等物理性能。由于再造烟叶作为副食品原料的特殊性，需要选用天然且无毒的助剂。瓜尔胶和壳聚糖符合上述要求，并已在造纸行业中得到了应用[57,58]，但在造纸法再造烟叶行业中的应用较少。壳聚糖和阳离子瓜尔胶这两种天然化合物为湿部助剂，对再造烟叶浆料 Zeta 电位、打浆度、助留助滤性能以及再造烟叶基片物理性能的影响，以及合适的助剂添加条件，为其在造纸法再造烟叶中的应用提供实践依据。

（一）瓜尔胶助剂

瓜尔胶（guar gum）属可再生天然高分子物质，是广泛种植于印巴次大陆的一种豆科植物——瓜尔豆中提取的一种高纯化天然多糖，分子结构与纤维素极其相似。无毒无害易生化降解、不影响烟草燃烧气味的阳离子瓜尔胶对卷烟纸湿部抄造具有助留助滤效果，已得到了工业应用。

近几年，瓜尔胶助剂在卷烟纸行业中得到了广泛应用[59-63]，瓜尔胶用于卷烟纸不但具有优良的助留助滤和增强效果，而且抄成的纸在燃烧时无异味，能够满足卷烟用纸的需要。目前国内的各大卷烟纸厂中，瓜尔胶已基本取代了淀粉成为增强剂、助留助滤剂和纸张表面性能改进剂。

1. 瓜尔胶及其衍生物对造纸法再造烟叶基片松厚度的影响

再造烟叶基片的松厚度不仅影响基片涂布时对涂布液的吸收性能，也影响薄片的燃烧性能。在实际生产中，基片的松厚度越高，上述两项性能也就越好，所以工厂都要求能够生产出松厚度较高的烟草基片。GG、CGG-1、

CGG-2并不能提高再造烟叶基片的松厚度，而CHPG以及CG-g-AM在适量添加时能够提高基片的松厚度。究其原因，可能是GG、CGG-1、CGG-2没有特殊的支链结构，其吸附的细小纤维组分形成的絮聚体体积较小，很容易通过纤维交织形成的空隙，起到填补作用，这样造成成纸的松厚度下降。

2. 瓜尔胶及其衍生物对造纸法再造烟叶基片抗张强度的影响

YC/T 16—2014《再造烟叶》对再造烟叶的抗张强度做了指标要求，要求其抗张强度≤1.0kN/m。在实际生产过程中由于造纸法再造烟叶浆料中烟末、杂细胞含量较多，纤维组分较少，浆料成纸性能差，经常出现断纸，影响生产效率，再加上再造烟叶基片还要经过一个浸渍涂布的过程，如果基片强度性能不好的话，也会在涂布过程中发生断纸的情况，所以工厂也会要求在满足上述标准的情况下，基片能够有足够好的强度以满足正常生产要求。再造烟叶影响纤维抗张强度的主要因素有纤维强度、纤维之间结合强度、纤维的长度等，添加助剂主要通过改善纤维之间的结合强度以及增加纤维与助剂的黏结来提高抗张强度。

（二）壳聚糖

壳聚糖是甲壳素的衍生物，又称甲壳胺。其在性质上与甲壳素不同，壳聚糖能溶于稀酸溶液中，因为壳聚糖分子链上的游离氨基在稀酸溶液中容易质子化，使整个大分子带正电荷，水合能力骤增，聚集的高分子链慢慢被水隔离形成胶体溶液。壳聚糖能发生诸如水解、烷基化、氧化、还原、螯合、絮凝、吸附等多种反应。近几年来，壳聚糖在食品、医药、印染、环保、造纸、金属提取等领域的应用研究异常活跃，被称为“万能多糖”。

在烟草行业辊压法再造烟叶生产中，高黏度的壳聚糖与一定量的羧甲基纤维素（CMC）、木浆纤维混合使用，可降低黏合剂的用量和相对黏度，使再造烟叶的利用率从原来的40%提高到90%，利用壳聚糖作为黏合剂的辊压法再造烟叶的香气质、香气量等指标优于传统的黏合剂，且产品内在品质有所提高。此外，壳聚糖也可用作卷烟纸的黏合剂。

浆料内添加壳聚糖溶液后，对产品的耐水性、抗张强度、基片灰分三方面均产生了影响。浆料内未添加壳聚糖溶液的产品基片灰分在7%~8%。添加壳聚糖溶液后，产品灰分明显提高，表明浆料内添加壳聚糖溶液提高了浆料内细小纤维及填料的留着率。

第五章
烟叶与造纸法再造烟叶主要物理特性差异

烟叶和再造烟叶是卷烟加工过程中的重要原料，研究烟叶和再造烟叶的力学特性及摩擦系数对于卷烟加工工艺的优化具有重要的作用。造纸法再造烟叶因组织结构与烟叶存在较大差异，造纸法再造烟叶的拉力、剪切力、摩擦系数是影响造纸法再造烟叶切丝性能的主要物理指标，其中造纸法再造烟叶的剪切力越大，其切丝的刀辊电流也就越大，切丝机刀门压力相应也越大[64,65]；造纸法再造烟叶摩擦系数越大，切丝过程中造纸法再造烟叶跑片的概率就会明显减少，切丝的合格率就会提高。因此，通过对比分析烟叶与再造烟叶拉力、剪切力、摩擦系数等特性，以期为造纸法再造烟叶切丝性能的研究提供基础数据，同时为再造烟叶生产企业改善造纸法再造烟叶的物理性能提供依据。

第一节　烟叶与造纸法再造烟叶拉力差异

烟叶与造纸法再造烟叶样品拉力的测定结果及两者的比较见表 5-1 和表 5-2。由表 5-1 和表 5-2 可知，①造纸法再造烟叶拉力明显大于烟叶的拉力，其中造纸法再造烟叶纵向拉力与烟叶拉力最大差异为 29.54 倍，最小差异为 5.77 倍；造纸法再造烟叶横向拉力与烟叶拉力最大差异为 15.77 倍，最小差异为 3.34 倍。②相同造纸法再造烟叶样品的纵向拉力大于其横向拉力，其中 8 个造纸法再造烟叶样品中纵向拉力最大值为 28.65N，最小值为 17.67N；横向拉力的最大值为 15.30N，最小值为 10.23N。

表 5-1　　烟叶与造纸法再造烟叶拉力测定结果　　单位：N

样品编号	造纸法再造烟叶		烟叶	
	纵向拉力	横向拉力	样品名称	拉力
湖北-1	18.96	10.69	河南 X2F	1.03
湖北-2	22.21	13.23	河南 C3F	2.73

续表

样品编号	造纸法再造烟叶		烟叶	
	纵向拉力	横向拉力	样品名称	拉力
山东-1	21.67	10.28	河南 B2F	3.06
瑞升-1	19.00	10.23	贵州 X2F	0.97
杭州-1	17.67	13.29	贵州 C3F	1.59
河南-1	26.24	10.87	贵州 B2F	1.85
河南-2	28.65	11.92	四川 X2F	1.11
河南-3	26.66	15.30	四川 C3F	1.75
—	—	—	四川 B2F	2.04

表 5-2　　烟叶与造纸法再造烟叶拉力的比较　　单位：N

项目	造纸法再造烟叶		烟叶拉力
	纵向拉力	横向拉力	
最大值	28.65	15.30	3.06
最小值	17.67	10.23	0.97
再造烟叶与烟叶最大差异	29.54	15.77	—
再造烟叶与烟叶最小差异	5.77	3.34	—

第二节　烟叶与造纸法再造烟叶剪切力差异

烟叶与造纸法再造烟叶样品剪切力的测定结果及两者的比较见表 5-3 和表 5-4。由表 5-3 和表 5-4 可知，①造纸法再造烟叶纵向剪切力明显大于烟叶的剪切力，其中造纸法再造烟叶纵向剪切力与烟叶剪切力的最大差异为 3.23 倍；造纸法再造烟叶横向剪切力与烟叶剪切力的最大差异为 2.02 倍。②相同造纸法再造烟叶样品的纵向剪切力大于其横向剪切力，其中 8 个造纸法再造烟叶样品中纵向剪切力最大值为 32.79N，最小值为 23.45N；横向剪切力的最大值为 20.44N，最小值为 13.97N。

表 5-3　　烟叶与造纸法再造烟叶剪切力测定结果　　单位：N

样品编号	造纸法再造烟叶		烟叶	
	纵向剪切力	横向剪切力	样品名称	剪切力
湖北-1	32.79	18.11	河南 X2F	13.30
湖北-2	29.54	17.03	河南 C3F	17.17
山东-1	23.45	15.81	河南 B2F	21.01
瑞升-1	27.99	13.97	贵州 X2F	11.87
杭州-1	24.73	20.44	贵州 C3F	15.17
河南-1	30.67	17.86	贵州 B2F	18.42
河南-2	32.76	18.14	四川 X2F	10.14
河南-3	31.64	18.29	四川 C3F	13.51
—	—	—	四川 B2F	17.23

表 5-4　　烟叶与造纸法再造烟叶剪切力的比较　　单位：N

项目	造纸法再造烟叶		烟叶剪切力
	纵向剪切力	横向剪切力	
最大值	32.79	20.44	21.01
最小值	23.45	13.97	10.14
再造烟叶与烟叶最大差异	3.23	2.02	—
再造烟叶与烟叶最小差异	1.12	0.66	—

第三节　烟叶与造纸法再造烟叶摩擦系数差异

烟叶与造纸法再造烟叶样品摩擦系数的测定结果见表 5-5。由表 5-5 可知，①造纸法再造烟叶静摩擦系数小于烟叶的静摩擦系数，其中造纸法再造烟叶静摩擦系数的最大值为 0.46，最小值为 0.31；烟叶静摩擦系数的最大值为 0.64，最小值为 0.48。②造纸法再造烟叶动摩擦系数明显小于烟叶的动摩擦系数，其中造纸法再造烟叶动摩擦系数的最大值为 0.20，最小值为 0.05；烟叶动摩擦系数的最大值为 0.54，最小值为 0.35。

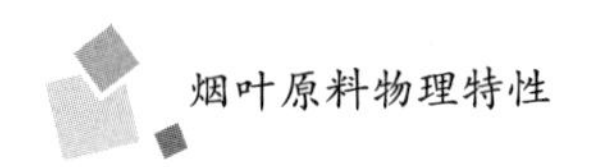

表 5-5 烟叶与造纸法再造烟叶摩擦系数测定结果

样品编号	造纸法再造烟叶		样品名称	烟叶	
	静摩擦系数	动摩擦系数		静摩擦系数	动摩擦系数
湖北-1	0.39	0.16	河南 X2F	0.48	0.35
湖北-2	0.43	0.16	河南 C3F	0.59	0.47
山东-1	0.36	0.05	河南 B2F	0.55	0.43
瑞升-1	0.31	0.15	贵州 X2F	0.54	0.40
杭州-1	0.46	0.20	贵州 C3F	0.57	0.42
河南-1	0.40	0.11	贵州 B2F	0.64	0.48
河南-2	0.45	0.10	四川 X2F	0.64	0.54
河南-3	0.33	0.08	四川 C3F	0.56	0.43
—	—	—	四川 B2F	0.61	0.48
最大值	0.46	0.20	—	0.64	0.54
最小值	0.31	0.05	—	0.48	0.35

第四节 烟叶与造纸法再造烟叶耐水性差异

烟叶及国内外造纸法再造烟叶耐水性测定结果见表 5-6。由表 5-6 可知，再造烟叶耐水性在 13min 以内，烟叶则在 60min 以上，烟叶耐水性远远大于再造烟叶。再造烟叶之间耐水性也有较大差异，国外再造烟叶耐水性要好于国内再造烟叶。再造烟叶耐水性差可能是再造烟叶与烟叶一起加工时，物料局部含水率过高、不均匀导致再造烟叶解纤、利用率低。

表 5-6 烟叶及国内外造纸法再造烟叶耐水性测定结果 单位：min

造纸法再造烟叶		烟叶	
样品名称	平均值	样品名称	平均值
摩迪（国外）	12.17	贵州 X2F	>60
新业 960	4.93	贵州 C3F	>60
新业 961	8.17	贵州 B2F	>60
瑞升	5.83	四川凉山 B2F	>60
瑞博斯	5	四川凉山 C3F	>60

续表

造纸法再造烟叶		烟叶	
样品名称	平均值	样品名称	平均值
许昌 ZY-01	6.23	四川凉山 X2F	>60
许昌 ZY-02	6.07	河南 B2F	>60
许昌 TS-002	5.33	河南 C3F	>60
—	—	河南 X2F	>60
—	—	曲靖 B2F	>60
—	—	曲靖 C3F	>60

第五节　烟叶与造纸法再造烟叶弹性差异

烟叶及国内外造纸法再造烟叶切后烟丝弹性测定结果见表 5-7。由表 5-7 可知，国内外造纸法再造烟叶弹性平均值为 30.43%，而烟叶弹性平均值为 34.09%，再造烟叶弹性略小于烟叶，主要是由于切后的再造烟丝形状较为笔直，无卷曲，该状态下的烟丝不利于卷制。为了提高再造烟丝的弹性，可以采用滚筒干燥的方式将一定含水率的再造烟丝进行低强度的干燥，使其卷曲定形，以增加再造烟丝弹性，提高再造烟丝的填充性能。

表 5-7　烟叶及国内外造纸法再造烟叶切后烟丝弹性测定结果　单位：%

造纸法再造烟叶		烟叶	
样品名称	弹性	样品名称	弹性
利群 KY-4	32.76	贵州 X2F	31.89
新业 960	29.33	四川 X2F	30.91
新业 991	29.18	河南 X2F	36.2
瑞博斯	28.25	河南 C3F	35.81
河南 ZY-01	31.23	贵州 C3F	34.27
河南 ZY-02	30.87	四川 C3F	31.7
河南 TS-002	31.01	河南 B2F	37.37
瑞升	29.16	贵州 B2F	33.36
汕头	32.44	四川 B2F	35.31

续表

造纸法再造烟叶		烟叶	
样品名称	弹性	样品名称	弹性
摩迪（国外）	30.08	平均值	34.09
平均值	30.43		

第六节　烟叶与造纸法再造烟叶柔软度差异

由表5-8可知，烟叶柔软度范围集中在2~9mN，平均值约为5mN，而再造烟叶纵向、横向柔软度分别在11~26mN和6~17mN，平均值分别约为19mN和12mN，均远大于烟叶。再造烟叶纵向、横向柔软度也存在较大差异，再造烟叶纵向柔软度是烟叶的4倍左右，横向柔软度是烟叶的2.5倍左右；国内再造烟叶柔软度普遍大于国外再造烟叶，国内为国外的1.8~2倍。柔软度的差异可能是导致再造烟叶的堆积密度较烟叶的堆积密度要小很多，并且国内再造烟叶堆积密度小于国外再造烟叶的主要原因之一。

表5-8　烟叶及国内外造纸法再造烟叶柔软度测定结果　单位：mN

造纸法再造烟叶			烟叶	
样品名称	纵向	横向	样品名称	柔软度
摩迪（国外）	11.83	6.37	贵州B2F	3.78
许昌TS-002	23.71	15.18	贵州C3F	8.52
许昌ZY-01	22.07	14.12	贵州X2F	2.3
许昌ZY-02	23.99	15.16	河南B2F	6.86
利群KY-4	25.05	16.07	河南C3F	5.74
1#再造烟叶	17.85	10.83	河南X2F	4.92
2#再造烟叶	15.21	10.55	四川B2F	4.26
3#再造烟叶	22.47	16.34	四川C3F	4.26
瑞升	15.29	11.42	四川X2F	4.43
汕头	16.98	9.2		
瑞博斯	19.43	14.15		
新业960	20.41	13.1	平均值	5.01
新业991	17.04	12.7		
平均值	19.33	12.40		

第六章
基于烟叶物理特性的加工技术

打叶复烤叶梗分离是烟片质量保证的关键工序。在该工序，烟叶在打叶机打刀和框栏棱边的摩擦、撕拉等机械力的综合作用下达到叶梗分离的目的。因此，烟叶物理特性尤其力学特性是设定打叶技术参数和保障烟片质量的重要依据。目前打叶复烤加工技术参数的设定主要依据烟叶收购等级将打叶复烤烟叶原料笼统地分为上等烟、中等烟和下等烟，但由于烟叶品种、产地、年份的不同，烟叶的力学特性差异很大，所以目前在打叶复烤加工过程中，不同烟叶打叶复烤加工技术参数更多的是依靠经验进行设定。

第一节　河南烟叶力学特性

一、烟叶原料

本节以 2011 年度河南许昌、南阳、平顶山、三门峡、驻马店、洛阳等 11 个产地不同部位具有代表性的烤烟烟叶作为试验材料，具体试验烟叶的产地、等级见表 6-1。

表 6-1　　试验烟叶原料

产区	产地	样品等级
河南	许昌	B1F、B2F、B3F、B4F、C3L、C3F、X2F
	南阳	B2F、B3F、B4F、C2F、C3F、C4F、X2F、X3F
	洛阳	B2F、B3F、C2F、C3F、C4F、C3L、X2F、X3F
	驻马店	B2F、B3F、B4F、C3F、C4F、C3L、X2F、X3F
	平顶山	B2F、B3F、C3F、C3L、X2F、X3F
	三门峡	B2F、B3F、B4F、C2F、C3F、C4F、X1F、X2F
	漯河	B2F、B3F、C3F、C3L、X2F、X3F、X4F
	商丘	B2F、B3F、C2F、C3F、C4F、C3L、X2F、X2L、X3F
	信阳	B2F、B3F、B4F、C3F、C4F、X2F
	周口	B2F、C3L、C3F、C4F、X2F、X3F
	郑州	B2F、B3F、C3L、C3F、X2F、X4F

二、河南不同产地烟叶黏附力

（一）河南不同产地烟叶黏附力差异

（1）由图 6-1 可知，许昌产地 7 个主要等级烟叶的黏附力呈现出较为明显的差异，其中，B1F 样品黏附力最大，为 678.95g；C3F、C3L、B2F 等烟叶样品的黏附力在 450~560g；B4F 样品的黏附力最小，为 235.68g（此处 g 为质量单位，换算成力学单位时应乘重力加速度以代表该质量所受重力大小，下同）。

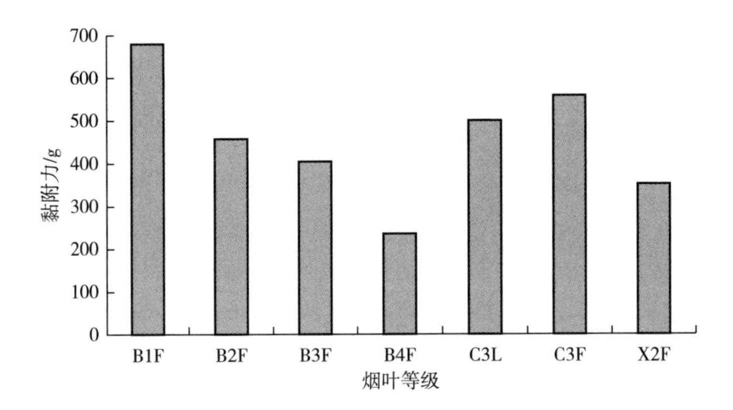

图 6-1 许昌产地不同等级烟叶黏附力

（2）由图 6-2 可知，商丘产地不同等级烟叶的黏附力呈现出较为明显的差异，C2F 的黏附力最大，为 661.23g；C3F、C3L 的黏附力次之，在 450~470g；B2F、C4F、X2F、X2L 的黏附力较小，在 300~400g；X3F 和 B3F 的黏附力在 200~300g，其中 X3F 样品的黏附力最小，为 231.57g。

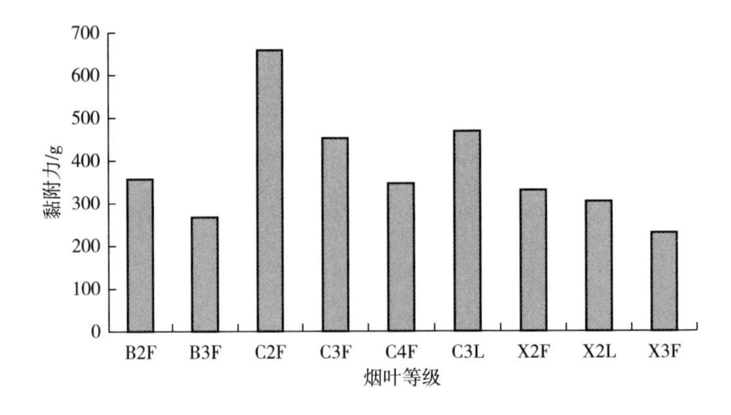

图 6-2 商丘产地不同等级烟叶黏附力

（3）由图 6-3 可知，南阳产地不同等级烟叶的黏附力呈现出较为明显的差异，C2F 样品的黏附力最大，为 667. 98g；C3F、X2F、C4F 样品的黏附力在 450~560g；B2F 和 B3F 样品的黏附力在 300~400g；B4F 和 X3F 样品的黏附力在 200~250g，其中 B4F 的黏附力最小，为 231. 20g。

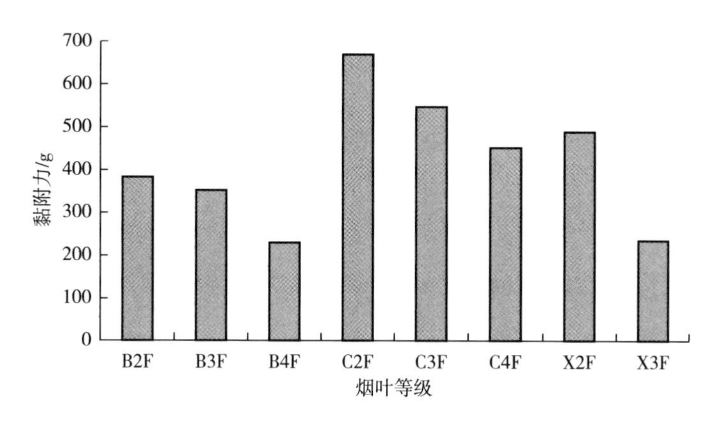

图 6-3　南阳产地不同等级烟叶黏附力

（4）由图 6-4 可知，洛阳产地不同等级烟叶的黏附力呈现明显差异，C2F 和 C3F 样品的黏附力略大于 500g，其中，C3F 的黏附力最大，为 511. 67g；B2F、C3L 和 X2F 的黏附力在 400~500g；B3F 和 C4F 的黏附力在 300~400g；X3F 样品的黏附力最小，为 205. 87g。

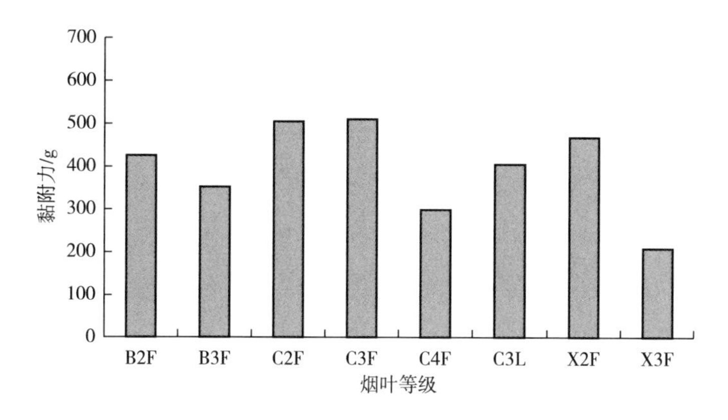

图 6-4　洛阳产地不同等级烟叶黏附力

（5）由图 6-5 可知，驻马店产地不同等级烟叶黏附力呈现出较为明显的差异，C3F 样品的黏附力最大，为 521.37g；B2F、C4F、C3L 样品的黏附力在 400~500g；X2F 样品的黏附力为 382.36g；B3F、B4F 和 X3F 样品的黏附力在 200~300g，其中 B3F 样品的黏附力最小，为 203.97g。

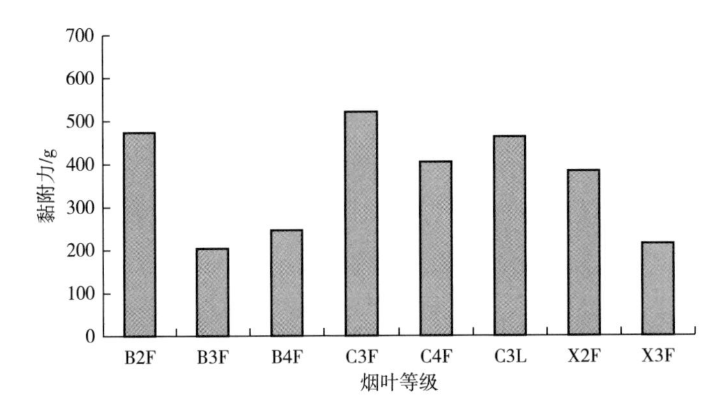

图 6-5　驻马店产地不同等级烟叶黏附力

（6）由图 6-6 可知，漯河产地不同等级烟叶的黏附力差异较为明显，C3F 和 C3L 样品的黏附力在 450~500g，C3F 样品的黏附力最大，为 498.57g；B2F 和 X2F 样品的黏附力在 350~400g；B3F、X3F 和 X4F 样品的黏附力略大于 300g，其中 B3F 样品的黏附力最小，为 301.57g。

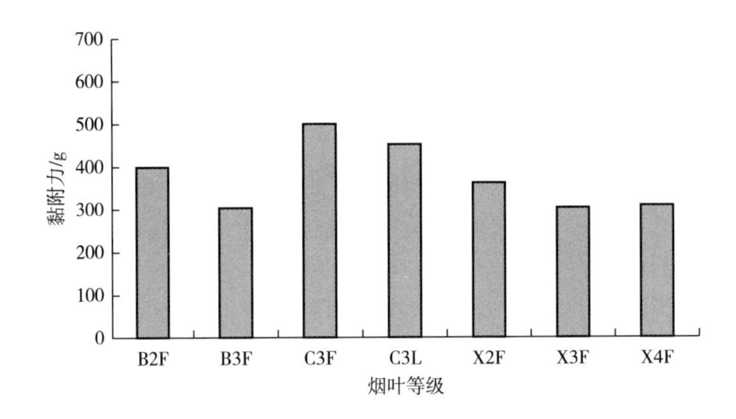

图 6-6　漯河产地不同等级烟叶黏附力

（7）由图 6-7 可知，三门峡产地不同等级烟叶黏附力呈现出明显的差异。C2F 样品的黏附力最大，为 667.58g；C3F 和 X1F 的黏附力在 500~600g；

B2F、B3F 和 X2F 样品的黏附力在 400~500g；B4F 和 C4F 样品的黏附力在 200~350g，其中 B4F 样品的黏附力最小，为 231.08g。

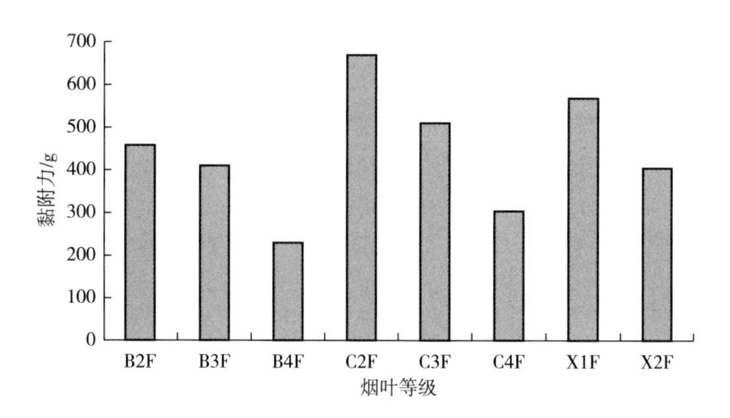

图 6-7　三门峡产地不同等级烟叶黏附力

（8）由图 6-8 可知，平顶山产地不同等级烟叶黏附力的差异较为明显。C3F 样品的黏附力最大，为 545.69g；B2F 样品的黏附力次之，为 503.78g；C3L、B3F、X2F 和 X3F 样品的黏附力在 400~450g，其中，C3L 样品的黏附力最小，为 401.37g。

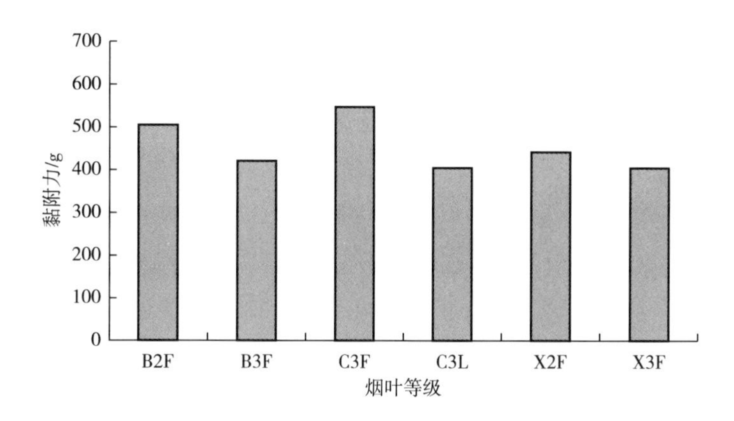

图 6-8　平顶山产地不同等级烟叶黏附力

（9）由图 6-9 可知，信阳产地不同等级烟叶的黏附力差异较为明显。C3F 和 B2F 样品的黏附力在 400~500g，其中 C3F 样品的黏附力最大，为 469.87g；C4F 和 X2F 的黏附力在 300~400g；B3F 和 B4F 的黏附力在 200~

350g，其中 B4F 的黏附力最小，为 205. 87g。

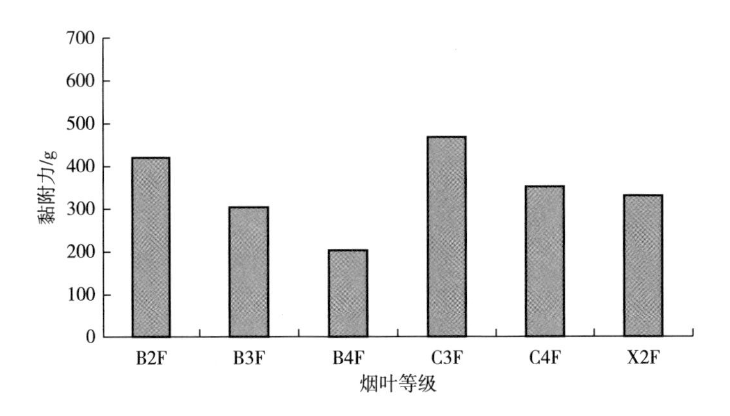

图 6-9　信阳产地不同等级烟叶黏附力

（10）由图 6-10 可知，周口产地烟叶黏附力差异较小且整体偏低。C3F 样品的黏附力最大，为 335. 64g；C3L 样品的黏附力次之，为 301. 87g；B2F、C4F、X2F 和 X3F 样品的黏附力在 200～250g，其中 X2F 的黏附力最小，为 206. 57g。

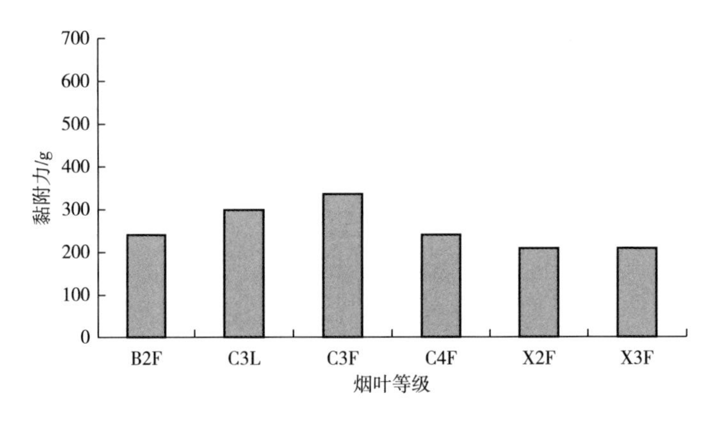

图 6-10　周口产地不同等级烟叶黏附力

（11）由图 6-11 可知，郑州产地不同等级烟叶黏附力差异较小且整体偏低。B2F、C3L、C3F 和 X2F 样品的黏附力在 400g 左右，其中，C3F 样品的黏附力最大，为 423. 67g；C3L 样品的黏附力次之，为 408. 7g；X4F 样品的黏附力最小，为 156. 32g。

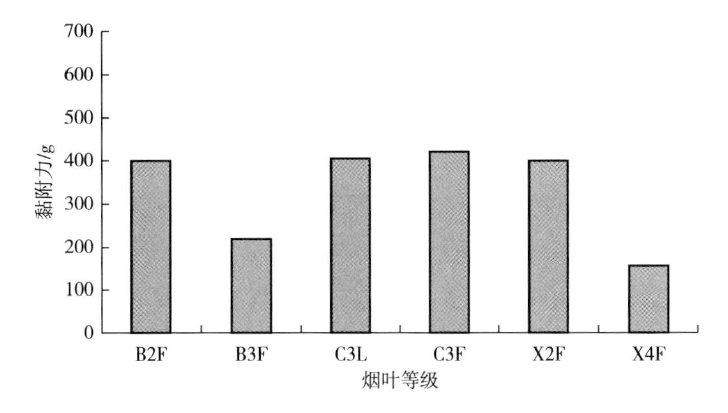

图 6-11　郑州产地不同等级烟叶黏附力

（二）河南不同产地主要等级烟叶黏附力对比

为明确河南不同产地烟叶黏附力存在的差异，选择河南不同产地的 B2F、C3F、X2F 分别代表上部烟叶、中部烟叶和下部烟叶，并对其黏附力进行了比较。

1. 上部烟叶

由图 6-12 可知，平顶山 B2F 样品的黏附力最大，为 503.78g；许昌、洛阳、驻马店、三门峡、信阳等地的 B2F 样品的黏附力在 400～500g；商丘、南阳 B2F 样品的黏附力在 300～400g；周口产地 B2F 样品的黏附力最小，为 238.57g。

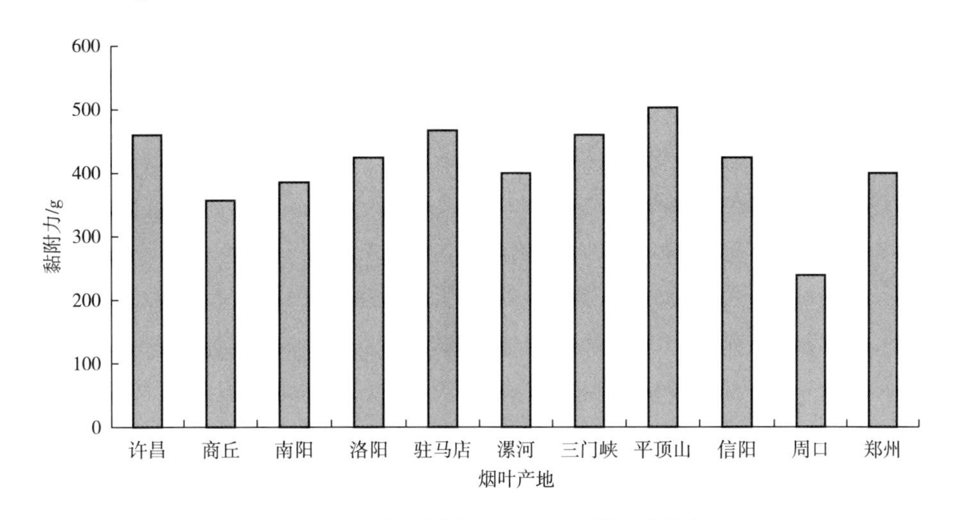

图 6-12　河南不同产地 B2F 烟叶样品黏附力

2. 中部烟叶

由图 6-13 可知，许昌、南阳、洛阳、驻马店、三门峡、平顶山 C3F 烟叶样品的黏附力均大于 500g，其中许昌、南阳、三门峡、平顶山四产地 C3F 样品的黏附力较大且均在 550g 左右；商丘、漯河、信阳、郑州 C3F 样品的黏附力在 400~500g；周口 C3F 样品的黏附力最小，为 335.64g。

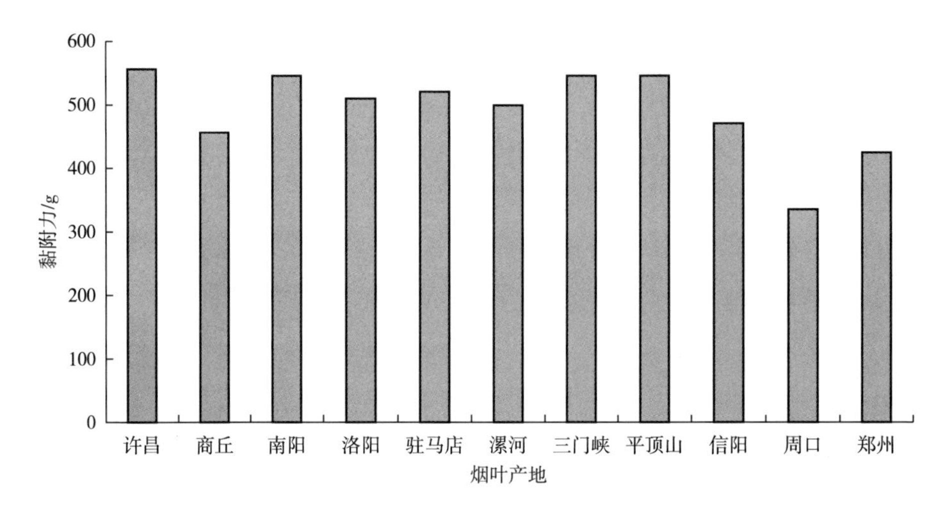

图 6-13　河南不同产地 C3F 烟叶样品黏附力

3. 下部烟叶

由图 6-14 可知，南阳、洛阳、平顶山三产地 X2F 烟叶样品的黏附力在 400~500g，其中南阳 X2F 烟叶样品的黏附力最大，为 468.97g；许昌、商丘、驻马店、漯河、三门峡、信阳、郑州 X2F 烟叶样品的黏附力在 300~400g；周口 X2F 烟叶样品的黏附力最小，为 206.57g。

（三）河南烟叶黏附力特点

（1）河南相同产地、不同等级烟叶黏附力呈现明显差异。整体来看，相同产地的上等烟叶黏附力较大，下等烟叶的黏附力较小。

（2）河南不同产地、相同等级烟叶的黏附力也呈现出明显差异；总体来看，河南平顶山、三门峡、南阳、许昌、洛阳等产地烟叶的黏附力较大，河南周口、商丘等产地烟叶的黏附力较低。

（3）与国内外其他产区烟叶相比，河南烟叶的黏附力整体偏小，与云南、四川等地烟叶的黏附力差异较大。

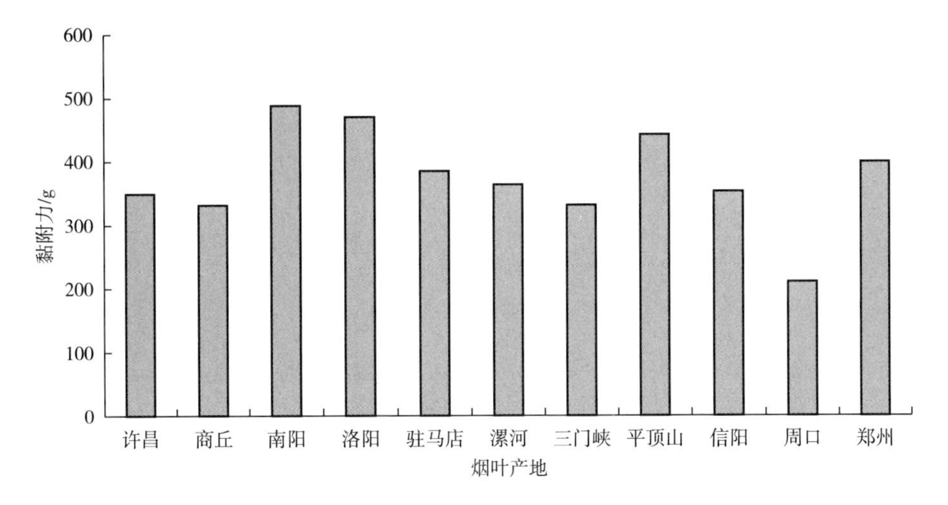

图 6-14　河南不同产地 X2F 烟叶样品黏附力

三、河南不同产地烟叶剪切力

（一）河南不同产地烟叶剪切力差异

（1）由图 6-15 可知，许昌产地不同等级烟叶样品剪切力差异较为明显，总体呈现出上部烟叶剪切力较大，中部烟叶剪切力次之，下部烟叶剪切力较小的趋势。其中 B2F 和 B3F 两个烟叶样品的剪切力在 3500～4000g；B1F、B4F、C3L、C3F 烟叶样品的剪切力在 3000～3500g；X2F 烟叶样品的剪切力最小，为 2101.25g。

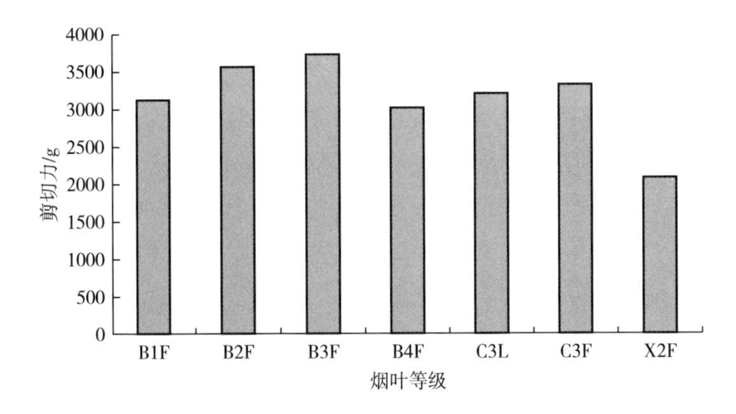

图 6-15　许昌产地不同等级烟叶剪切力

（2）由图 6-16 可知，商丘产地不同等级烟叶样品剪切力差异较为明显，总体呈现出上部烟叶剪切力较大，中部烟叶剪切力次之，下部烟叶剪切力较小的趋势。其中 B2F 和 C3F 两个烟叶样品的剪切力略大于 3500g；B3F、C3L 烟叶样品的剪切力在 3000～3500g；C4F、X2F、X2L 烟叶样品的剪切力在 2000～2500g；X3F 烟叶样品的剪切力最小，为 897.35g。

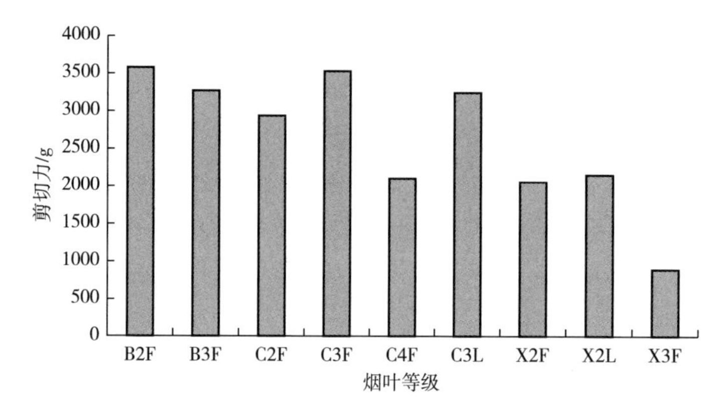

图 6-16　商丘产地不同等级烟叶剪切力

（3）由图 6-17 可知，南阳产地不同等级烟叶样品剪切力差异较为明显，总体呈现出上部烟叶剪切力较大，中部烟叶剪切力次之，下部烟叶剪切力较小的趋势。其中 B2F、B3F、B4F、C2F、C3F 烟叶样品的剪切力在 3000～3500g；C4F 烟叶样品的剪切力为 2004.89g；X2F 烟叶样品的剪切力为 1065.23g；X3F 烟叶样品的剪切力最小，为 826.37g。

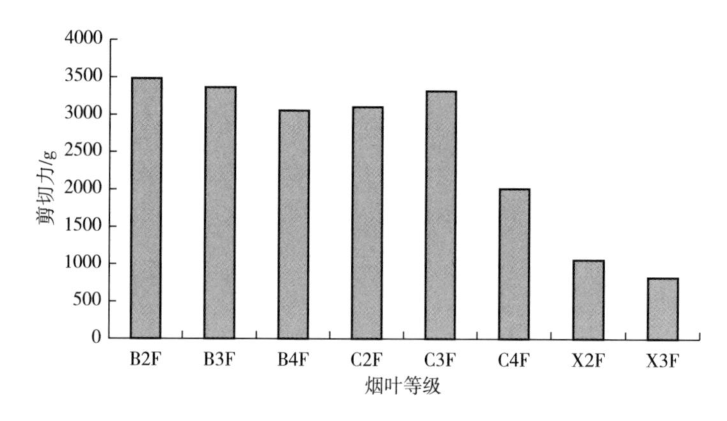

图 6-17　南阳产地不同等级烟叶样品剪切力

（4）由图 6-18 可知，洛阳产地不同等级烟叶样品剪切力差异较为明显，总体呈现出上部烟叶剪切力较大，中部烟叶剪切力次之，下部烟叶剪切力较小的趋势。其中 B2F、B3F、C2F 烟叶样品的剪切力在 3000～3500g；C3L、C3F 烟叶样品的剪切力在 2500～3000g；X2F 烟叶样品的剪切力为 1268.54g；X3F 烟叶样品的剪切力最小，为 782.39g。

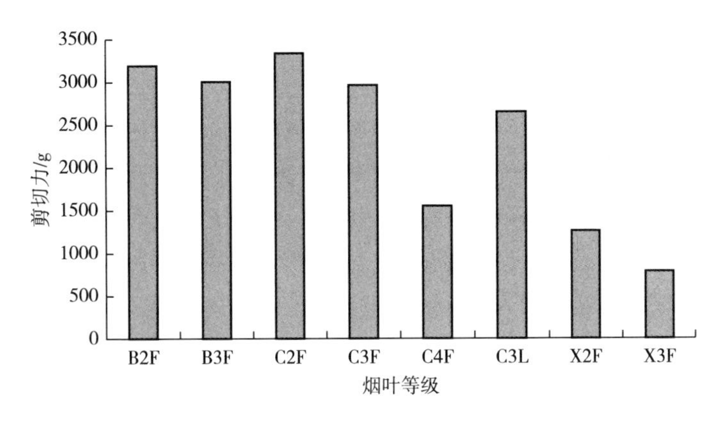

图 6-18　洛阳产地不同等级烟叶样品剪切力

（5）由图 6-19 可知，驻马店产地不同等级烟叶样品剪切力差异较为明显，总体呈现出上部烟叶剪切力较大，中部烟叶剪切力次之，下部烟叶剪切力较小的趋势。其中 B2F 烟叶样品的剪切力最大，为 3524.28g；B3F、B4F、C3L 烟叶样品的剪切力在 2500～3000g；X2F 烟叶样品的剪切力为 1568.34g；C4F 烟叶样品的剪切力为 1256.37g；X3F 烟叶样品的剪切力最小，为 782.39g。

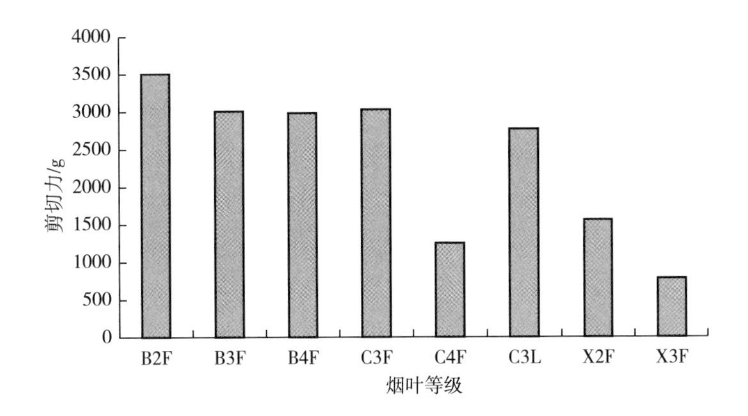

图 6-19　驻马店产地不同等级烟叶样品剪切力

（6）由图 6-20 可知，漯河产地不同等级烟叶样品剪切力差异较为明显，总体呈现出上部烟叶剪切力较大，中部烟叶剪切力次之，下部烟叶剪切力较小的趋势。其中 B2F 和 B3F 两个烟叶样品的剪切力略大于 3500g；C3L、C3F 烟叶样品的剪切力在 3000～3500g；X2F 烟叶样品的剪切力为 1892.56g；X3F 烟叶样品的剪切力为 756.37g；X4F 烟叶样品剪切力最小，为 526.47g。

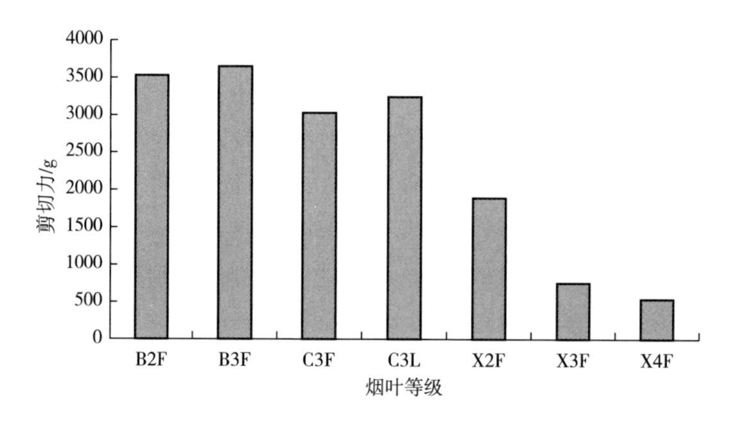

图 6-20　漯河产地不同等级烟叶样品剪切力

（7）由图 6-21 可知，三门峡产地不同等级烟叶样品剪切力差异较为明显，总体呈现出上部烟叶剪切力较大，中部烟叶剪切力次之，下部烟叶剪切力较小的趋势。其中 B2F、B3F、C3F、X1F 烟叶样品的剪切力略大于 3000g；B4F、C2F 烟叶样品的剪切力在 2500～3000g；C4F 烟叶样品的剪切力为 1568.57g；X2F 烟叶样品的剪切力最小，为 785.24g。

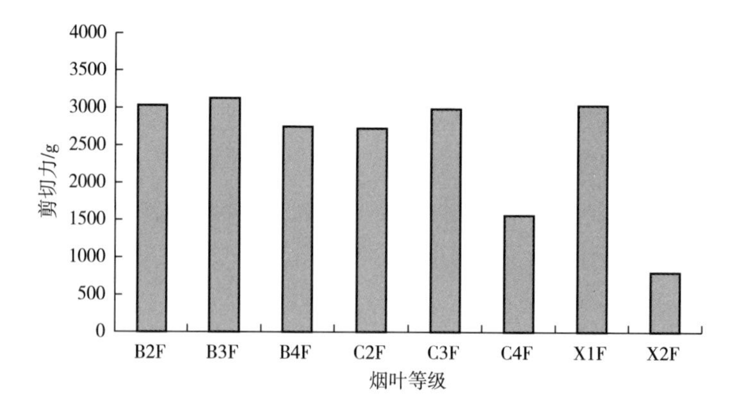

图 6-21　三门峡产地不同等级烟叶样品剪切力

（8）由图 6-22 可知，平顶山产地不同等级烟叶样品剪切力差异较为明显，总体呈现出上部烟叶剪切力较大，中部烟叶剪切力次之，下部烟叶剪切力较小的趋势。其中 B2F 和 B3F 两个烟叶样品的剪切力略大于 3500g；C3L、C3F 烟叶样品的剪切力在 3000~3500g；X2F 烟叶样品的剪切力为 2756.34g；X3F 烟叶样品的剪切力最小，为 682.87g。

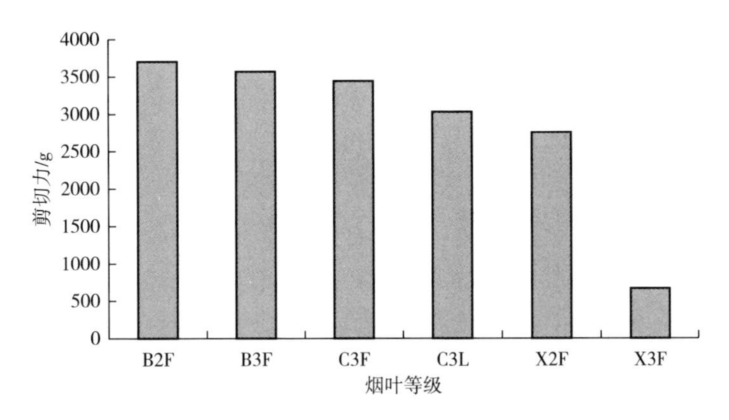

图 6-22　平顶山产地不同等级烟叶样品剪切力

（9）由图 6-23 可知，信阳产地不同等级烟叶样品剪切力差异较为明显，总体呈现出上部烟叶剪切力较大，中部烟叶剪切力次之，下部烟叶剪切力较小的趋势。其中 B2F 烟叶样品的剪切力大于 3500g；B3F、C3F 烟叶样品的剪切力在 3000~3500g；B4F 烟叶样品的剪切力为 2687.45g；C4F 烟叶样品的剪切力为 1562.37g；X2F 烟叶样品的剪切力最小，为 1075.23g。

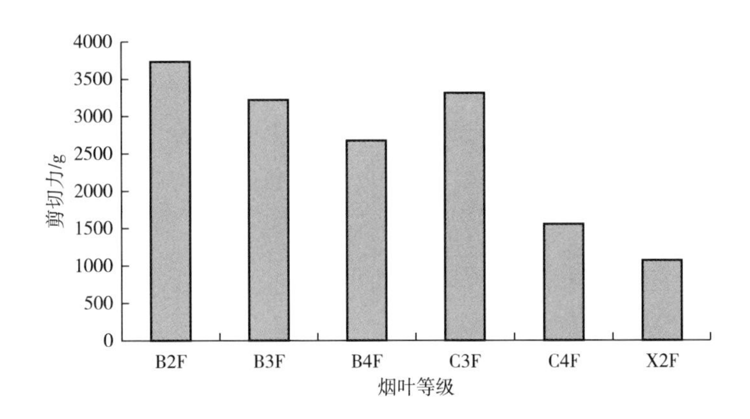

图 6-23　信阳产地不同等级烟叶剪切力

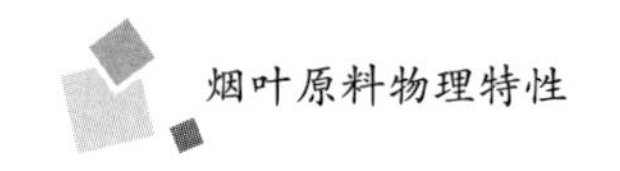

（10）由图 6-24 可知，周口产地不同等级烟叶样品剪切力差异较为明显，总体呈现出上部烟叶剪切力较大，中部烟叶剪切力次之，下部烟叶剪切力较小的趋势。其中 B2F 和 C3L 两个烟叶样品的剪切力略大于 3500g；C3F 烟叶样品的剪切力为 3125. 45g；X2F 烟叶样品的剪切力为 795. 25g；X3F 烟叶样品的剪切力最小，为 543. 21g。

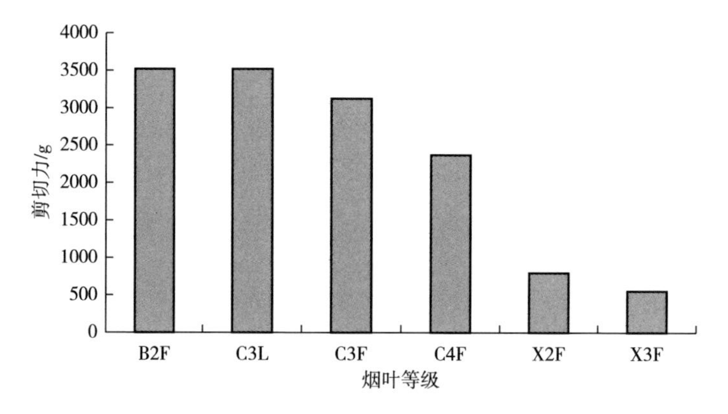

图 6-24　周口产地不同等级烟叶样品剪切力

（11）由图 6-25 可知，郑州产地不同等级烟叶样品剪切力差异较为明显，总体呈现出上部烟叶、中部烟叶剪切力较大，下部烟叶剪切力较小的趋势。其中 B2F、C3L、C3F 烟叶样品的剪切力在 3000～3500g；B3F 烟叶样品的剪切力为 2756. 32g；X2F 烟叶样品的剪切力位 798. 56g；X4F 烟叶样品的剪切力最小，为 354. 27g。

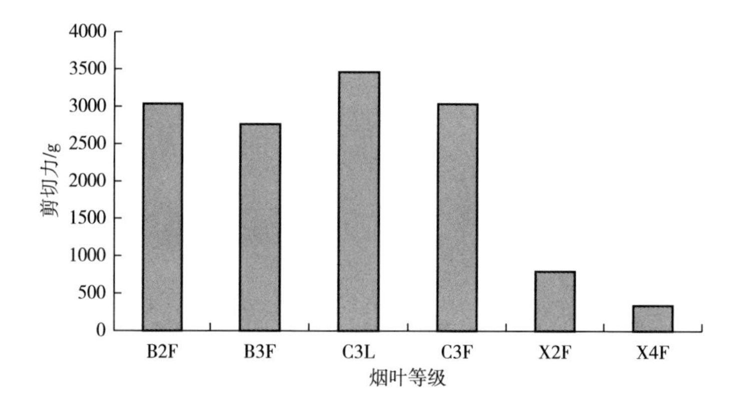

图 6-25　郑州产地不同等级烟叶样品剪切力

(二) 河南不同产地主要等级烟叶剪切力对比

为明确河南不同产地烟叶剪切力存在的差异，选择河南不同产地 B2F、C3F、X2F 三个等级烟叶样品分别代表上部烟叶、中部烟叶、下部烟叶，比较河南不同产地相同等级烟叶在剪切力方面存在的差异。

1. 上部烟叶

由图 6-26 可知，许昌、商丘、南阳、驻马店、漯河、平顶山、信阳、周口产地 B2F 烟叶样品的剪切力均在 3500g 左右；洛阳、三门峡、郑州产地 B2F 烟叶样品的剪切力略小，在 3000g 左右。其中，信阳 B2F 烟叶样品的剪切力最大，为 3768. 45g；郑州产地的 B2F 烟叶样品的剪切力最小，为 3025. 84g。

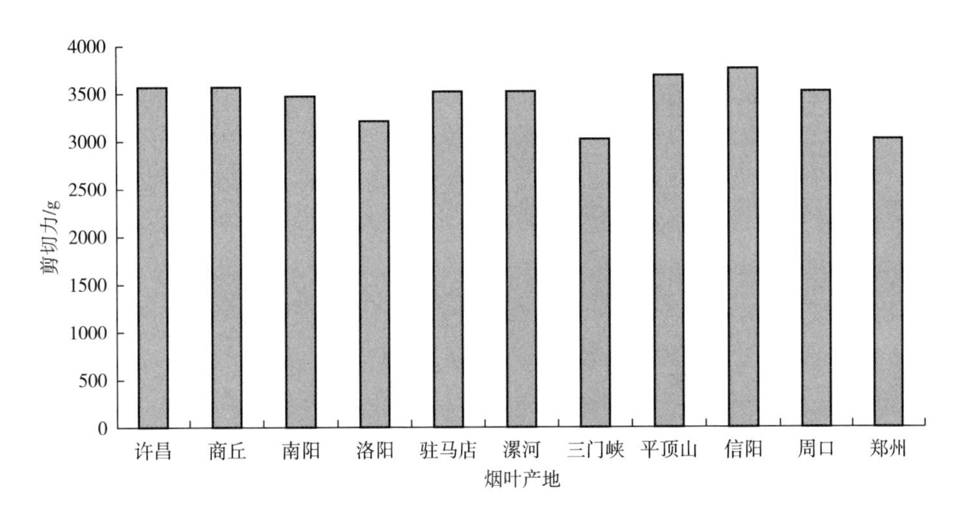

图 6-26　河南不同产地 B2F 烟叶样品剪切力

2. 中部烟叶

由图 6-27 可知，许昌、商丘、南阳、平顶山、信阳产地 C3F 烟叶样品的剪切力较大，在 3500g 左右；洛阳、驻马店、漯河、三门峡、周口、郑州产地 C3F 烟叶样品的剪切力略小，在 3000g 左右。其中，商丘产地 C3F 烟叶样品的剪切最大，为 3536. 97g；驻马店、漯河产地的 C3F 烟叶样品的剪切力最小，为 3024. 58g。

3. 下部烟叶

由图 6-28 可知，河南不同产地 X2F 烟叶样品的剪切力存在明显差异。平

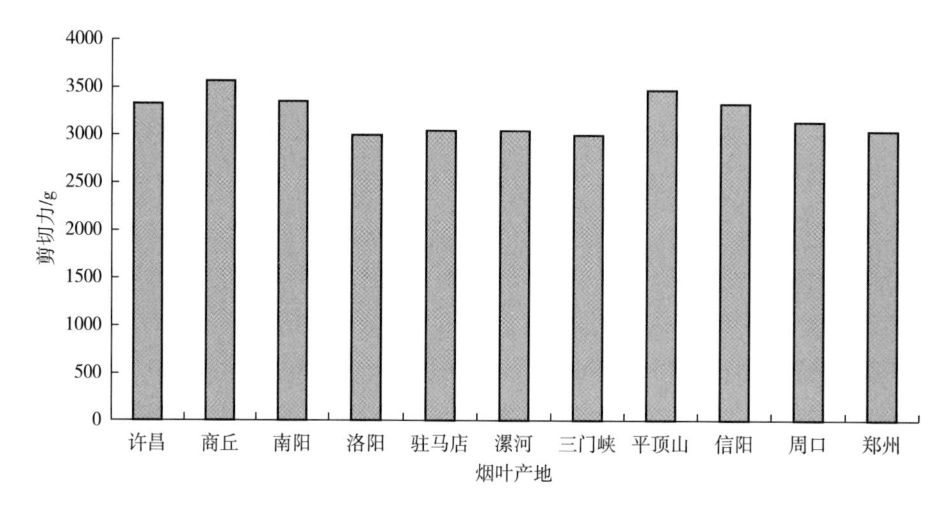

图 6-27　河南不同产地 C3F 烟叶样品剪切力

顶山 X2F 烟叶样品剪切力最大，为 2756.34g；许昌、商丘、漯河产地 X2F 烟叶样品的剪切力在 2000g 左右；南阳、洛阳、信阳产地 X2F 烟叶样品的剪切力在 1000~1500g；三门峡、周口、郑州产地 X2F 烟叶样品剪切力较小，在 500~1000g。

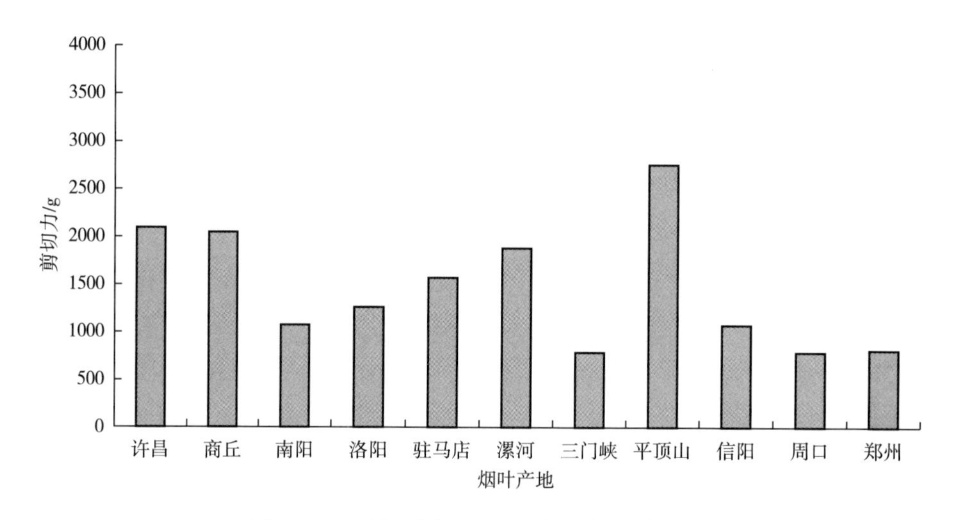

图 6-28　河南不同产地 X2F 烟叶样品剪切力

（三）河南烟叶剪切力特点

（1）河南相同产地、不同等级烟叶的剪切力存在明显差异，总体呈现出

上部烟叶的剪切力最大，中部烟叶剪切力次之，下部烟叶剪切力较小的趋势。

（2）河南不同产地、相同等级烟叶的剪切力整体差异较小。总体来看，许昌、商丘、平顶山、漯河、南阳等产地烟叶样品的剪切力略大，三门峡、洛阳、周口、郑州等产地烟叶样品的剪切力较小。

（3）与国内外其他产区烟叶样品相比，河南烟叶样品的剪切力偏大，略小于津巴布韦烟叶样品的剪切力，明显大于云南、四川等产区烟叶样品的剪切力。

四、河南不同产地烟叶拉力

（一）河南不同产地烟叶拉力差异

（1）由图 6-29 可知，许昌产地不同等级上部、中部烟叶样品的拉力差异不明显，但与下部烟叶样品拉力差异较为明显，整体呈现出上部烟叶略大，中部烟叶拉力次之，下部烟叶拉力较小的趋势。其中，B3F 烟叶样品的拉力最大，为 356. 78g；B1F、B2F、B4F、C3L、C3F 烟叶样品的拉力在 300 ~ 350g；X2F 烟叶样品的拉力最小，为 245. 21g。

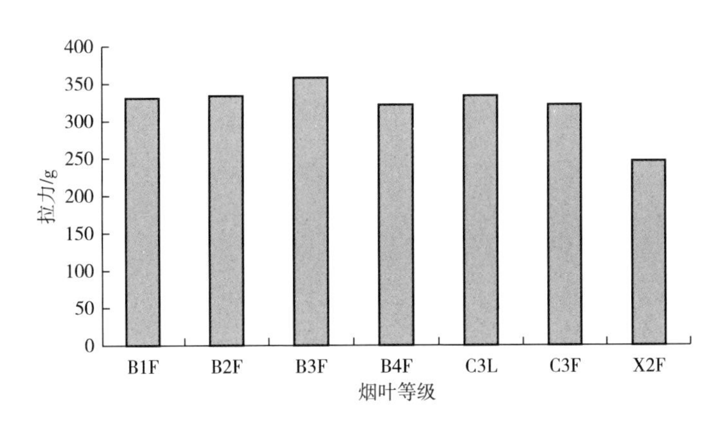

图 6-29　许昌产地不同等级烟叶样品拉力

（2）由图 6-30 可知，商丘产地不同等级上部、中部烟叶样品的拉力差异不明显，但与下部烟叶样品拉力差异较为明显，整体呈现出上部烟叶略大，中部烟叶拉力次之，下部烟叶拉力较小的趋势。其中，B2F 烟叶样品的拉力最大，为 358. 68g；B3F、C2F、C3L、C3F 烟叶样品的拉力在 300 ~ 350g；C4F、X2F、X2L 烟叶样品的拉力在 200 ~ 250g；X3F 烟叶样品的拉力最小，为 189. 24g。

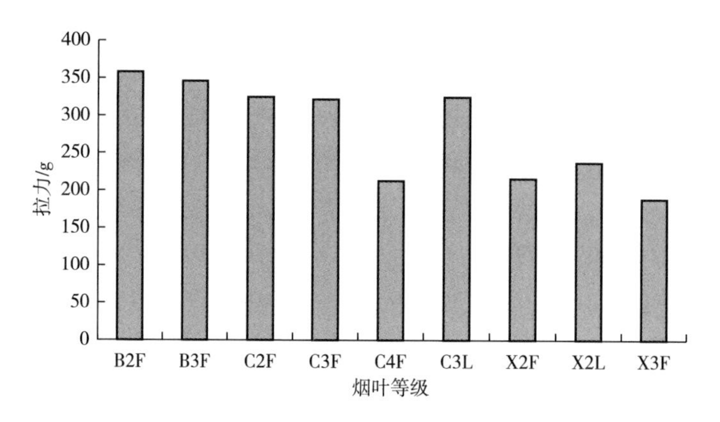

图 6-30　商丘产地不同等级烟叶样品拉力

（3）由图 6-31 可知，南阳产地不同等级上部、中部烟叶样品的拉力差异不明显，但与下部烟叶样品拉力差异较为明显，整体呈现出上部烟叶略大，中部烟叶拉力次之，下部烟叶拉力较小的趋势。其中，B3F 烟叶样品的拉力最大，为 369.45g；B2F、B4F、C2F、C3F 等烟叶样品的拉力在 300～350g；C4F、X2F 烟叶样品的拉力在 200～250g；X3F 烟叶样品的拉力最小，为 175.67g。

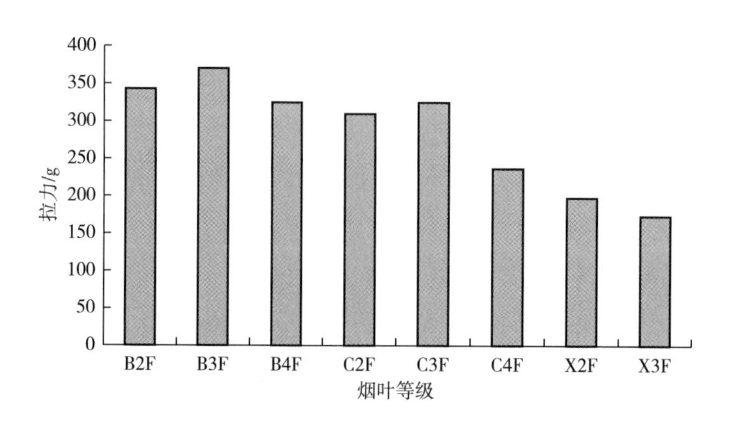

图 6-31　南阳产地不同等级烟叶样品拉力

（4）由图 6-32 可知，洛阳产地不同等级上部、中部烟叶样品的拉力差异不明显，但与下部烟叶样品拉力差异较为明显，整体呈现出上部烟叶略大，中部烟叶拉力次之，下部烟叶拉力较小的趋势。其中，B3F 烟叶样品的拉力最大，为 354.26g；B2F、C2F、C3F、C3L 烟叶样品的拉力在 300～350g；C4F

烟叶样品拉力为 278. 69g；X2F、X3F 烟叶样品的拉力在 150~200g，X3F 烟叶样品的拉力最小，为 156. 23g。

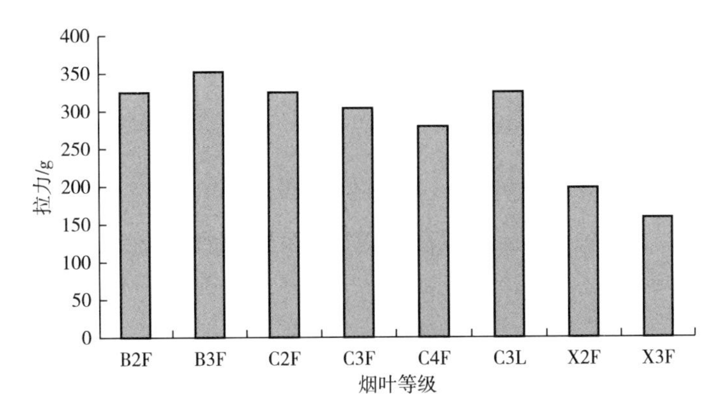

图 6-32　洛阳产地不同等级烟叶样品拉力

（5）由图 6-33 可知，驻马店产地不同等级上部、中部烟叶样品的拉力差异不明显，但与下部烟叶样品拉力差异较为明显，整体呈现出上部烟叶略大，中部烟叶拉力次之，下部烟叶拉力较小的趋势。其中，B2F 烟叶样品的拉力最大，为 358. 79g；B3F、B4F、C3F、C4F、C3L 烟叶样品的拉力在 300~350g；X2F 烟叶样品的拉力为 186. 52g；X3F 烟叶样品的拉力最小，为 135. 78g。

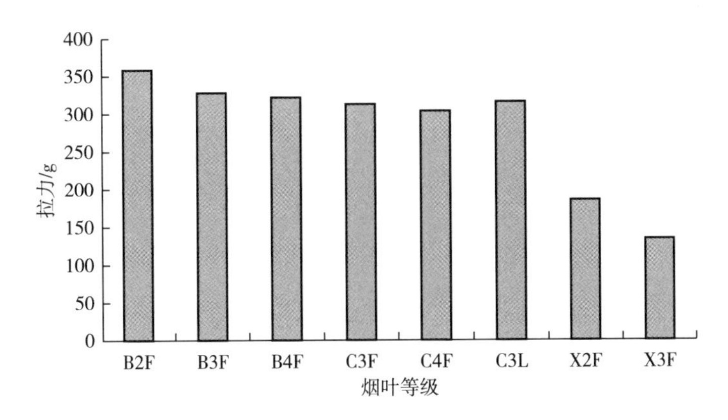

图 6-33　驻马店产地不同等级烟叶样品拉力

（6）由图 6-34 可知，漯河产地不同等级上部、中部烟叶样品的拉力差异不明显，但与下部烟叶样品拉力差异较为明显，整体呈现出上部烟叶略大，中部烟叶拉力次之，下部烟叶拉力较小的趋势。其中，B3F 烟叶样品的拉力最大，为 352.54g；B2F、C3F、C3L 等烟叶样品的拉力在 300～350g；X2F、X3F 烟叶样品的拉力在 150～200g；X4F 烟叶样品的拉力最小，为 135.24g。

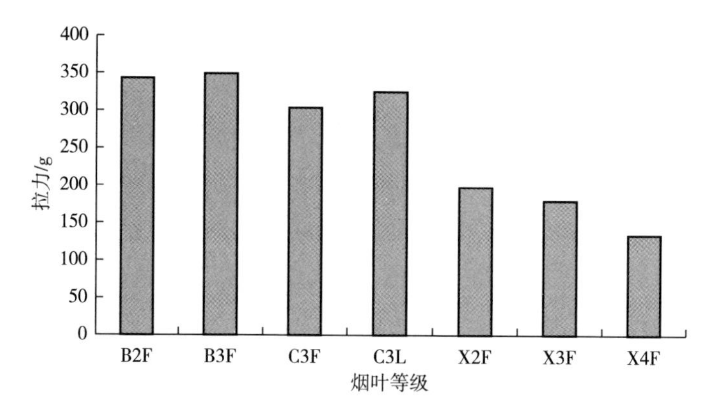

图 6-34　漯河产地不同等级烟叶样品拉力

（7）由图 6-35 可知，三门峡产地不同等级上部、中部烟叶样品的拉力差异不明显，但与下部烟叶样品拉力差异较为明显，整体呈现出上部烟叶略大，中部烟叶拉力次之，下部烟叶拉力较小的趋势。其中，B3F、B2F、B4F、C2F、C3F 烟叶样品的拉力在 300～350g；C4F、X1F 烟叶样品的拉力在 250～300g；X2F 烟叶样品的拉力最小，为 185.67g。

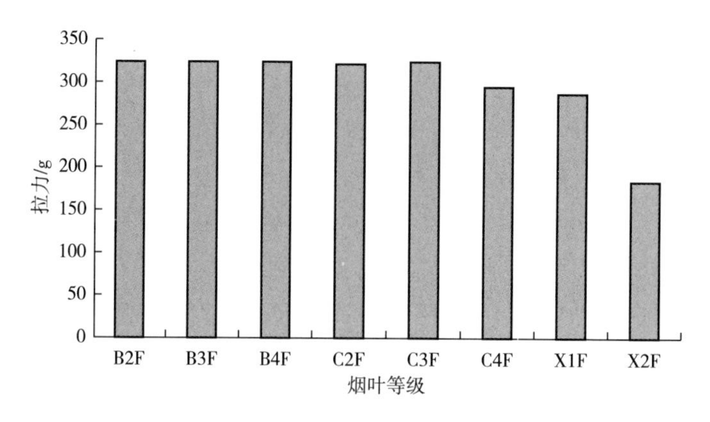

图 6-35　三门峡产地不同等级烟叶样品拉力

（8）由图 6-36 可知，平顶山产地不同等级上部、中部烟叶样品的拉力差异不明显，但与下部烟叶样品拉力差异较为明显，整体呈现出上部烟叶略大，中部烟叶拉力次之，下部烟叶拉力较小的趋势。其中，B2F 烟叶样品的拉力最大，为 367.58g；B3F、C3F、C3L 烟叶样品的拉力在 300～350g；X2F 烟叶样品的拉力为 212.34g；X3F 烟叶样品的拉力最小，为 156.67g。

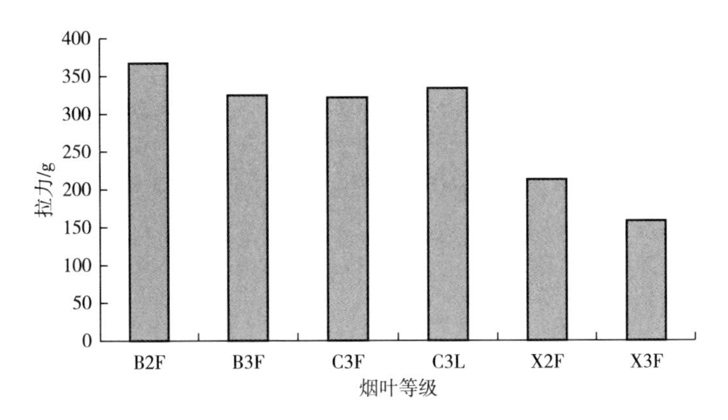

图 6-36　平顶山产地不同等级烟叶样品拉力

（9）由图 6-37 可知，信阳产地不同等级上部、中部烟叶样品的拉力差异不明显，但与下部烟叶样品拉力差异较为明显，整体呈现出上部烟叶略大，中部烟叶拉力次之，下部烟叶拉力较小的趋势。其中，B2F 烟叶样品的拉力最大，为 358.67g；B3F、B4F、C3F、C4F 等烟叶样品的拉力在 300～350g；X2F 烟叶样品的拉力最小，为 198.57g。

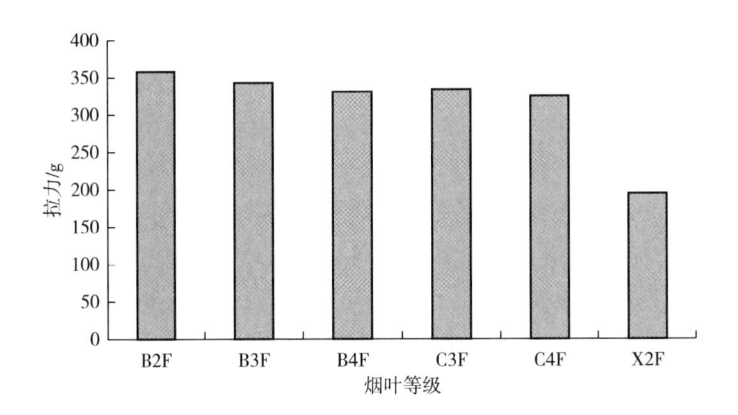

图 6-37　信阳产地不同等级烟叶样品拉力

（10）由图6-38可知，周口产地不同等级上部、中部烟叶样品的拉力差异不明显，但与下部烟叶样品拉力差异较为明显，整体呈现出上部烟叶略大，中部烟叶拉力次之，下部烟叶拉力较小的趋势。其中，B2F烟叶样品的拉力最大，为362.67g；C3L、C3F烟叶样品的拉力在300~350g；C4F烟叶样品的拉力为289.62g；X2F烟叶样品的拉力为198.56g；X3F烟叶样品的拉力最小，为135.67g。

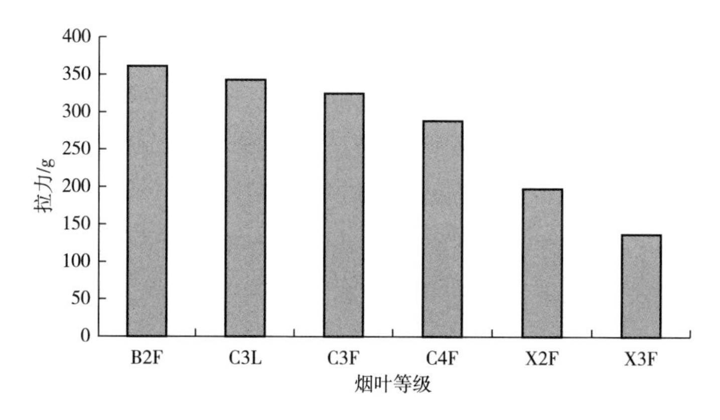

图6-38　周口产地不同等级烟叶样品拉力

（11）由图6-39可知，郑州产地不同等级上部、中部烟叶样品的拉力差异不明显，但与下部烟叶样品拉力差异较为明显，整体呈现出上部烟叶略大，中部烟叶拉力次之，下部烟叶拉力较小的趋势。其中，B2F、B3F、C3L、C3F烟叶样品的拉力在300~350g；X2F烟叶样品的拉力为178.68g；X4F烟叶样品的拉力最小，为121.47g。

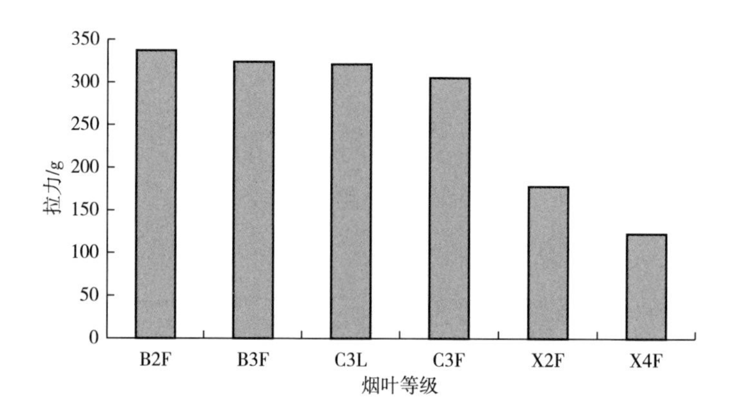

图6-39　郑州产地不同等级烟叶样品拉力

(二) 河南不同产地主要等级烟叶拉力对比

为明确河南不同产地烟叶拉力的差异，选择河南不同产地 B2F、C3F、X2F 分别代表上部烟叶、中部烟叶、下部烟叶，并对河南不同产地烟叶的拉力进行分析。

1. 上部烟叶

由图 6-40 可知，整体来看，河南不同产地 B2F 烟叶样品的拉力存在的差异较小。其中，平顶山、周口两产地 B2F 烟叶样品的拉力最大，在 360～370g；商丘、驻马店、信阳产地 B2F 烟叶样品的拉力次之，在 350～360g；许昌、南阳、漯河、郑州产地 B2F 烟叶样品的拉力在 330～350g；洛阳、三门峡两产地 B2F 烟叶样品的拉力较小，在 320～330g。

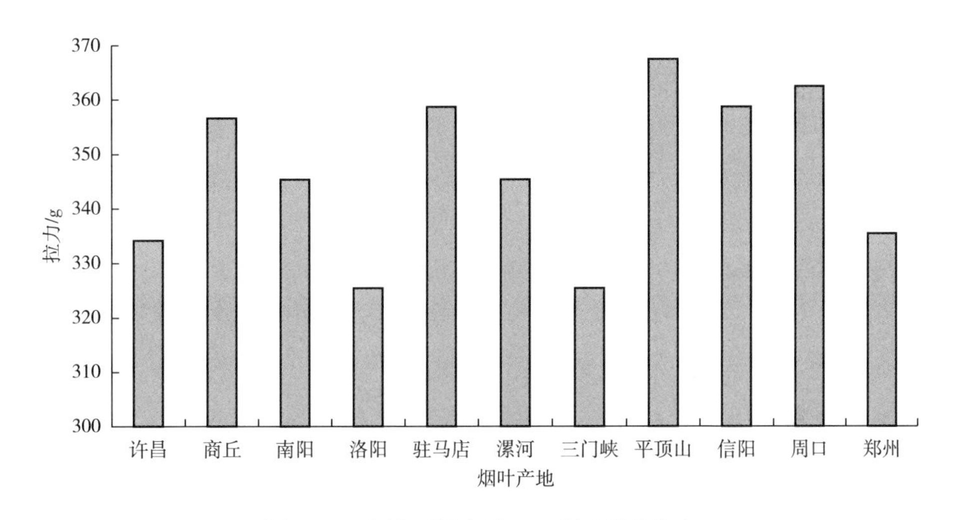

图 6-40　河南不同产地 B2F 烟叶样品拉力

2. 中部烟叶

由图 6-41 可知，河南不同产地 C3F 烟叶拉力差异较小。其中，信阳产地 C3F 烟叶样品的拉力最大，为 335. 64g；许昌、商丘、南阳、三门峡、平顶山、周口产地 C3F 烟叶样品的拉力在 320～330g；洛阳、漯河、郑州产地 C3F 烟叶样品的拉力在 300～310g。

3. 下部烟叶

由图 6-42 可知，河南不同产地 X2F 烟叶样品拉力差异较小。其中，许昌产地 X2F 烟叶样品的拉力最大，为 245. 52g；商丘、南阳、洛阳、漯河、平顶

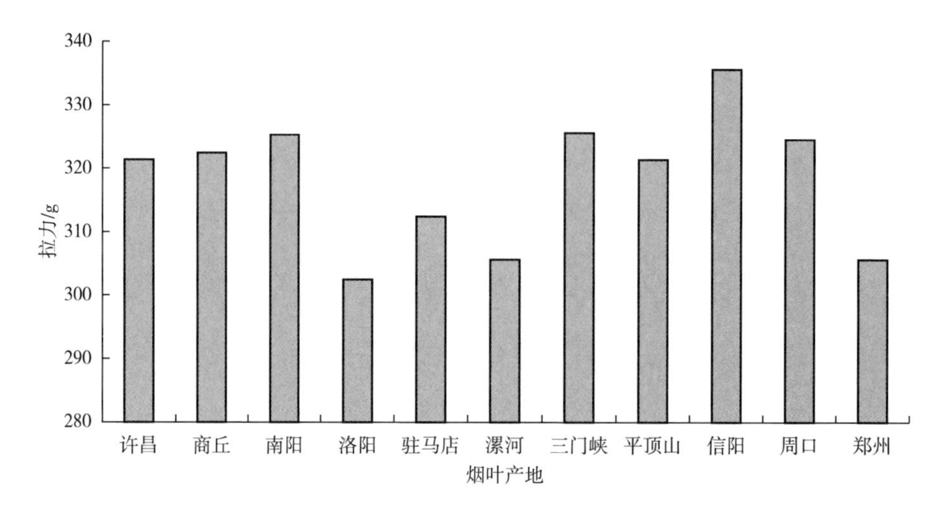

图 6-41　河南不同产地 C3F 烟叶样品拉力

山、信阳、周口产地 X2F 烟叶样品的拉力在 200g 左右；驻马店、三门峡、郑州产地 X2F 烟叶样品拉力较小，在 180g 左右。

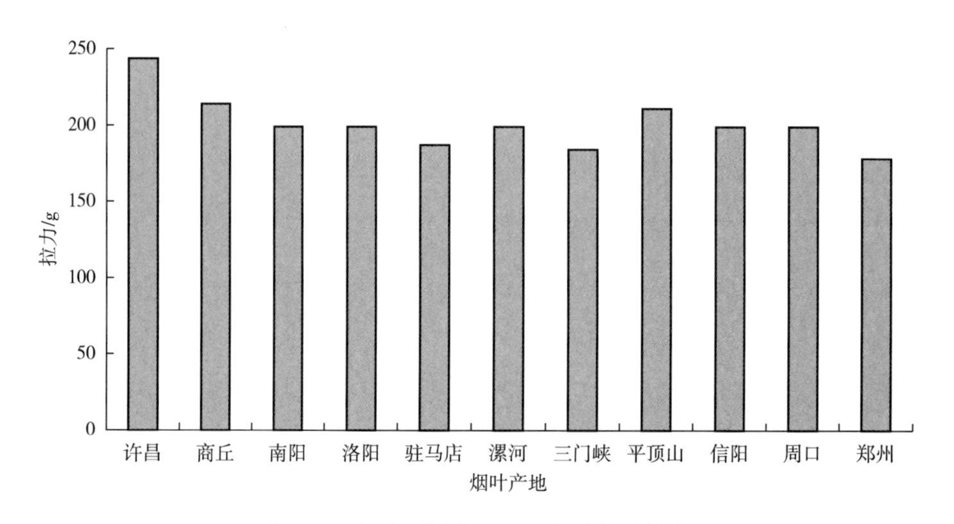

图 6-42　河南不同产地 X2F 烟叶样品拉力

（三）河南烟叶拉力特点

（1）河南相同产地、不同等级烟叶拉力存在差异，其中上部烟叶与中部烟叶的差异较小，但与下部烟叶的差异较大。整体来看，上部烟叶样品的拉力较大，中部烟叶次之，下部烟叶的拉力较小。

（2）河南不同产地、相同等级烟叶样品的拉力差异较小。

（3）河南产地与国内外其他产地烟叶相比，烟叶拉力较大。整体来看，河南、黑龙江、津巴布韦三个产地烟叶样品的拉力较大，云南、四川两个产地烟叶样品的拉力较小。

五、河南不同产地烟叶穿透力

（一）河南不同产地烟叶穿透力差异

（1）由图6-43可知，许昌产地不同等级烟叶样品的穿透力存在明显差异。其中，B3F穿透力最大，为231.25g；B4F穿透力其次为206.54g；B1F、B2F、C3L、C3F烟叶样品的穿透力在150~200g；X2F烟叶样品的穿透力最小，为112.36g。

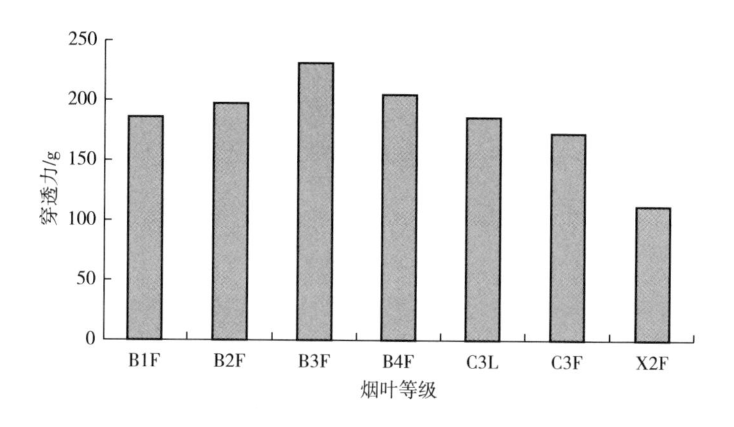

图6-43 许昌产地不同等级烟叶样品穿透力

（2）由图6-44可知，商丘产地不同等级烟叶样品的穿透力存在明显差异。其中，B2F穿透力最大，为247.91g；B3F、C3L烟叶样品的穿透力在200g左右；C2F、C3F、C4F烟叶样品的穿透力在150~200g；X2F、X2L、X3F烟叶样品的穿透力较小，在100~150g。

（3）由图6-45可知，南阳产地不同等级烟叶样品的穿透力存在明显差异。其中，B2F、B3F、B4F烟叶样品的穿透力较大，在150~200g；C2F、C3F、C4F、X2F烟叶样品的穿透力在100~150g；X3F烟叶样品的穿透力最小，为95.67g。

（4）由图6-46可知，洛阳产地不同等级烟叶样品的穿透力存在明显差异。其中，B3F烟叶样品的穿透力最大，为231.57g；B2F、C2F、C3F、C4F、C3L烟叶样品的穿透力在150~200g；X2F烟叶样品的穿透力为123.57g；X3F烟叶样品的穿透力最小，为95.37g。

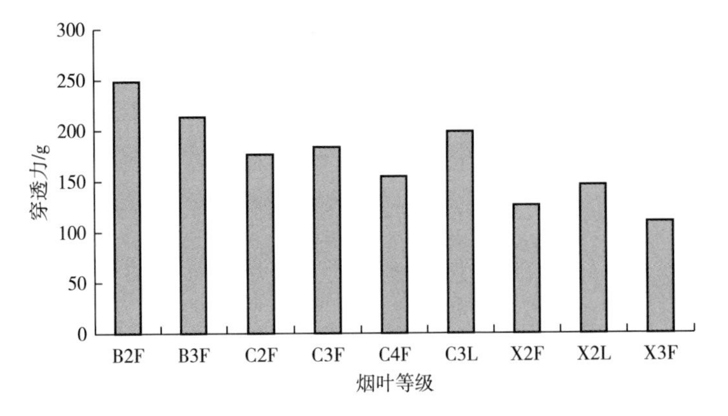

图 6-44 商丘产地不同等级烟叶样品穿透力

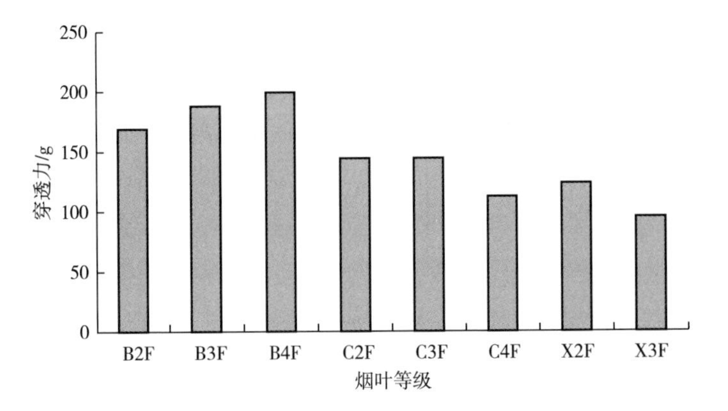

图 6-45 南阳产地不同等级烟叶样品穿透力

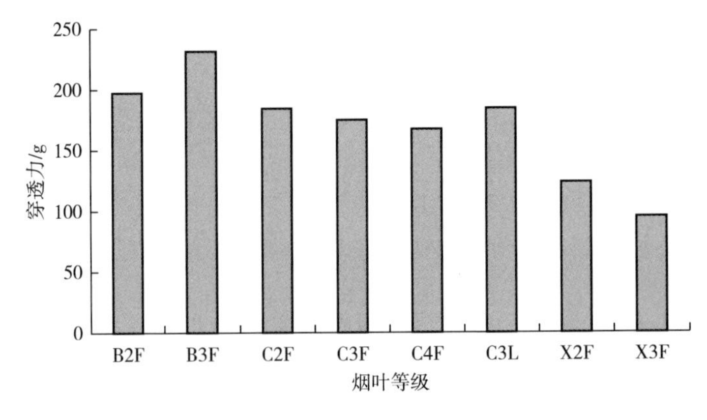

图 6-46 洛阳产地不同等级烟叶样品穿透力

（5）由图6-47可知，驻马店产地不同等级烟叶样品的穿透力存在明显差异。其中，B4F烟叶样品的穿透力最大，为235.58g；B2F、C3F、C4F、C3L烟叶样品的穿透力在150~200g；X2F烟叶样品的穿透力为125.78g；X3F烟叶样品的穿透力最小，为106.37g。

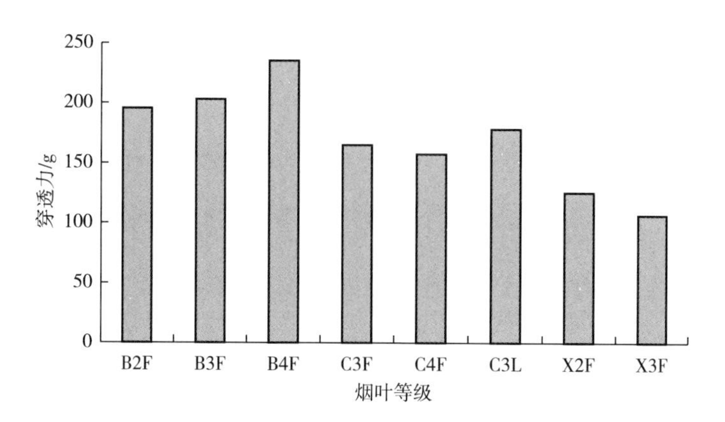

图6-47　驻马店产地不同等级烟叶样品穿透力

（6）由图6-48可知，漯河产地不同等级烟叶样品的穿透力存在明显差异。其中，B3F烟叶样品的穿透力最大，为256.78g；B2F、C3F、C3L烟叶样品的穿透力在200~250g；X2F烟叶样品的穿透力为115.67g；X3F烟叶样品的穿透力为85.67g；X4F烟叶样品的穿透力最小，为78.35g。

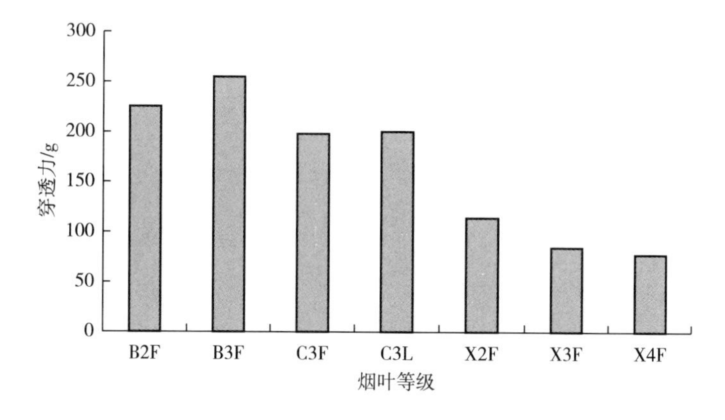

图6-48　漯河产地不同等级烟叶样品穿透力

（7）由图6-49可知，三门峡产地不同等级烟叶样品的穿透力存在明显差异。其中，B4F 烟叶样品的穿透力最大，为 265. 89g；B2F、B3F、C4F 烟叶样品的穿透力在 200~250g；C2F、C3F、X1F 烟叶样品的穿透力在 150~200g；X2F 烟叶样品的穿透力最小，为 112. 58g。

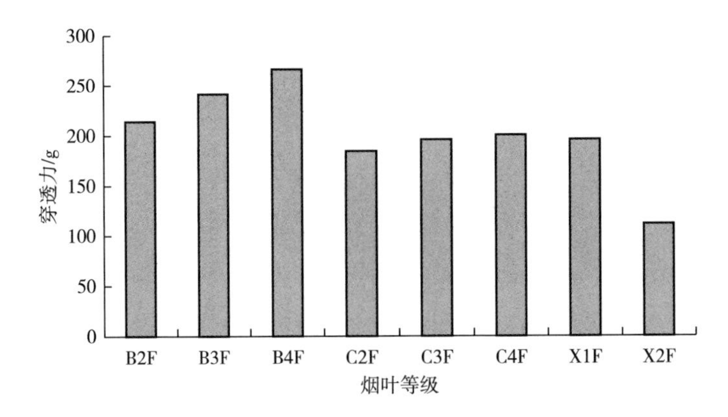

图 6-49　三门峡产地不同等级烟叶样品穿透力

（8）由图 6-50 可知，平顶山产地不同等级烟叶样品的穿透力存在明显差异。其中，B3F 烟叶样品的穿透力最大，为 235. 67g；B2F、C3F、C3L 烟叶样品的穿透力在 200g 左右；X2F 烟叶样品的穿透力为 103. 54g；X3F 烟叶样品的穿透力最小，为 92. 57g。

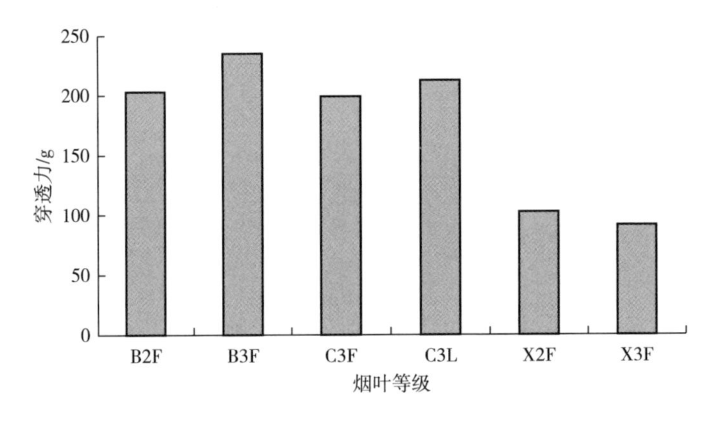

图 6-50　平顶山产地不同等级烟叶样品穿透力

（9）由图 6-51 可知，信阳产地不同等级烟叶样品的穿透力存在明显差异。其中，B2F、B3F、B4F 烟叶样品的穿透力较大，在 250g 左右；C3F 烟叶样品的

穿透力略大于200g；C4F烟叶样品的穿透力在150~200g；X2F烟叶样品的穿透力最小，为115.64g。

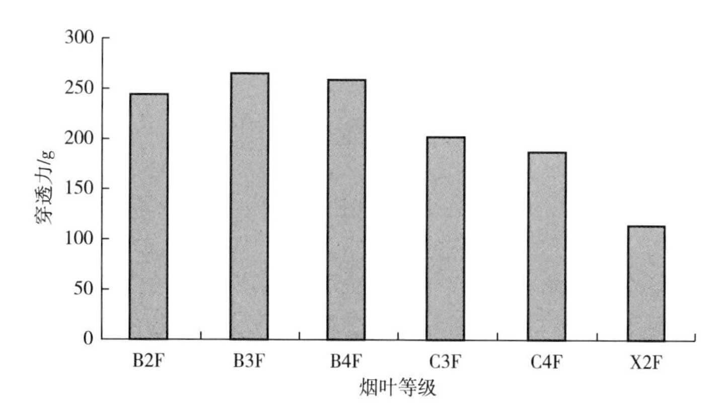

图6-51　信阳产地不同等级烟叶样品穿透力

（10）由图6-52可知，周口产地不同等级烟叶样品的穿透力存在明显差异。其中，B2F烟叶样品的穿透力最大，为231.47g；C3L烟叶样品穿透力略大于200g；C3F、C4F烟叶样品的穿透力在150~200g；X2F烟叶样品的穿透力为115.67g；X3F烟叶样品的穿透力最小，为105.31g。

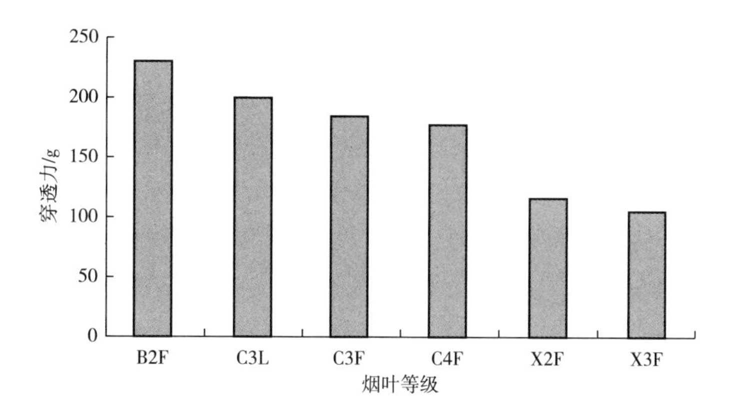

图6-52　周口产地不同等级烟叶样品穿透力

（11）由图6-53可知，郑州产地不同等级烟叶样品的穿透力存在明显差异。其中，B2F、B3F烟叶样品的穿透力在200~250g；C3F、C3L烟叶样品的穿透力在150~200g；X2F烟叶样品的穿透力为126.37g；X4F烟叶样品的穿透力最小，为85.23g。

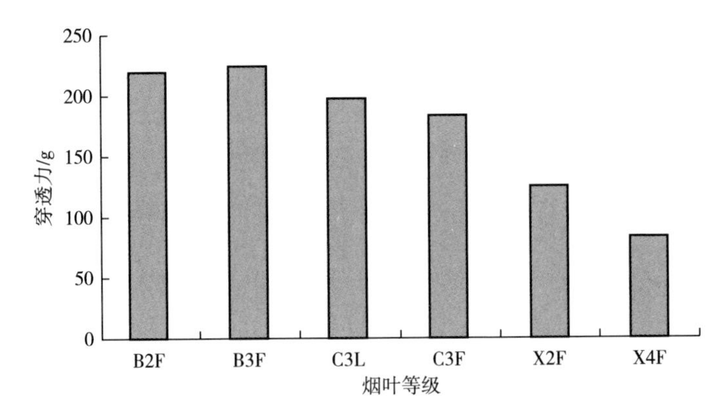

图 6-53　郑州产地不同等级烟叶样品穿透力

（二）河南不同产地主要等级烟叶穿透力对比

1. 上部烟叶

由图 6-54 可知，河南不同产地 B2F 烟叶样品穿透力差异较小。其中商丘、漯河、三门峡、平顶山、信阳、周口、郑州产地 B2F 烟叶样品的穿透力在 200~250g；许昌、南阳、洛阳、驻马店产地 B2F 烟叶样品的穿透力在 150~200g。

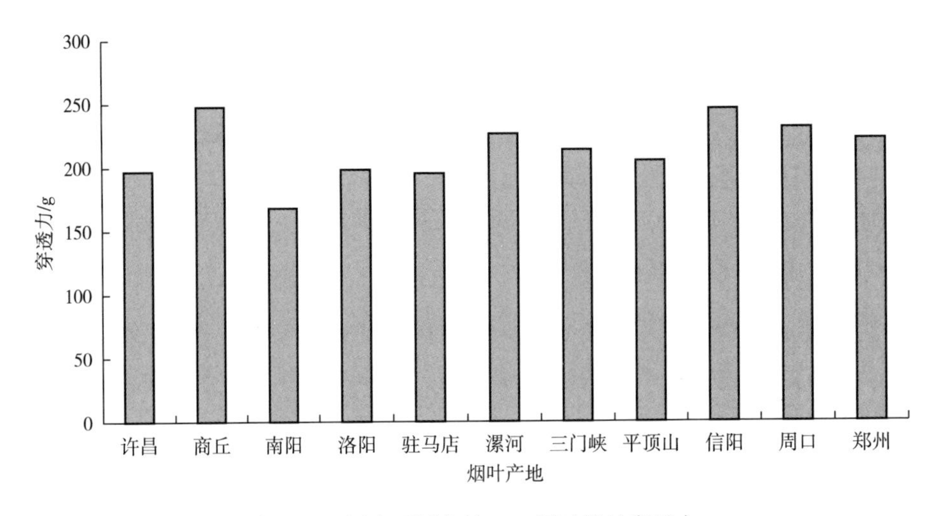

图 6-54　河南不同产地 B2F 烟叶样品穿透力

2. 中部烟叶

由图 6-55 可知，河南不同产地 C3F 烟叶样品穿透力差异较小。其中许昌、商丘、洛阳、驻马店、漯河、三门峡、平顶山、信阳、周口、郑州产地

C3F 烟叶样品的穿透力在 150~200g；南阳产地 C3F 烟叶样品的穿透力略小于 150g。

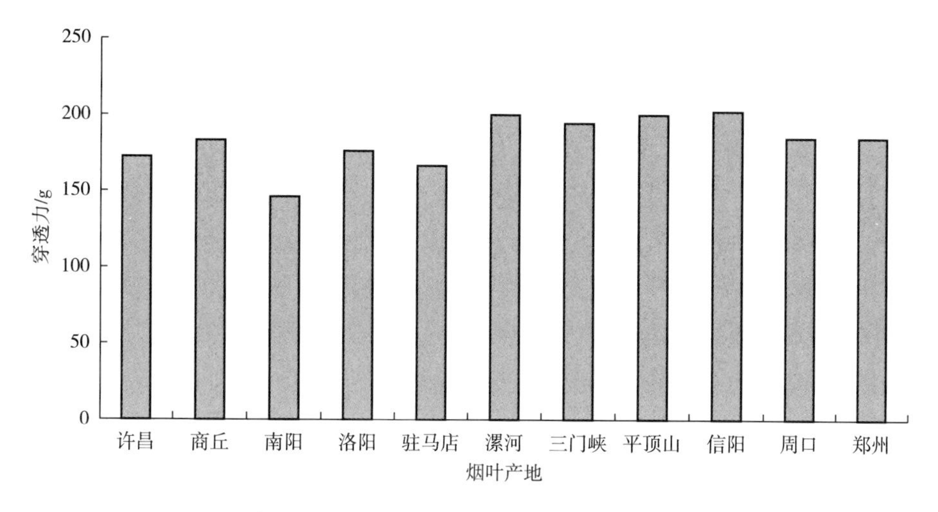

图 6-55　河南不同产地 C3F 烟叶样品穿透力

3. 下部烟叶

由图 6-56 可知，河南不同产地 X2F 烟叶样品穿透力差异较小。其中商丘、南阳、洛阳、驻马店、郑州产地 X2F 烟叶样品的穿透力略大于 120g；许昌、漯河、三门峡、平顶山、信阳、周口产地 X2F 烟叶样品的穿透力在 100~120g。

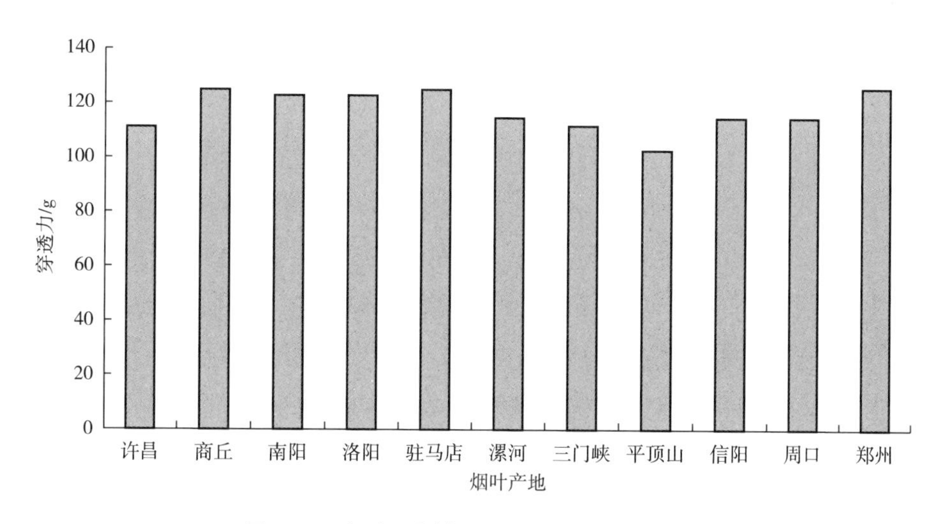

图 6-56　河南不同产地 X2F 烟叶样品穿透力

(三) 河南烟叶穿透力特点

(1) 河南相同产地、不同等级烟叶的穿透力差异较为明显。整体来看，上部烟叶的穿透力较大，中部烟叶次之，下部烟叶的穿透力较小。

(2) 河南不同产地、相同等级烟叶的穿透力无明显差异。

(3) 河南产地与国内外其他产区烟叶的穿透力相比明显偏大。在五个产区中，津巴布韦烟叶穿透力较小。

第二节 打叶技术参数对河南烟叶打叶质量的影响趋势

为明确打叶环节打叶水分、打辊转速、物料流量等打叶技术参数对不同等级烟叶打叶质量的影响规律，项目组结合现行打叶技术参数分别设定了高、中、低三个梯度，研究了不同打叶技术参数对不同等级烟叶打叶质量的影响趋势。

一、打叶水分对打叶质量的影响趋势

为明确打叶水分对不同等级烟叶打叶质量的影响规律，分别设定了17.5%、18.5%、19.5%3个二润烟叶原料水分梯度，分析了不同打叶水分条件下不同打叶段出片率、烟片结构、叶中含梗率以及10s出烟末量的变化趋势。

(一) 打叶水分对不同打叶段出片率的影响

由图6-57可知，打叶水分对不同等级烟叶在不同打叶段的出片率影响趋势存在差异。

(1) X2F烟叶样品在不同打叶水分条件下，不同打叶段的出片率差异较小。其中在一打出口的出片率在85%左右，在二打的出片率在10%左右，在三、四打的出片率在5%左右。

(2) C3F烟叶样品在不同打叶水分条件下，不同打叶段的出片率存在差异。其中在一打的出片率在65%~75%，并呈现出随水分增大出片率逐渐增加的趋势；在二打的出片率差异较小，在20%左右；在三、四打的出片率呈现出随水分增大逐渐下降的趋势。

(3) B3F烟叶样品在不同打叶水分条件下，不同打叶段的出片率存在差异。其中，在一打的出片率在40%~50%，随水分增大呈现出先下降后升高的趋势；在二打的出片率在40%~50%，随水分增大呈现出先升高后下降的趋势；在三、四的出片率在5%~10%，随水分增大呈现出先下降后升高

的趋势。

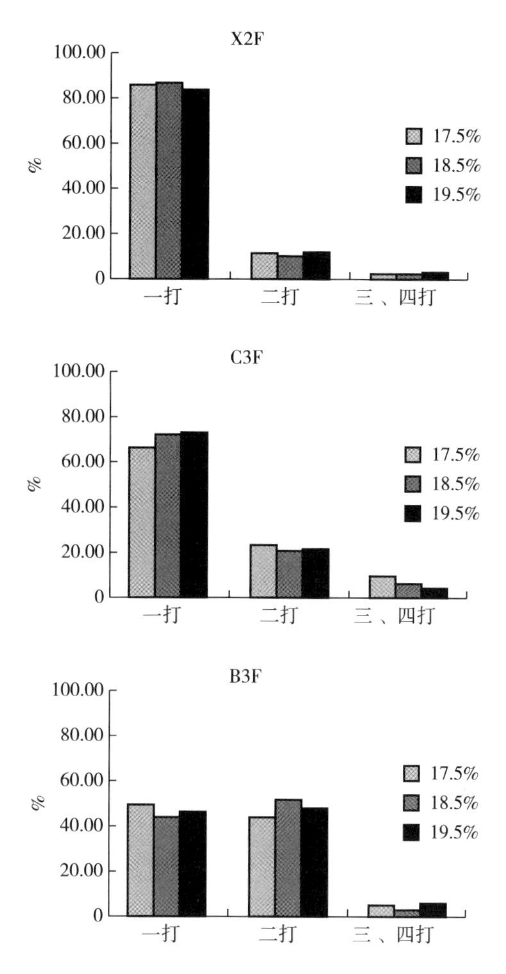

图 6-57　不同打叶水分条件下不同等级烟叶在不同打叶段的出片率

（二）打叶水分对烟片结构的影响

由图 6-58 可知，不同等级烟叶在不同打叶水分条件下的成品片烟烟片结构变化趋势基本一致。大片随打叶水分的增加整体呈现逐渐增多的趋势，中片、小片及碎片随打叶水分的增加整体呈现出逐渐降低的趋势。

从打叶水分对不同等级烟叶成品片烟烟片结构的影响程度来看，随打叶水分增加，下部烟叶成品烟片结构的变化较小，中部烟叶次之，上部烟叶变化最大。

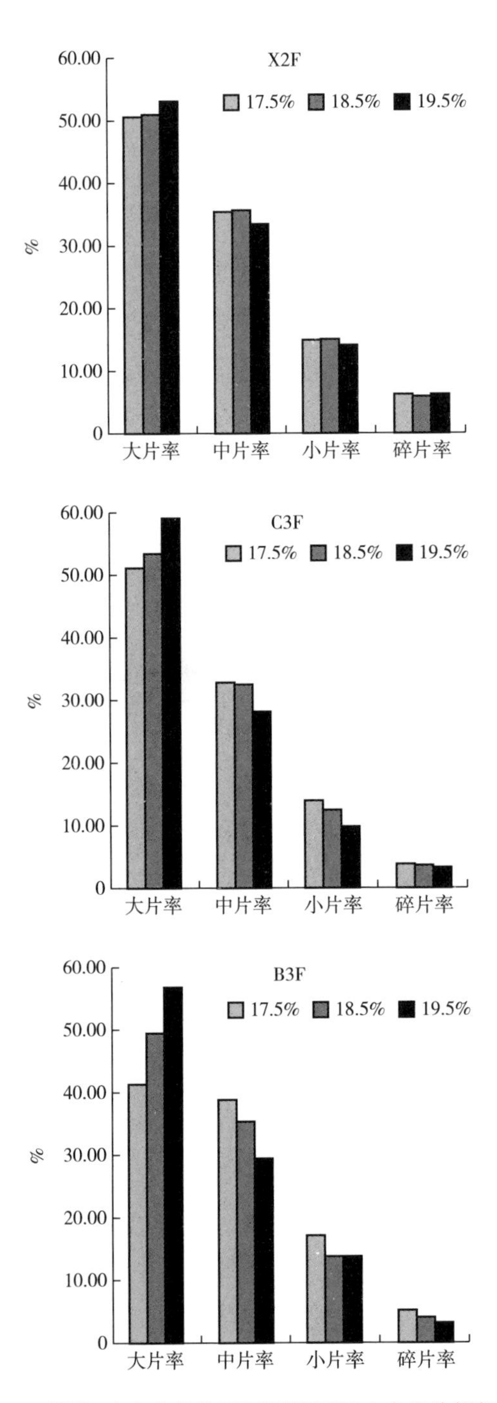

图 6-58 不同打叶水分条件下不同等级烟叶成品片烟烟片结构

（三）打叶水分对不同打叶段不同尺寸烟片的影响

1. 尺寸大于25.4mm的烟片

由图6-59可知，在不同打叶水分条件下，不同等级烟叶尺寸大于25.4mm烟片在不同打叶口的占比变化存在差异。

（1）X2F烟叶样品的尺寸大于25.4mm烟片在一打出口烟片的占比随打叶水分的增加呈现先增大后减小的趋势；在二打出口烟片的占比随打叶水分增加呈现先减小后增大的趋势；在三、四打出口烟片的占随打叶水分增加呈现先减小后增大的趋势。

（2）C3F烟叶样品的尺寸大于25.4mm烟片在一打出口烟片的占比随打叶水分的增加呈现逐渐增大的趋势；在二打出口烟片的占比随打叶水分的增加呈现先减小后增大的趋势，在三、四打出口烟片的占比随打叶水分的增加呈现先减小后增大的趋势。

（3）B3F烟叶样品的尺寸大于25.4mm烟片在一打出口烟片的占比随打叶水分的增加呈现先减小后增大的趋势；在二打出口烟片的占比随打叶水分的增加呈现逐渐增大的趋势；在三、四打出口烟片的占比随打叶水分的增加呈现先减小后增大的趋势。

2. 尺寸为12.7~25.4mm的烟片

由图6-60可知，在不同打叶水分条件下，不同等级烟叶尺寸12.7~25.4mm烟片在不同打叶口的占比变化存在差异。

（1）X2F烟叶样品的尺寸12.7~25.4mm烟片在一打出口烟片的占比随打叶水分的增加基本没有变化；在二打出口烟片的占比随打叶水分增加呈现先增大后减小的趋势；在三、四打出口烟片的占比随打叶水分的增加呈现先减小后增大的趋势。

（2）C3F烟叶样品的尺寸12.7~25.4mm烟片在一打出口烟片的占比随打叶水分的增加呈现逐渐减小的趋势；在二打出口烟片的占比随打叶水分的增加呈现先增大后减小的趋势；在三、四打出口烟片的占比随打叶水分的增加变化较小。

（3）B3F烟叶样品的尺寸12.7~25.4mm烟片在一打出口烟片的占比随打叶水分的增加呈现先增大后减小的趋势；在二打出口烟片的占比随打叶水分的增加呈现逐渐减小的趋势；在三、四打出口烟片的占比随打叶水分的增加呈现先增大后减小的趋势。

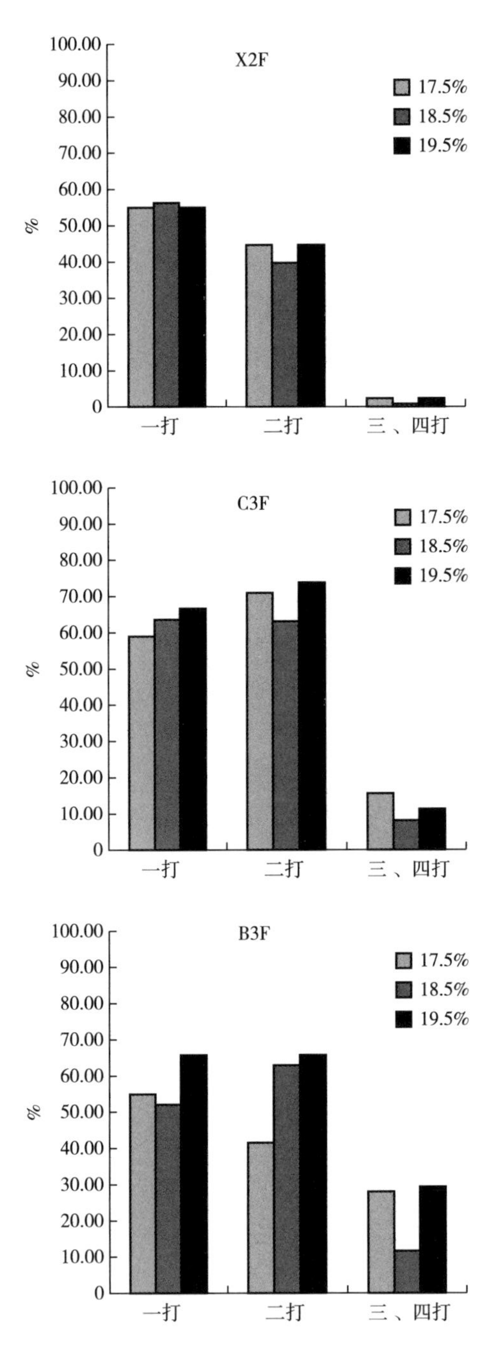

图 6-59　不同打叶水分条件下尺寸大于 25.4mm 烟片在不同打叶段的变化情况

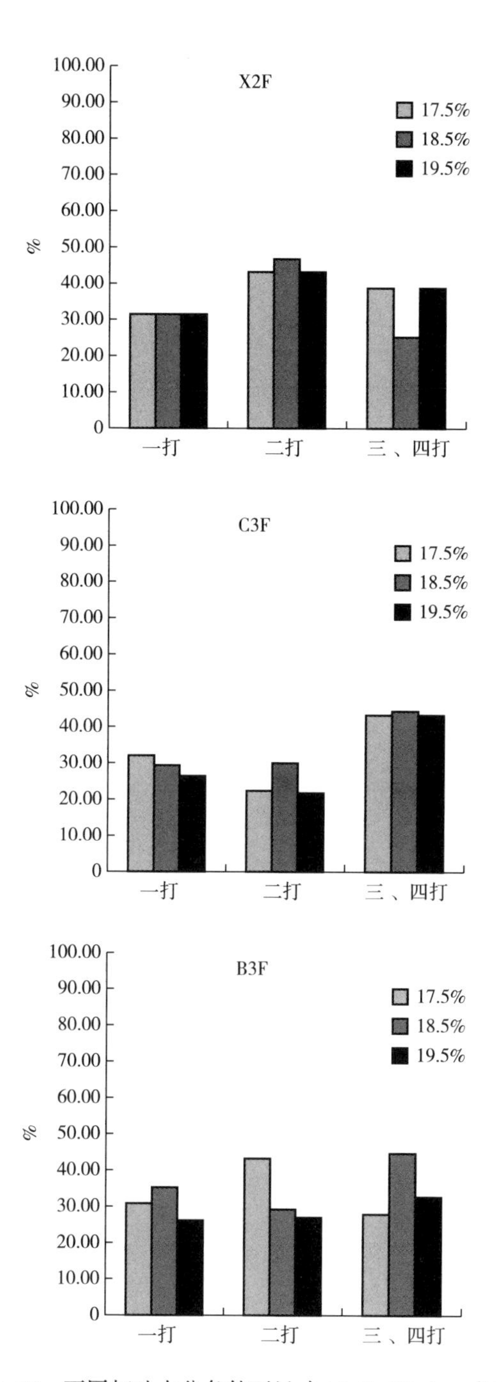

图 6-60 不同打叶水分条件下尺寸 12.7~25.4mm 烟片在不同打叶段的变化情况

3. 尺寸为6.35~12.7mm的烟片

由图6-61可知，在不同打叶水分条件下，不同等级烟叶尺寸6.35~12.7mm烟片在不同打叶口的占比变化存在差异。

（1）X2F烟叶样品的尺寸6.35~12.7mm烟片在一打和二打出口烟片的占比随打叶水分的增加基本没有变化；在三、四打出口烟片的占比随打叶水分的增加呈现先增大后减小的趋势。

（2）C3F烟叶样品的尺寸6.35~12.7mm烟片在一打和二打出口烟片的占比随打叶水分的增加均呈现逐渐减小的趋势；在三、四打出口烟片的占比随打叶水分的增加呈现先增大后减小的趋势。

（3）B3F烟叶样品的尺寸6.35~12.7mm烟片在一打、二打和三、四打出口烟片的占比随打叶水分的增加均呈现逐渐减小的趋势。

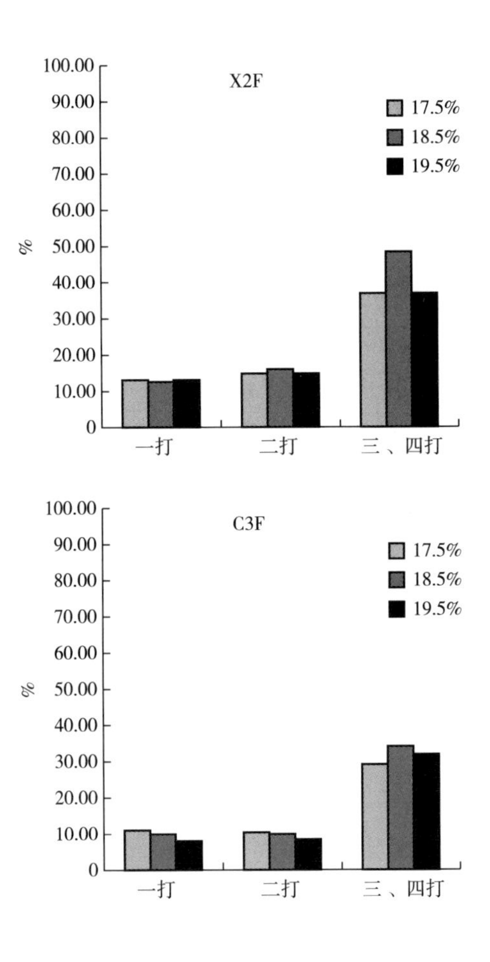

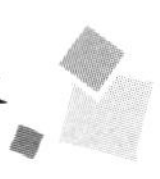

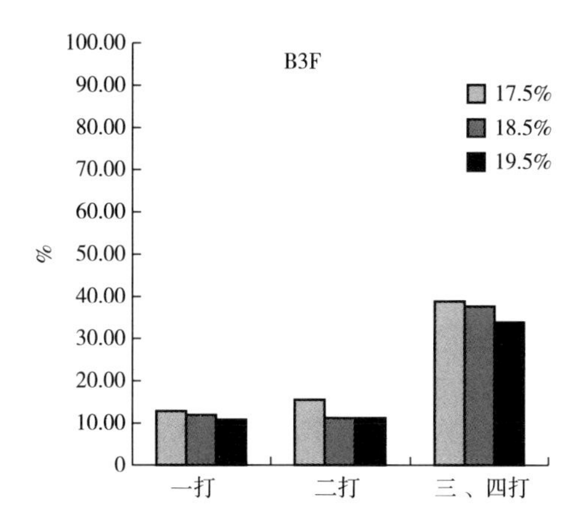

图 6-61　不同打叶水分条件下尺寸 6. 35~12. 7mm 烟片在不同打叶段的变化情况

4. 尺寸为 2. 34~6. 35mm 的烟片

由图 6-62 可知，在不同打叶水分条件下，不同等级烟叶尺寸 2. 34~6. 35mm 烟片在不同打叶口的占比变化存在差异。

（1）X2F 烟叶样品的尺寸 2. 34~6. 35mm 烟片在一打出口烟片的占比随打叶水分的增加呈现先减小后增加的趋势；在二打出口烟片的占比随打叶水分增加基本没有变化；在三、四打出口烟片的占比随打叶水分的增加呈现先增大后减小的趋势。

（2）C3F 烟叶样品的尺寸 2. 34~6. 35mm 烟片在一打和二打出口烟片的占比随打叶水分的增加呈现逐渐减小的趋势；在三、四打出口烟片的占比随打叶水分的增加呈现先增大后减小的趋势。

（3）B3F 烟叶样品的尺寸 2. 34~6. 35mm 烟片在一打、二打和三、四打出口烟片的占比随打叶水分的增加均呈现减小的趋势。

5. 尺寸小于 2. 34mm 的烟片

由图 6-63 可知，在不同打叶水分条件下，不同等级烟叶尺寸小于 2. 34mm 烟片在不同打叶口的占比变化存在差异。

（1）X2F 烟叶样品的尺寸小于 2. 34mm 烟片在一打出口烟片的占比随打叶水分的增加呈现逐渐增大的趋势；在二打出口烟片的占比随打叶水分增加呈现先增大后减小的趋势；在三、四打出口烟片的占比随打叶水分的增加呈现逐渐减小的趋势。

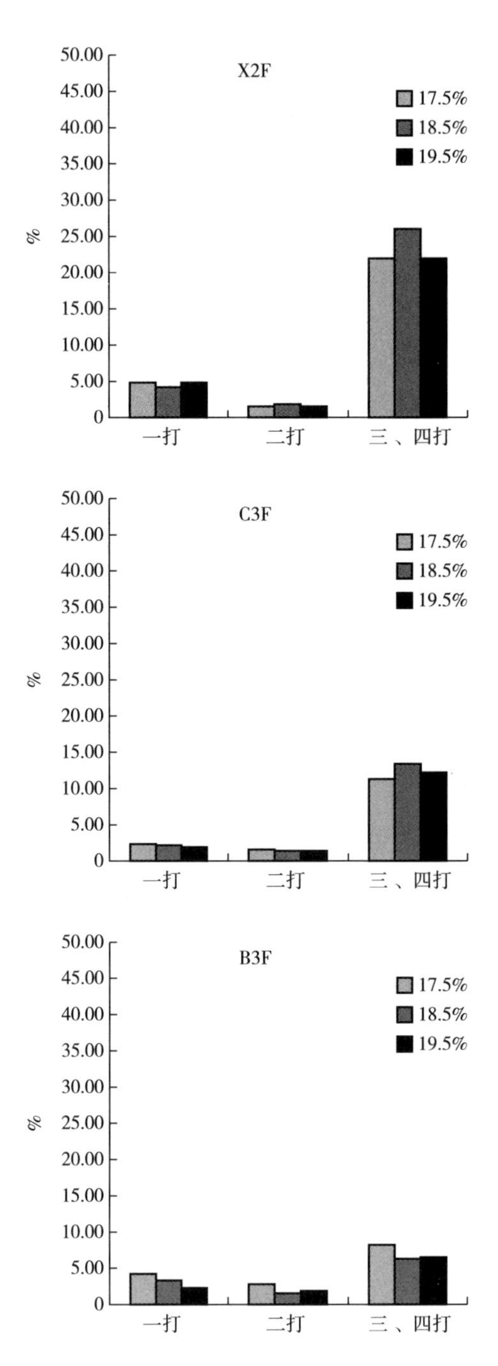

图 6-62　不同打叶水分条件下尺寸 2.34~6.35mm 烟片在不同打叶段的变化情况

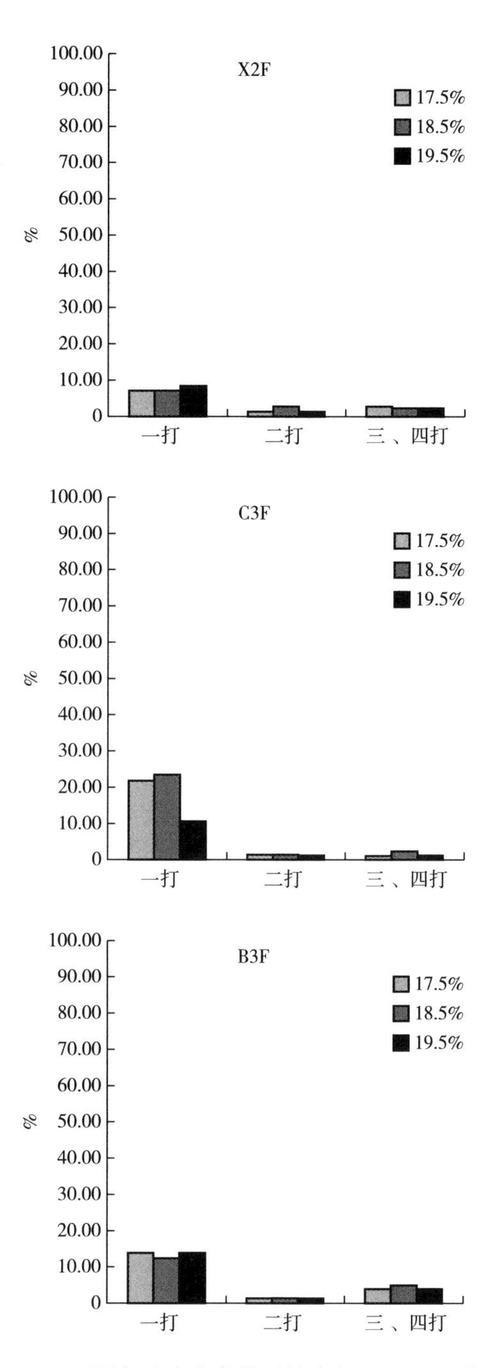

图 6-63　不同打叶水分条件下尺寸小于 2. 34mm 烟片
在不同打叶段的变化情况

（2）C3F 烟叶样品的尺寸小于 2.34mm 烟片在一打出口烟片的占比随打叶水分的增加呈现先增大后减小的趋势；在二打出口烟片的占比随打叶水分的增加呈现逐渐减小的趋势；在三、四打出口烟片的占比随打叶水分的增加呈现先增大后减小的趋势。

（3）B3F 烟叶样品的尺寸小于 2.34mm 烟片在一打出口烟片的占比随打叶水分的增加呈现先减小后增加的趋势；在二打出口烟片的占比随打叶水分的增加基本没有变化；在三、四打出口烟片的占比随打叶水分的增加呈现先增大后减小的趋势。

（四）打叶水分对叶中含梗率的影响

由图 6-64 可知，不同等级烟叶在不同打叶水分条件下，成品片烟叶中含梗率随打叶水分的增加整体呈现出先增大后减小的趋势。其中，在 19.5%的打叶水分条件下叶中含梗率最低，在 17.5%的打叶水分条件下叶中含梗率次之，在 18.5%的打叶水分条件下叶中含梗率最高。

在相同打叶水分条件下，中部烟叶的叶中含梗率最低，上部烟叶的叶中含梗率次之，下部烟叶的叶中含梗率最高。

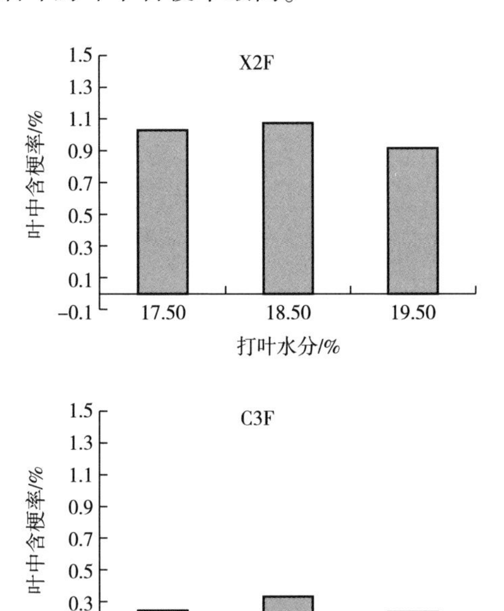

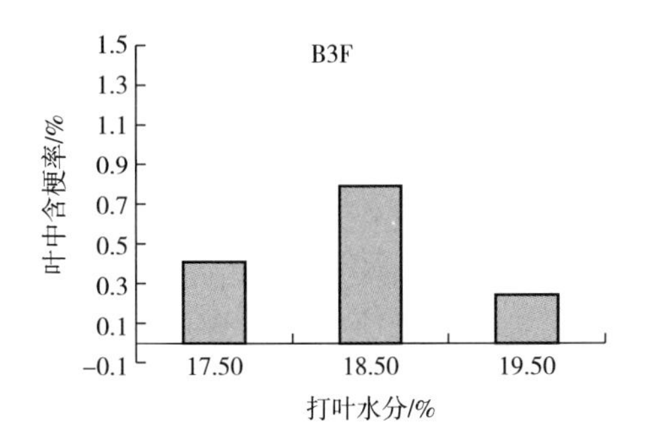

图 6-64　不同打叶水分条件下不同等级烟叶成品片烟叶中含梗率

（五）打叶水分对 10s 出烟末量的影响

由图 6-65 可知，不同打叶水分条件下，不同等级烟叶的 10s 出烟末量存在差异。X2F 烟叶样品 10s 出烟末量随打叶水分的增加整体呈现先增加后减小的趋势；C3F 烟叶样品的 10s 出烟末量随打叶水分的增加整体呈现出逐渐下降的趋势；B3F 烟叶样品的 10s 出烟末量随打叶水分的增加呈现出先降低后增加的趋势。

在相同的打叶水分条件下，中部和下部烟叶的 10s 出烟末量较大，上部烟叶的 10s 出烟末量较小。

（六）打叶水分对打叶质量

（1）打叶水分对不同打叶段的出片率影响较小。从不同等级烟叶在不同打叶段的出片率来看，下部烟叶在一打出口的出片率最高，中部烟叶次之，上部烟叶最小。

（2）打叶水分对不同等级烟叶的成品烟片结构的影响较大，整体呈现出随打叶水分的增加大片率逐渐增大，而中小碎片率逐渐减小的趋势。

（3）随打叶水分的增加，尺寸大于 25.4mm 的烟片在一打和二打整体呈现出逐渐增大的趋势；尺寸 12.7~25.4mm 的烟片在不同打叶段整体呈现出先增大后减小的趋势；尺寸小于 6.35mm 的烟片在一打和二打整体呈现出逐渐降低的趋势。

（4）随打叶水分的增加，不同等级烟叶的成品片烟叶中含梗率整体呈现出先增大后减小的趋势，其中在 19.5%的打叶水分条件下成品片烟叶中含梗率最小。

（5）随打叶水分的增加，不同等级烟叶的 10s 出烟末量整体呈现出逐渐降低的趋势。

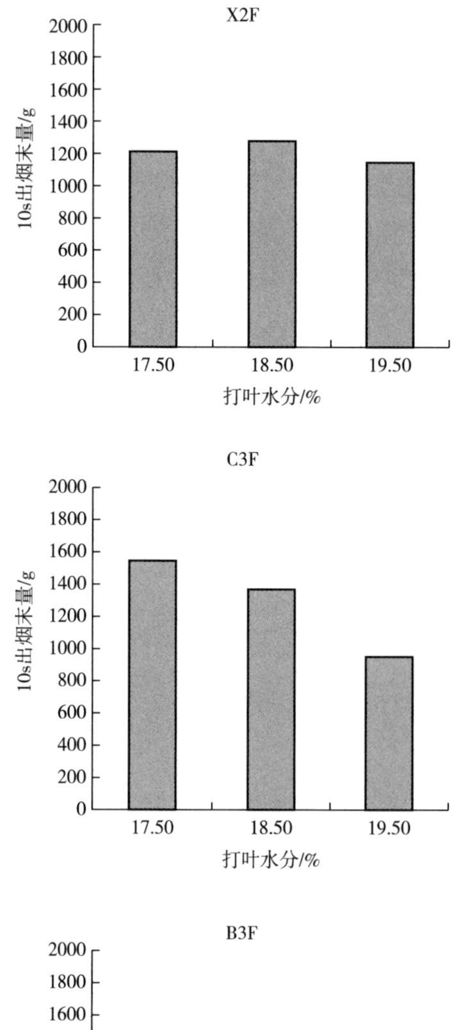

图 6-65　不同打叶水分条件下不同等级烟叶 10s 出烟末量

二、打辊转速对打叶质量的影响趋势

为明确打辊转速对不同等级烟叶打叶质量的影响规律，分别设定了350r/min、450r/min、550r/min三个打辊转速梯度，分析了不同打辊转速条件下不同打叶段出片率、烟片结构、叶中含梗率以及10s出烟末量的变化趋势。

（一）打辊转速对不同打叶段出片率的影响

由图6-66可知，打辊转速对不同等级烟叶在不同打叶段的出片率的影响存在明显差异。

（1）X2F烟叶样品在一打的出片率随打辊转速的增大呈现逐渐增加的趋势；在二打的出片率随打辊转速的增大呈现逐渐降低的趋势；在三、四打的出片率随打辊转速的增大呈现先降低后略有增大的趋势。

（2）C3F烟叶样品在一打的出片率随打辊转速的增大呈现逐渐降低的趋势；在二打的出片率随打辊转速的增大呈现逐渐增大的趋势；在三、四打的出片率随打辊转速的增大呈现逐渐降低的趋势。

（3）B3F烟叶样品在不同打叶段的出片率随打辊转速的增大变化较小。其中，在一打的出片率随打辊转速的增大呈现先增大后减小的趋势；在二打的出片率随打辊转速的增大呈现先减小后增大的趋势；在三、四打的出片率随打辊转速的增大呈现先增大后减小的趋势。

（二）打辊转速对烟片结构的影响趋势

由图6-67可知，不同打辊转速条件下，X2F和C3F两个烟叶样品成品片烟的烟片结构变化趋势基本一致，但与B3F烟叶样品成品片烟烟片结构的变化趋势存在明显差异。

（1）X2F烟叶样品的成品片烟大片率随打辊转速的增大呈现逐渐降低的趋势；中片率随打辊转速的增大呈现先增大后降低的趋势；小片率和碎片率随打辊转速的增大呈现先降低后增大的趋势。

（2）C3F烟叶样品的成品片烟大片率随打辊转速的增大呈现逐渐降低的趋势；中片率随打辊转速的增大呈现逐渐增大的趋势；小片率和碎片率随打辊转速的增大呈现逐渐增大的趋势。

（3）B3F烟叶样品的大片率在350r/min的打辊转速条件下较小，在450r/min和550r/min打辊转速条件下较大且两者基本一致；中片率随打辊转速的增大呈现先降低后增大的趋势；小片率随打辊转速的增大呈现先增大后降低的趋势；碎片率随打辊转速的增大呈现逐渐降低的趋势。

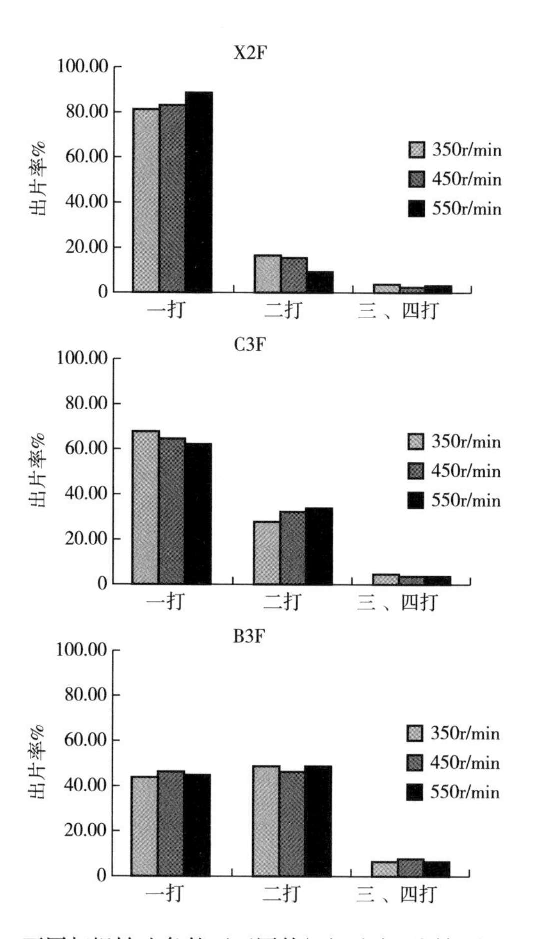

图 6-66　不同打辊转速条件下不同等级烟叶在不同打叶段的出片率

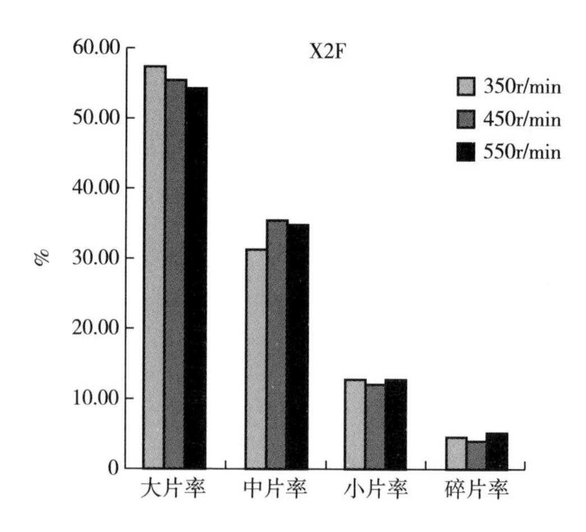

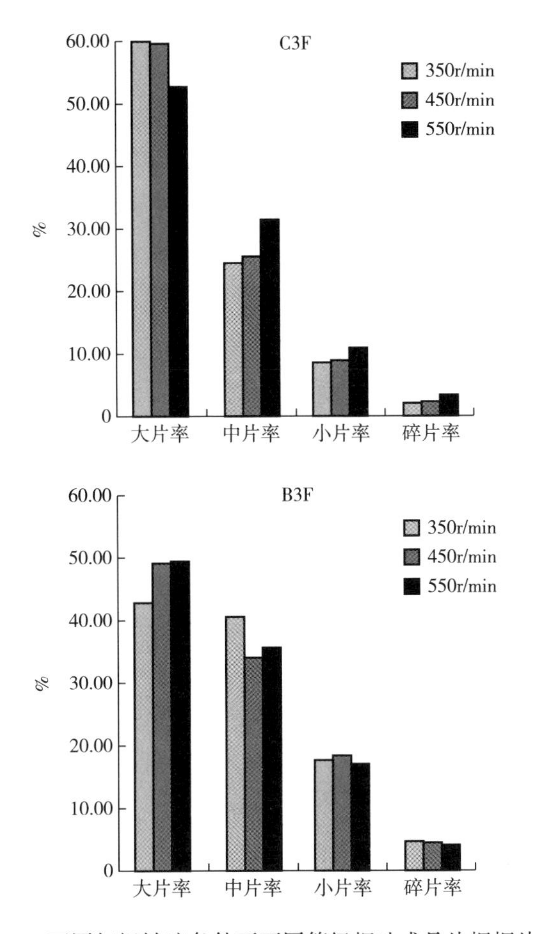

图 6-67　不同打辊转速条件下不同等级烟叶成品片烟烟片结构

(三) 打辊转速对不同打叶段不同尺寸烟片的影响

1. 尺寸大于 25.4mm 的烟片

由图 6-68 可知，不同打辊转速条件下，不同等级烟叶样品尺寸大于 25.4mm 烟片在不同打叶段的变化趋势存在明显差异。

(1) X2F 烟叶样品尺寸大于 25.4mm 烟片在一打随打辊转速的增大呈现出逐渐减少的趋势；在二打随打辊转速的增大呈现出先增大后减少的趋势；在三、四打随打辊转速的增大呈现出逐渐增大的趋势。

(2) C3F 烟叶样品尺寸大于 25.4mm 烟片在一打随打辊转速的增大呈现出先增加后减少的趋势；在二打随打辊转速的增大呈现出逐渐减少的趋势；在三、四打随打辊转速的增大呈现出先增加后减少的趋势。

（3）B3F 烟叶样品尺寸大于 25. 4mm 烟片在一打随打辊转速的增大呈现出先增加后减少的趋势；在二打随打辊转速的增大呈现出逐渐增加的趋势；在三、四打随打辊转速的增大呈现出先减少后略有增加的趋势。

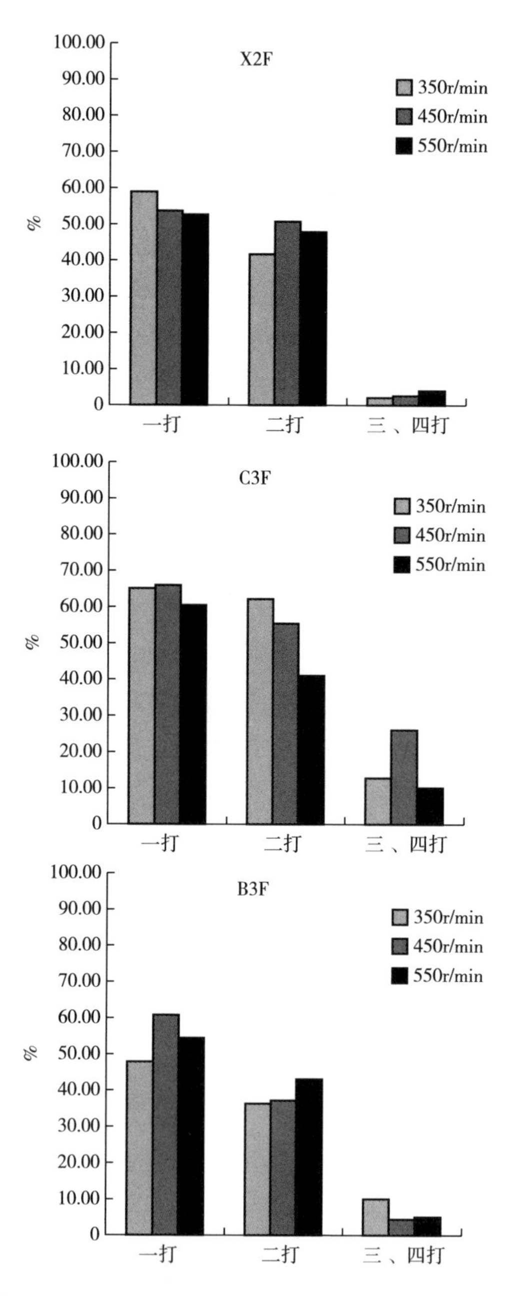

图 6-68　不同打辊转速条件下尺寸大于 25. 4mm 烟片在不同打叶段的变化情况

2. 尺寸为 12.7~25.4mm 的烟片

由图 6-69 可知，不同打辊转速条件下，不同等级烟叶样品尺寸 12.7~25.4mm 烟片在不同打叶段的变化趋势存在明显差异。

（1）X2F 烟叶样品尺寸 12.7~25.4mm 烟片在一打随打辊转速的增大呈现出先增加后减少的趋势；在二打随打辊转速的增大呈现出先减少后增加的趋势；在三、四打随打辊转速的增大呈现出逐渐增加的趋势。

（2）C3F 烟叶样品尺寸 12.7~25.4mm 烟片在一打随打辊转速的增大呈现出先减少后增加的趋势；在二打随打辊转速的增大呈现出逐渐增加的趋势；在三、四打随打辊转速的增大呈现出先减少后增加的趋势。

（3）B3F 烟叶样品尺寸 12.7~25.4mm 烟片在一打随打辊转速的增大呈现出先减少后增加的趋势；在二打随打辊转速的增大呈现出先增加后减少的趋势；在三、四打随打辊转速的增大呈现出先减少后增加的趋势。

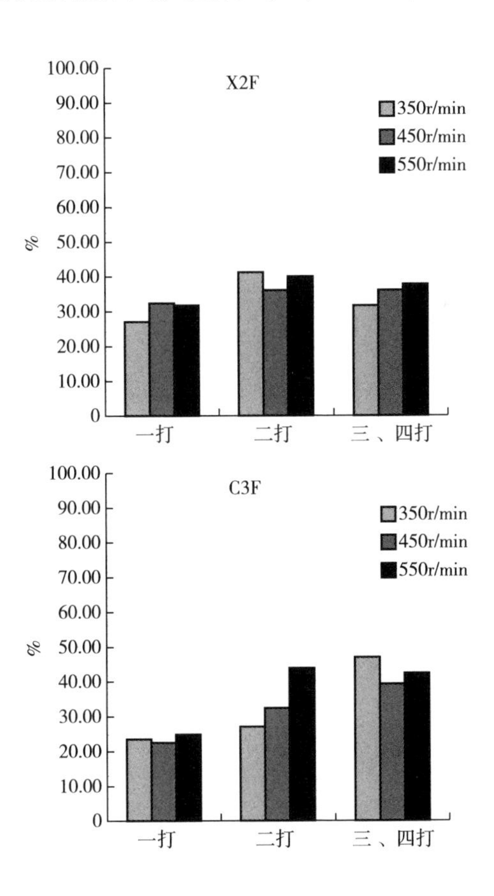

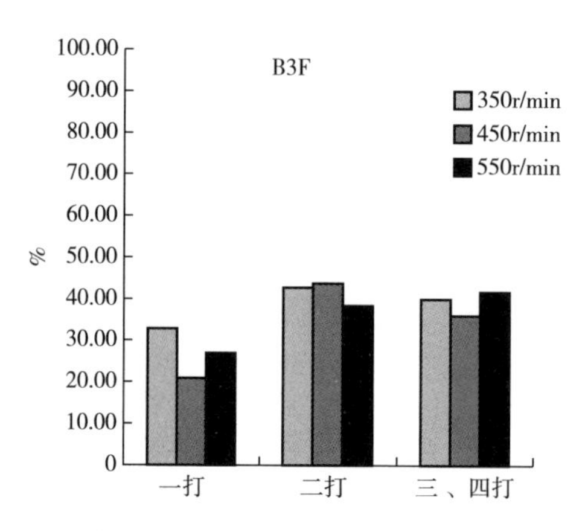

图 6-69　不同打辊转速条件下尺寸 12.7~25.4mm 烟片在不同打叶段的变化情况

3. 尺寸为 6.35~12.7mm 的烟片

由图 6-70 可知，不同打辊转速条件下，不同等级烟叶样品尺寸 6.35~12.7mm 烟片在不同打叶段的变化趋势存在明显差异。

（1）X2F 烟叶样品尺寸 6.35~12.7mm 烟片在一打随打辊转速的增大变化较小，且呈现出逐渐增加的趋势；在二打随打辊转速的增大呈现出先减少后增加的趋势；在三、四打随打辊转速的增大呈现出逐渐减少的趋势。

（2）C3F 烟叶样品尺寸 6.35~12.7mm 烟片在一打随打辊转速的增大呈现出逐渐增加的趋势；在二打随打辊转速的增大呈现出逐渐增加的趋势；在三、四打随打辊转速的增大呈现出先减少后增加的趋势。

（3）B3F 烟叶样品尺寸 6.35~12.7mm 烟片在一打和二打随打辊转速的增大变化较小；在三、四打随打辊转速的增大呈现出先增加后减少的趋势。

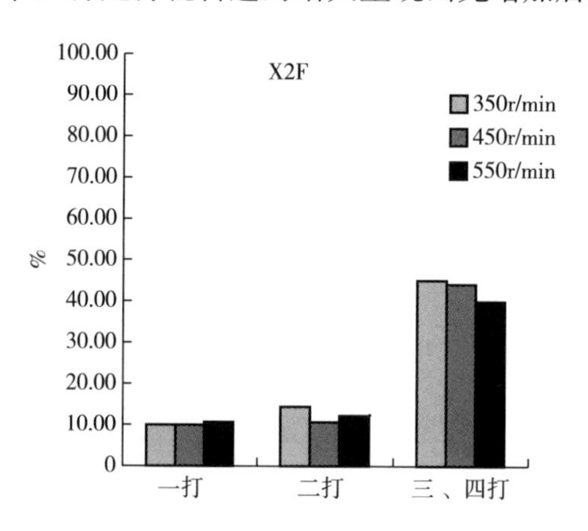

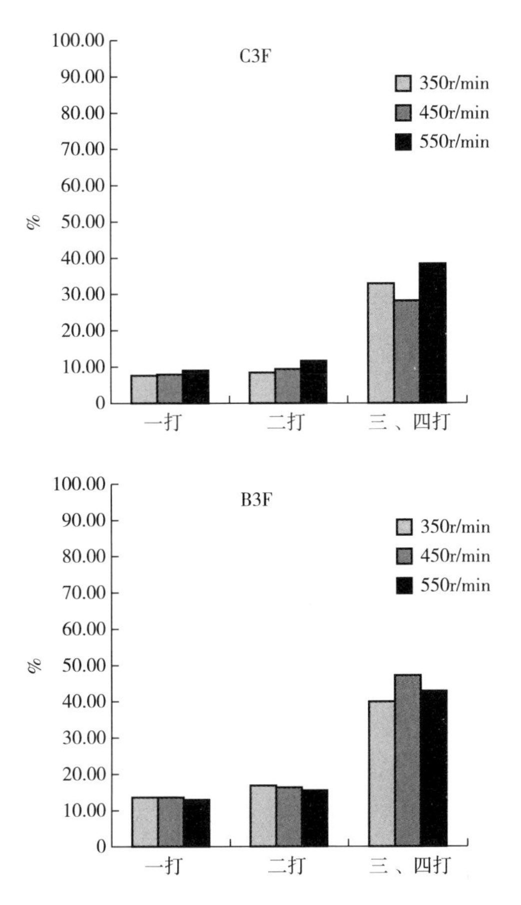

图6-70　不同打辊转速条件下6.35~12.7mm烟片在不同打叶段的变化情况

4. 尺寸为2.34~6.35mm的烟片

由图6-71可知，不同打辊转速条件下，不同等级烟叶样品尺寸2.34~6.35mm烟片在不同打叶段的变化趋势存在明显差异。

（1）X2F烟叶样品尺寸2.34~6.35mm烟片在一打随打辊转速的增大变化较小，且呈现出先减少后增加的趋势；在二打随打辊转速的增大呈现出逐渐减少的趋势；在三、四打随打辊转速的增大变化较小，总体呈现出先减少后增大的趋势。

（2）C3F烟叶样品尺寸2.34~6.35mm烟片在一打随打辊转速的增大总体呈现出先减少后增大的趋势；在二打随打辊转速的增大呈现出逐渐增加的趋势；在三、四打随打辊转速的增大呈现出先减少后增加的趋势。

（3）B3F烟叶样品尺寸2.34~6.35mm烟片在一打、二打随打辊转速的增大变化较小；在三、四打随打辊转速的增大呈现出先增加后减少的趋势。

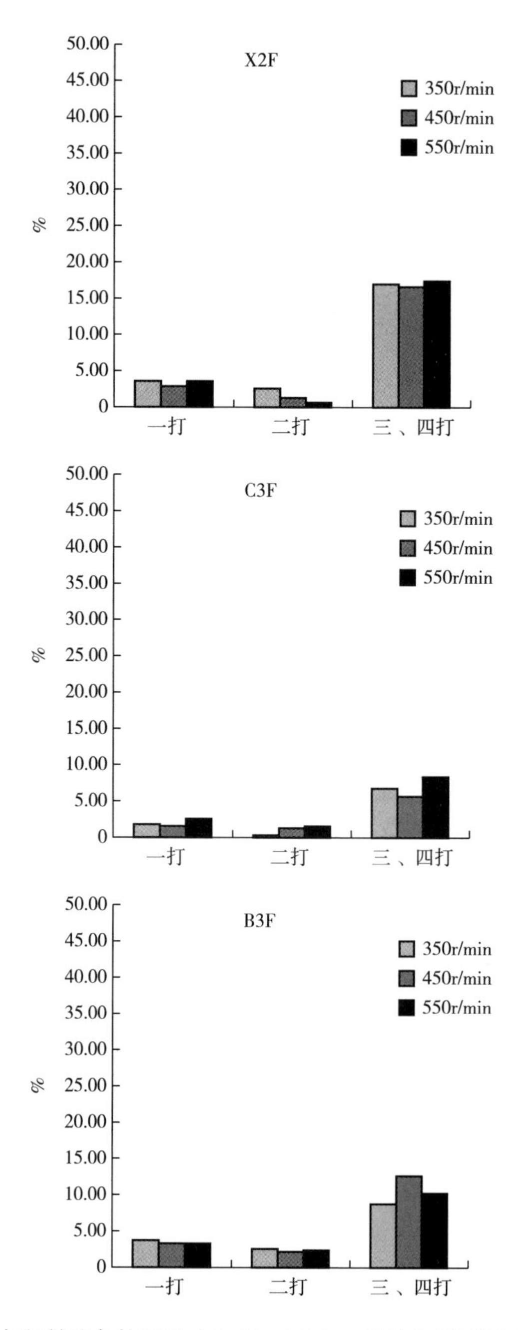

图 6-71　不同打辊转速条件下尺寸 2. 34~6. 35mm 烟片在不同打叶段的变化情况

5. 尺寸小于 2.34mm 的烟片

由图 6-72 可知，不同打辊转速条件下，不同等级烟叶样品尺寸小于 2.34mm 烟片在不同打叶段的变化趋势存在明显差异。

（1）X2F 烟叶样品尺寸小于 2.34mm 烟片在一打随打辊转速的增大整体呈现出逐渐增加的趋势；在二打随打辊转速的增大呈现出逐渐减少的趋势；在三、四打随打辊转速的增大整体呈现出减少的趋势。

（2）C3F 烟叶样品尺寸小于 2.34mm 烟片在一打随打辊转速的增大呈现出先减少后增加的趋势；在二打随打辊转速的增大呈现出先增加后减少的趋势；在三、四打随打辊转速的增大整体呈现出先减少后增加的趋势。

（3）B3F 烟叶样品尺寸小于 2.34mm 烟片在一打、二打和三、四打随打辊转速的增大均呈现出逐渐减少的趋势。

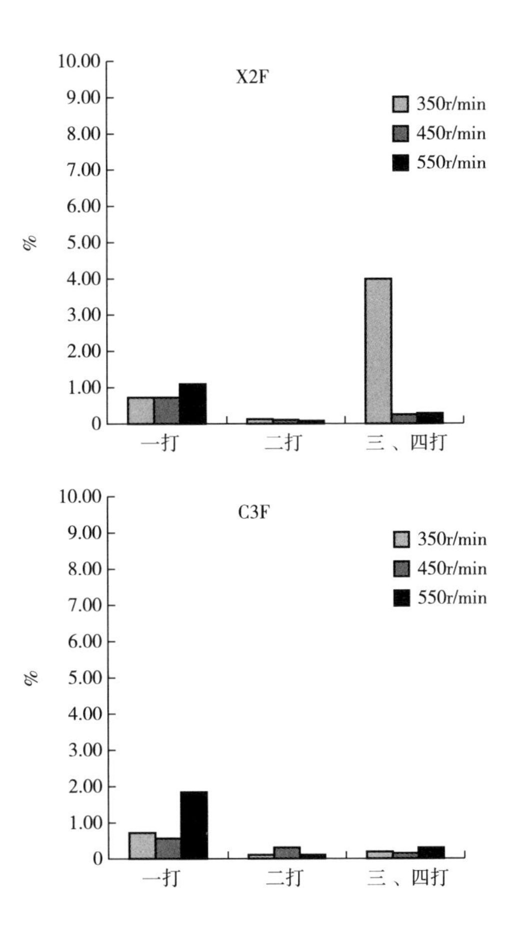

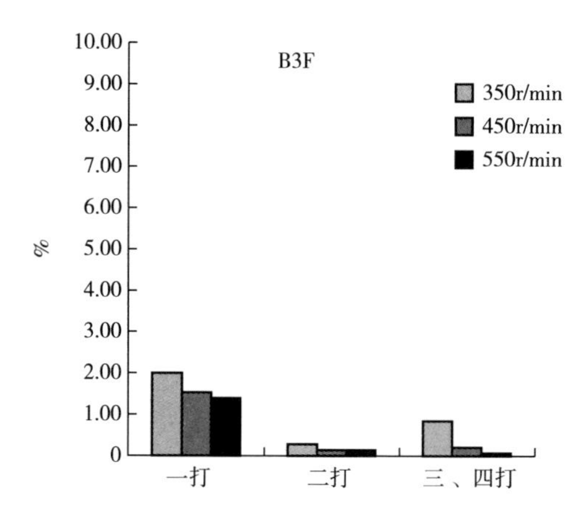

图 6-72 不同打辊转速条件下尺寸小于 2.34mm 烟叶在不同打叶段的变化情况

（四）打辊转速对叶中含梗率的影响

由图 6-73 可知，打辊转速对不同等级烟叶成品片烟的叶中含梗率的影响趋势基本一致。随打辊转速的增大，不同等级烟叶样品成品片烟的叶中含梗率均呈现出逐渐增加的趋势，其中在 550r/min 的打辊转速条件下增加较为明显。

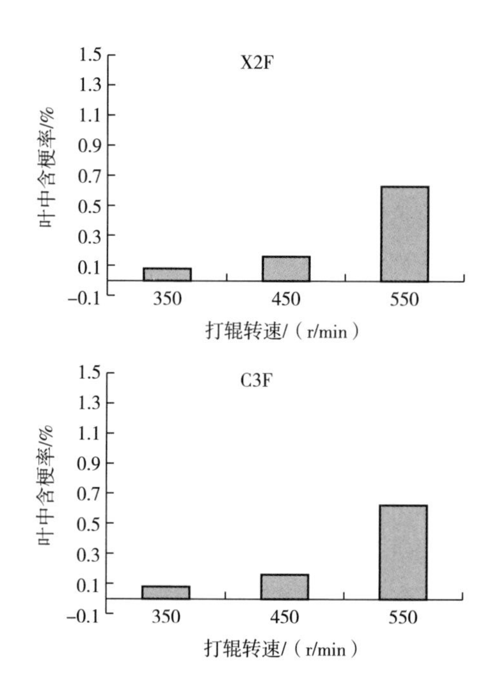

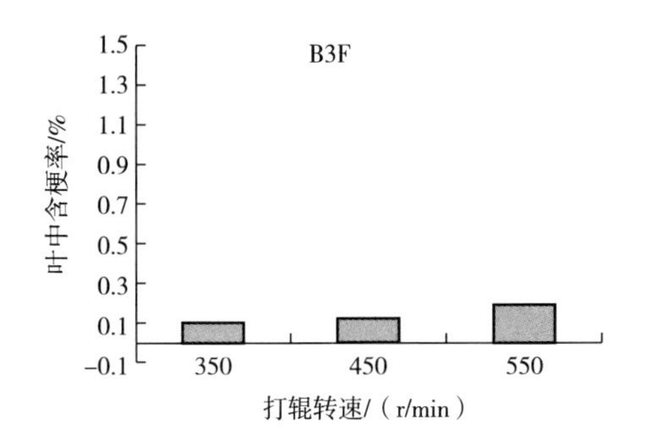

图 6-73　不同打辊转速下不同等级烟叶叶中含梗率

（五）打辊转速对 10s 出烟末量的影响

由图 6-74 可知，X2F 烟叶样品的 10s 出烟末量随打辊转速的增大呈现出先减少后增加的趋势，其中 350r/min 和 550r/min 两个打辊转速条件下的出烟末量基本相当；C3F 样品的 10s 出烟末量随打辊转速的增大基本呈现逐渐增大的趋势，其中 550r/min 打辊转速条件下的出烟末量增加较为明显。

（六）打辊转速对打叶质量的影响

（1）打辊转速对不同等级烟叶在不同打叶段的出片率影响差异较为明显。剪切力、拉力、穿透力等机械性能较差的下部烟叶随打辊转速的增大，一打出片率逐渐增大，二打出片率逐渐减小；剪切力、拉力、穿透力等机械性能居中、黏附力较大、持水性较好的中部烟叶随打辊转速的增大，一打出片率逐渐减小，二打出片率逐渐增大；剪切力、拉力、穿透力等机械性能较强的上部烟叶随打辊转速的增大，不同打叶段的出片率变化较小。

（2）打辊转速对不同等级烟叶的成品片烟烟片结构的影响较大，整体呈现出随打辊转速的增大大片率逐渐减少，而中小碎片率逐渐增加的趋势。

（3）随打辊转速的增大，大于 25. 4mm 在一打和二打整体呈现出逐渐减少的趋势；小于 25. 4mm 的烟片整体呈现出逐渐增大的趋势。

（4）随打辊转速的增大，不同等级烟叶的成品片烟叶中含梗率整体呈现出逐渐增加的趋势，其中在 550r/min 打辊转速条件下增加较为明显。

（5）随打辊转速的增大，不同等级烟叶的 10s 出烟末量整体呈现出先减少后增加的趋势，在 550r/min 打辊转速条件下增加较为明显。

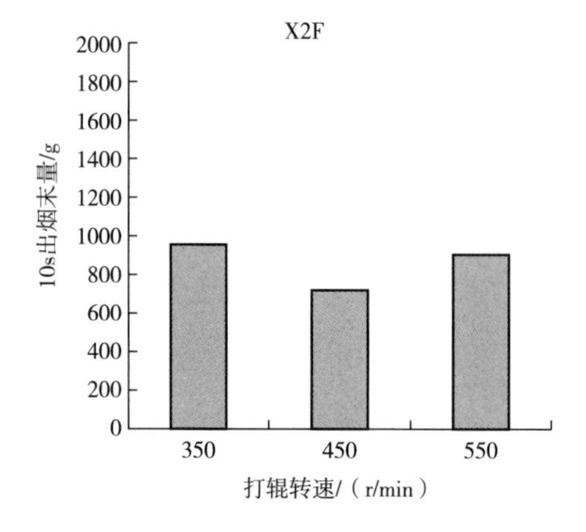

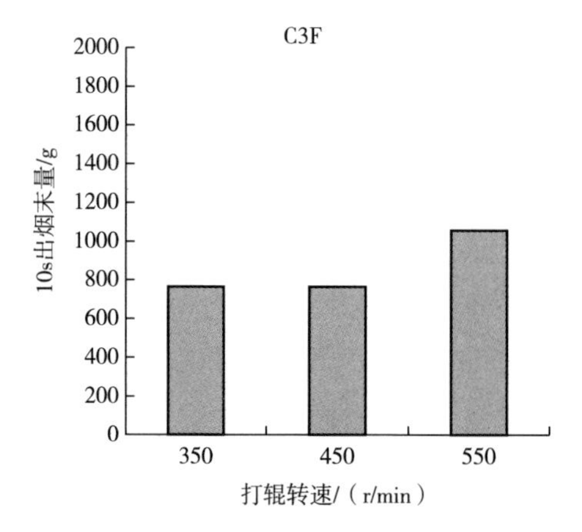

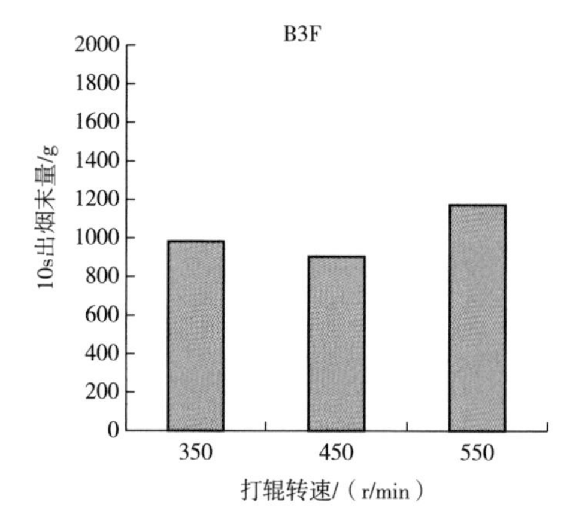

图 6-74　不同打辊转速下不同等级烟叶 10s 出烟末量

三、物料流量对打叶质量的影响趋势

为明确物料流量对不同等级烟叶打叶质量的影响规律，分别设定了6000kg/h、7000kg/h、8000kg/h三个物料流量梯度，分析了不同物料流量条件下不同打叶段出片率、烟片结构、叶中含梗率以及10s出烟末量的变化趋势。

（一）物料流量对不同打叶段出片率的影响

由图6-75可知，物料流量对不同等级烟叶在不同打叶段的出片率的影响存在明显差异。

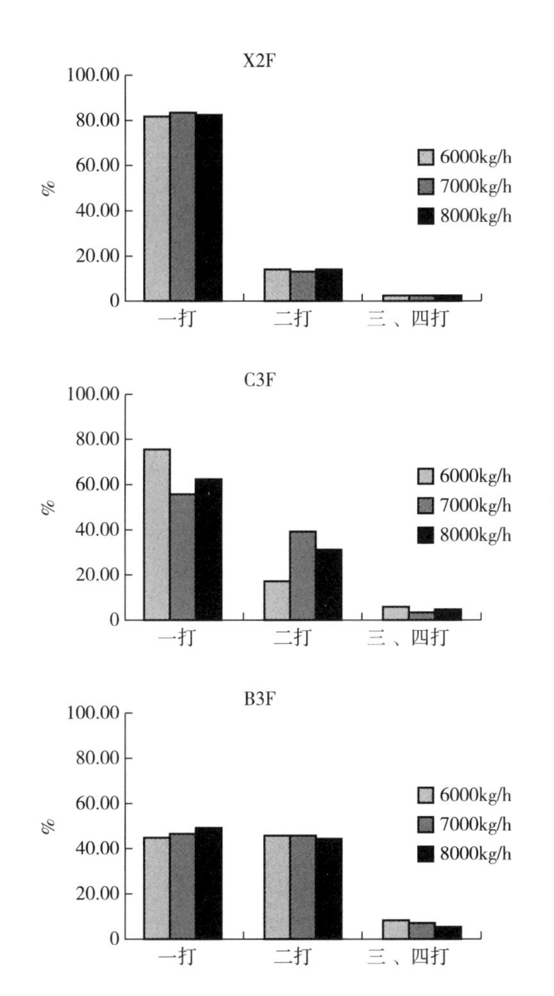

图6-75 不同物料流量条件下不同等级烟叶在不同打叶段的出片率

（1）X2F 烟叶样品在不同打叶段的出片率随物料流量的增大变化较小。

（2）C3F 烟叶样品在一打的出片率随物料流量的增大整体呈现出先减小后增大的趋势；在二打的出片率随物料流量的增大呈现出先增大后减小的趋势；在三、四打的出片率随物料流量的增大呈现先减小后增大的趋势。

（3）B3F 烟叶样品在一打的出片率随物料流量的增大呈现出逐渐增大的趋势；在二打的出片率随物料流量的增大整体呈现出逐渐减小的趋势；在三、四打的出片率随物料流量的增大呈现出逐渐减小的趋势。

（二）物料流量对烟片结构的影响

由图 6-76 可知，不同物料流量条件下，不同等级烟叶样品成品片烟烟片结构的变化趋势存在明显差异。

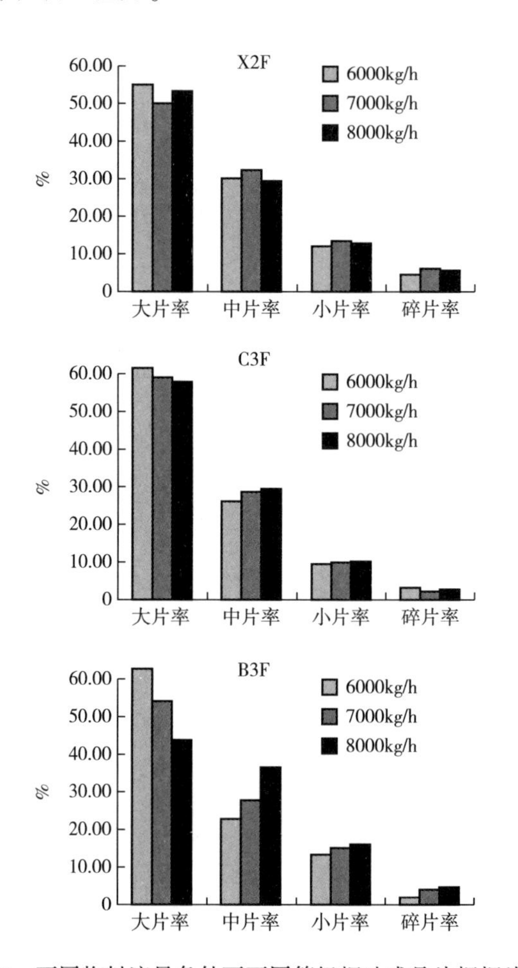

图 6-76 不同物料流量条件下不同等级烟叶成品片烟烟片结构

（1）X2F烟叶样品的成品片烟大片率随物料流量的增大呈现出现减小后增大的趋势；中片率和小片率随物料流量的增大呈现出先增大后减小的趋势；碎片率随物料流量的增大呈现出先增大后减小的趋势。

（2）C3F烟叶样品的成品片烟大片率随物料流量的增大呈现逐渐降低的趋势；中片率和小片率随物料流量的增大呈现逐渐增大的趋势；碎片率随物料流量的增大呈现先下降增大的趋势。

（3）B3F烟叶样品的大片率随物料流量的增大呈现逐渐下降的趋势；中片率、小片率、碎片率随物料流量的增大呈现逐渐升高的趋势。

（三）物料流量对不同打叶段不同尺寸烟片的影响

1. 尺寸大于25.4mm的烟片

由图6-77可知，不同物料流量条件下，不同等级烟叶样品尺寸大于25.4mm烟片在不同打叶段的变化趋势存在明显差异。

（1）X2F烟叶样品尺寸大于25.4mm烟片在一打随物料流量的增大呈现出先减少后增加的趋势；在二打随物料流量的增大整体呈现出逐渐减少的趋势；在三、四打随物料流量的增大变化不明显。

（2）C3F烟叶样品尺寸大于25.4mm烟片在一打随物料流量的增大呈现出逐渐减少的趋势；在二打随物料流量的增大呈现出先减少后略有增大的趋势；在三、四打随物料流量的增大呈变化不明显。

（3）B3F烟叶样品尺寸大于25.4mm烟片在一打随物料流量的增大呈现出逐渐减少的趋势；在二打随物料流量的增大呈现出逐渐减少的趋势；在三、四打随物料流量的增大呈现出先减小后增加的趋势。

2. 尺寸为12.7~25.4mm的烟片

由图6-78可知，不同物料流量条件下，不同等级烟叶样品尺寸12.7~25.4mm烟片在不同打叶段的变化趋势存在明显差异。

（1）X2F烟叶样品尺寸12.7~25.4mm烟片在一打随物料流量的增大呈现出先增加后减少的趋势；在二打随物料流量的增大整体呈现出逐渐增加的趋势；在三、四打随物料流量的增大整体呈现出减少的趋势。

（2）C3F烟叶样品尺寸12.7~25.4mm烟片在一打随物料流量的增大呈现出逐渐增加的趋势；在二打随物料流量的增大呈现出先增加后减少的趋势；在三、四打随物料流量的增大变化不明显。

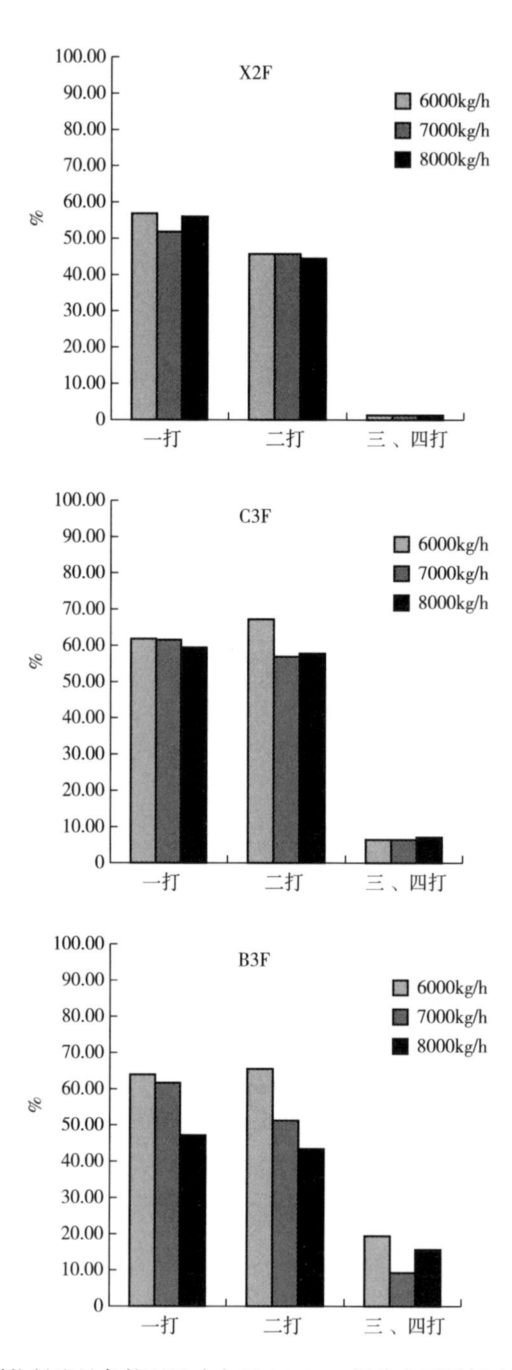

图 6-77　不同物料流量条件下尺寸大于 25.4mm 烟片在不同打叶段的变化情况

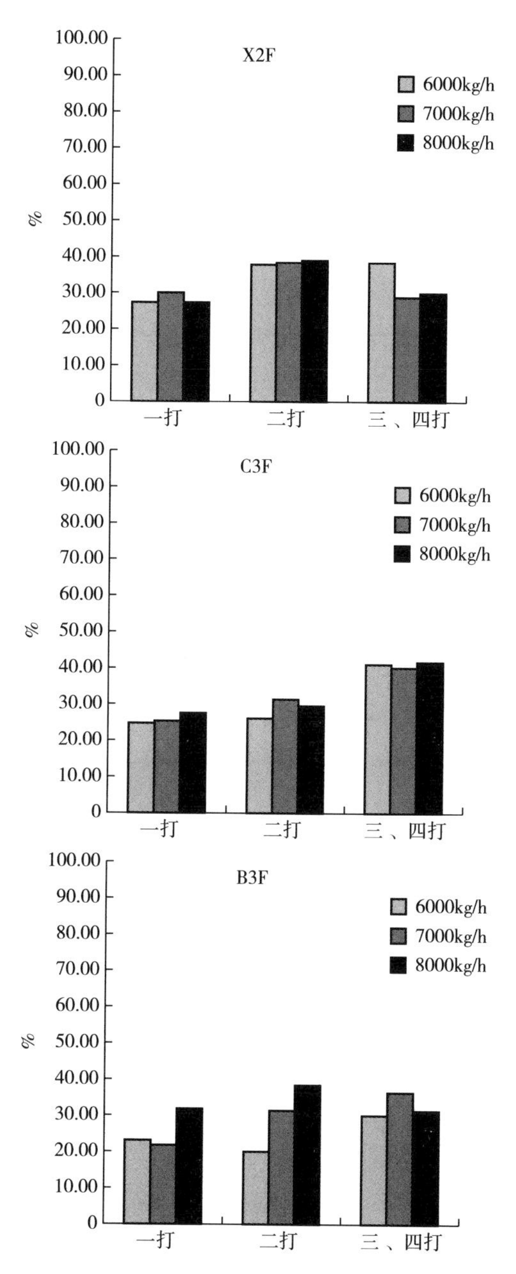

图 6-78　不同物料流量条件下尺寸 12. 7~25. 4mm 烟片在不同打叶段的变化情况

（3）B3F 烟叶样品尺寸 12. 7~25. 4mm 烟片在一打随物料流量的增大整体呈现出先减少后增加的趋势；在二打随物料流量的增大呈现出逐渐增加的趋势；在三、四打随物料流量的增大呈现出先增加后减少的趋势。

3. 尺寸为6.35~12.7mm的烟片

由图6-79可知，不同物料流量条件下，不同等级烟叶样品尺寸6.35~12.7mm烟片在不同打叶段的变化趋势存在明显差异。

（1）X2F烟叶样品尺寸6.35~12.7mm烟片在一打和二打随物料流量的增大变化不明显；在三、四打随物料流量的增大呈现出逐渐增加的趋势。

（2）C3F烟叶样品尺寸6.35~12.7mm烟片在一打随物料流量的增大整体呈现出增加的趋势；在二打随物料流量的增大整体呈现出下降的趋势；在三、四打随物料流量的增大整体呈现出先增加后减少的趋势。

（3）B3F烟叶样品尺寸6.35~12.7mm烟片在一打、二打和三、四打随物料流量的增大整体呈现出逐渐增加的趋势。

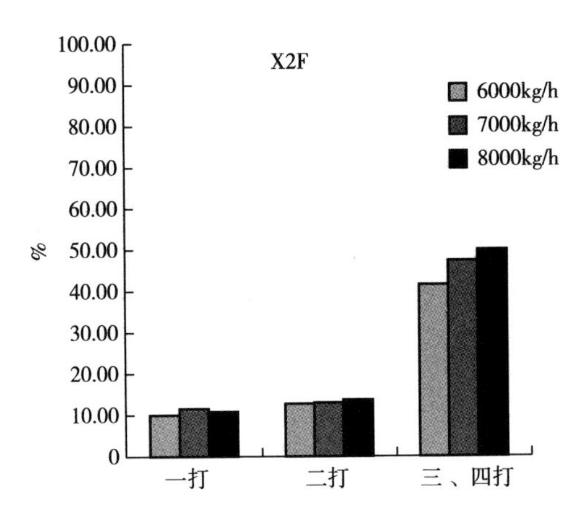

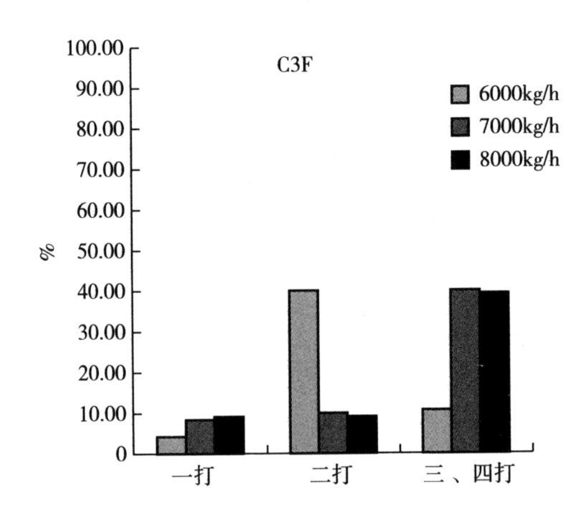

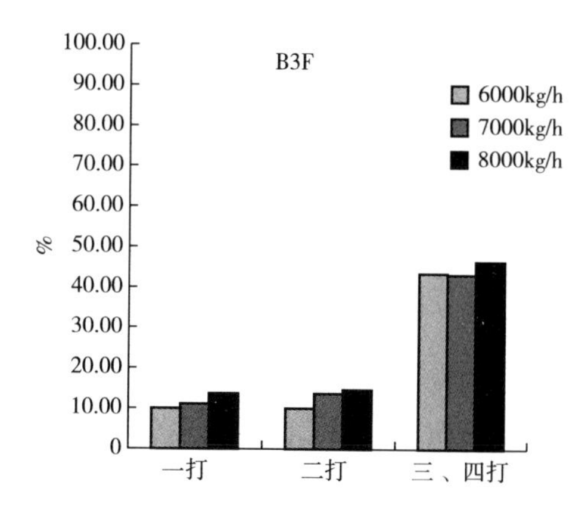

图 6-79　不同物料流量条件下尺寸 6.35~12.7mm 烟叶在不同打叶段的变化情况

4. 尺寸为 2.34~6.35mm 的烟片

由图 6-80 可知，不同物料流量条件下，不同等级烟叶样品尺寸 2.34~6.35mm 烟片在不同打叶段的变化趋势存在明显差异。

（1）X2F 烟叶样品尺寸 2.34~6.35mm 烟片在一打随物料流量的增大呈现出逐渐减少的趋势；在二打随物料流量的增大整体呈现逐渐增加的趋势；在三、四打随物料流量的增大变化不明显。

（2）C3F 烟叶样品尺寸 2.34~6.35mm 烟片在一打随物料流量的增大呈现出逐渐增加的趋势；在二打随物料流量的增大呈现出逐渐增加的趋势；在三、四打随物料流量的增大呈现出先增加后减少的趋势。

（3）B3F 烟叶样品尺寸 2.34~6.35mm 烟片在一打随物料流量的增大整体呈现出逐渐增加的趋势；在二打随物料流量的增大呈现出先减少后增加的趋势；在三、四打随物料流量的增大呈现出先增加后减少的趋势。

5. 尺寸小于 2.34mm 的烟片

由图 6-81 可知，不同物料流量条件下，不同等级烟叶样品尺寸小于 2.34mm 烟片在不同打叶段的变化趋势存在明显差异。

（1）X2F 烟叶样品尺寸小于 2.34mm 烟片在一打随物料流量的增大呈现出逐渐增加的趋势；在二打随物料流量的增大整体呈现逐渐减少的趋势；在三、四打随物料流量的增大呈现出逐渐减少的趋势。

（2）C3F 烟叶样品尺寸小于 2.34mm 烟片在一打随物料流量的增大呈现出先增加后减少的趋势；在二打随物料流量的增大呈现出逐渐减少的趋势；在三、四打随物料流量的增大整体呈现出先减少后增大的趋势。

（3）B3F 烟叶样品尺寸小于 2. 34mm 烟片在一打随物料流量的增大整体呈现出逐渐增加的趋势；在二打随物料流量的增大呈现出逐渐增加的趋势；在三、四打随物料流量的增大呈现出先增加后减少的趋势。

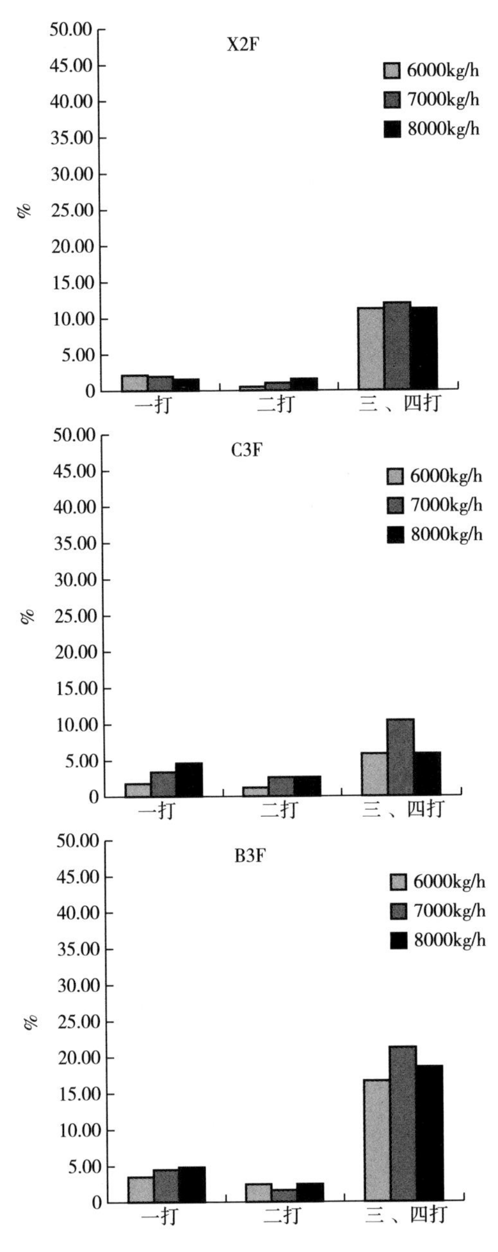

图 6-80　不同物料流量条件下尺寸 2. 34~6. 35mm 烟叶在不同打叶段的变化情况

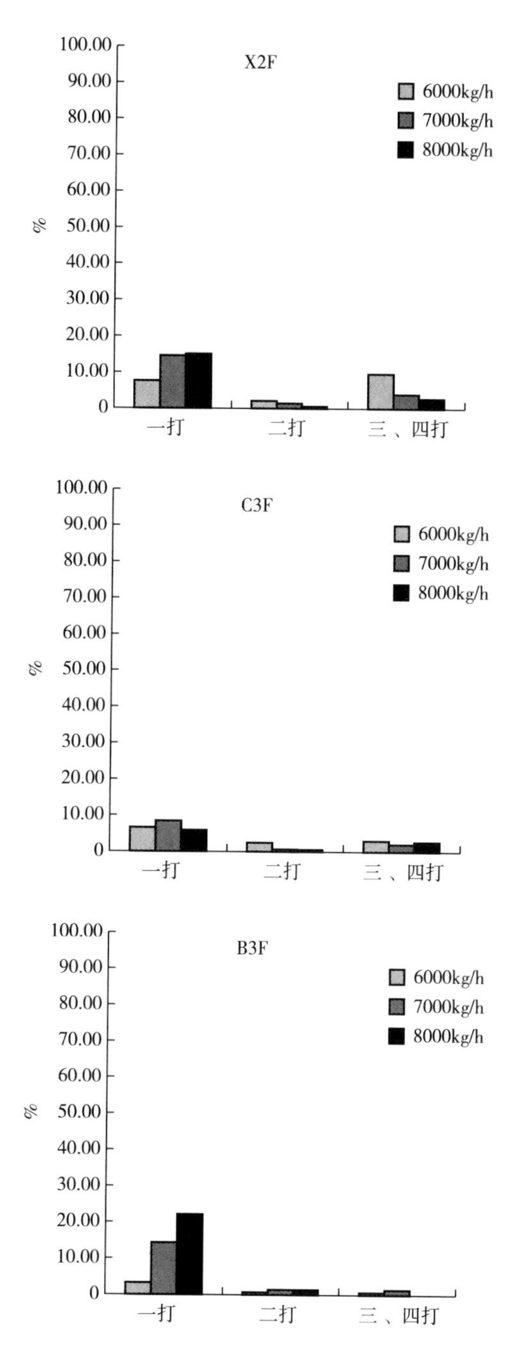

图 6-81　不同物料流量条件下尺寸小于 2. 34mm 烟叶在不同打叶段的变化情况

（四）物料流量对叶中含梗率的影响

由图 6-82 可知，物料流量对不同等级烟叶成品片烟的叶中含梗率的影响趋势略有差异。随物料流量的增大，X2F 和 C3F 两个烟叶样品成品片烟的叶中含梗率均呈现出增加的趋势，其中在 7000kg/h 和 8000kg/h 两个物料流量条件下没有明显差异；B3F 烟叶样品成品片烟中的叶中含梗率随物流流量的增大呈现出先减小后增大的趋势。

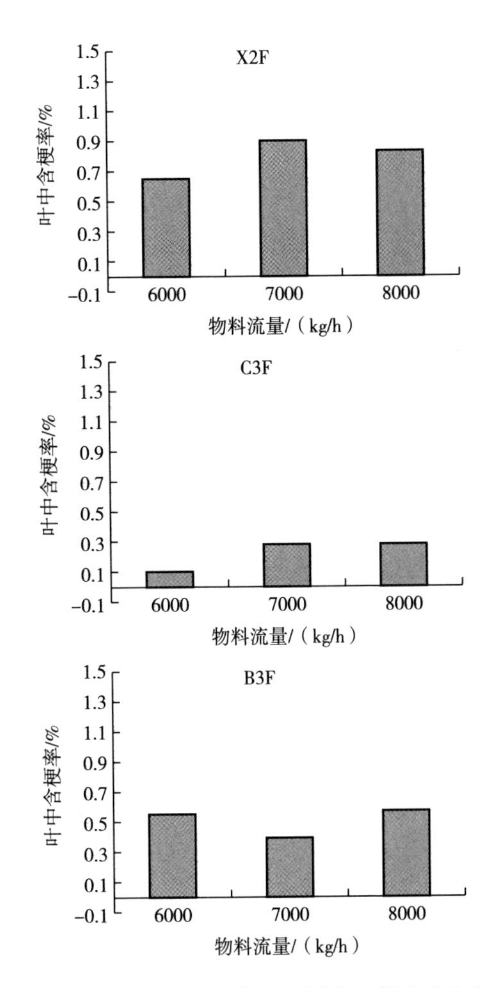

图 6-82　不同物料流量条件下不同等级烟叶叶中含梗率

（五）物料流量对 10s 出烟末量的影响

由图 6-83 可知，不同物料流量对不同等级烟叶的 10s 出烟末量的影响趋势基本一致。随物料流量的增大，不同等级烟叶的 10s 出烟末量整体呈现出

先增加后下降的趋势，其中在7000kg/h和8000kg/h两个物料流量条件下没有明显差异。

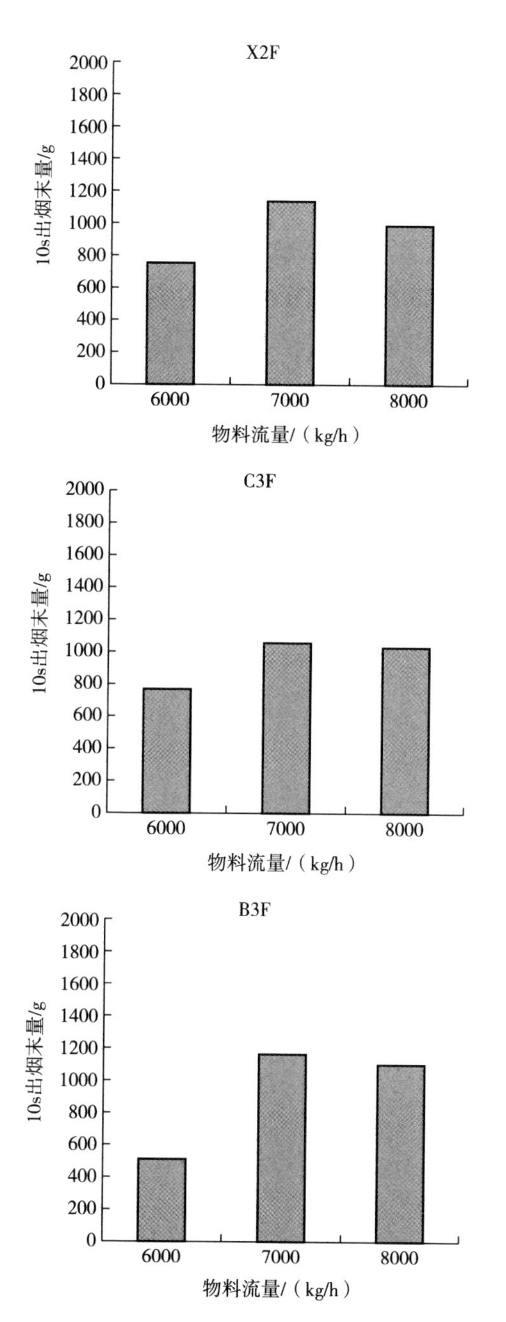

图6-83　不同物料流量条件下不同等级烟叶10s出烟末量

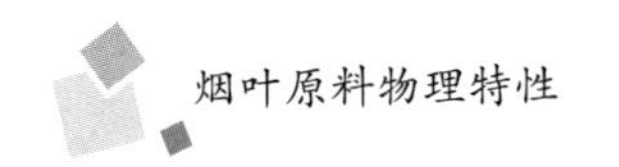

（六）物料流量对打叶质量的影响

（1）物料流量对不同等级烟叶在不同打叶段的出片率影响的差异较小。

（2）物料流量对不同等级烟叶的成品片烟烟片结构的影响较大，整体呈现出随物料流量的增大大片率逐渐减少，而中小碎片率逐渐增加的趋势。

（3）随物料流量的增大，尺寸大于 25.4mm 的烟片在一打和二打整体呈现出逐渐减少的趋势；尺寸小于 25.4mm 的烟片整体呈现出逐渐增大的趋势。

（4）随物料流量的增大，不同等级烟叶的成品片烟叶中含梗率整体呈现出增加的趋势，其中在 7000kg/h 和 8000kg/h 两个物料流量条件下没有明显差异。

（5）随物料流量的增大，不同等级烟叶的 10s 出烟末量整体呈现出逐渐增加的趋势，其中 7000kg/h 和 8000kg/h 两个物料流量条件下没有明显差异。

四、润叶温度对打叶质量的影响趋势

为明确打叶温度对打叶质量的影响趋势，结合打叶复烤工艺现状，选择打叶复烤润叶段一润、二润两个工序，分别设定了 50℃、52℃、54℃三个润叶温度梯度，分析了不同润叶温度条件下不同部位烟叶原料水分在一润、二润出口的变化趋势。

（一）一润润叶温度对原料水分的影响

1. 对上部烟叶的影响

不同一润润叶温度条件下，上部烟叶原料 B2F、B3F 的水分变化趋势及其变异系数见图 6-84 和图 6-85。

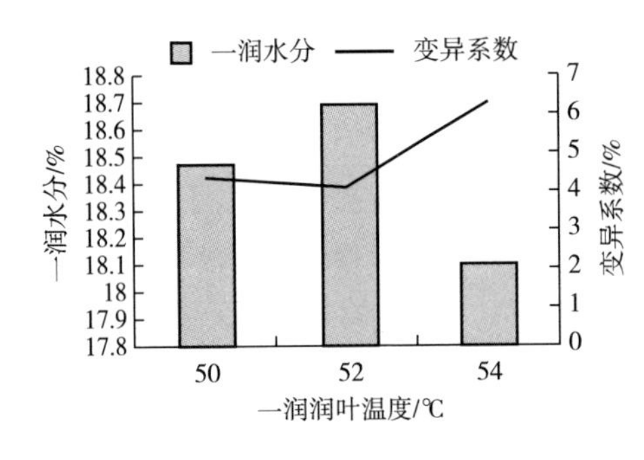

图 6-84　不同一润润叶温度条件下 B2F 水分

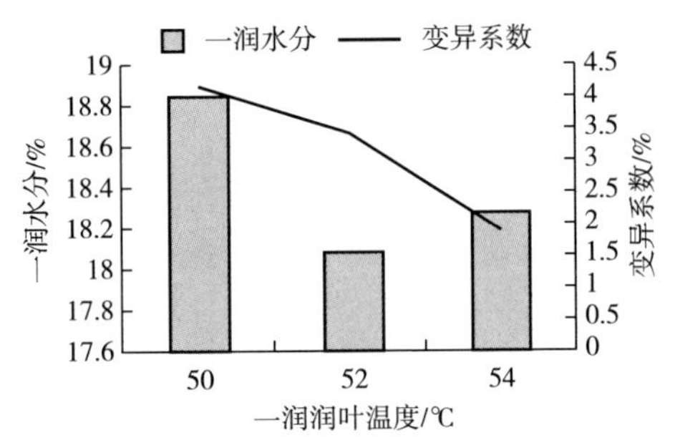

图 6-85　不同一润润叶温度条件下 B3F 水分

由图 6-84 和图 6-85 可以看出，随着一润润叶温度的升高，两个上部烟叶一润出口的含水率在 18.5%左右波动，其波动范围均在设定范围内；B2F 烟叶一润出口水分的变异系数随润叶温度的升高，呈现出先降低后增大的趋势，B3F

烟叶一润出口水分的变异系数随润叶温度的升高，呈现出逐渐降低的趋势。

2. 对中部烟叶的影响

不同一润润叶温度条件下，中部烟叶原料 C2F+C3F、C3L 的水分变化趋势及其变异系数见图 6-86 和图 6-87。

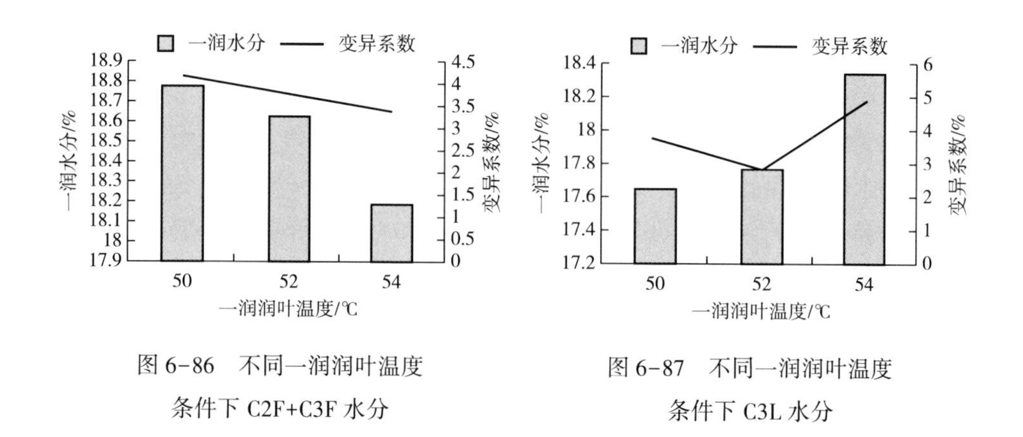

图 6-86　不同一润润叶温度条件下 C2F+C3F 水分

图 6-87　不同一润润叶温度条件下 C3L 水分

由图 6-86 和图 6-87 可以看出，随着一润润叶温度的升高，两个中部烟叶一润出口的含水率在 17.7%~18.8%内波动，其波动范围均在设定范围内；C2F+C3F 烟叶一润出口水分的变异系数随润叶温度的升高，呈现出逐渐降低的趋势，C3L 烟叶一润出口水分的变异系数随润叶温度的升高，呈现出先降低后增大的趋势。

3. 对下部烟叶的影响

不同一润润叶温度条件下，下部烟叶原料 X2F 的水分变化趋势及其变异系数见图 6-88。

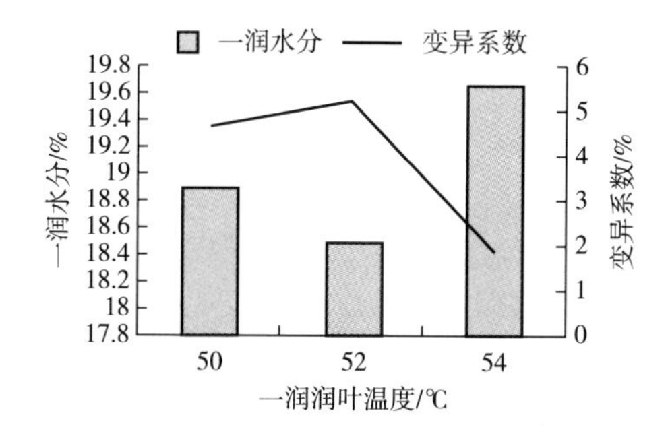

图 6-88　不同一润润叶温度条件下 X2F 水分

由图 6-88 可以看出，随着一润润叶温度的升高，X2F 烟叶一润出口的含水率在 19%左右波动，其波动范围均在设定范围内；X2F 烟叶一润出口水分的变异系数随润叶温度的升高，呈现出先增大后降低的趋势。

4. 小结

不同部位烟叶原料随一润润叶温度的升高，烟叶原料的一润出口水分波动均在设定范围内，中等或较高润叶温度条件下，不同部位烟叶原料的一润出口水分变异系数较小，水分均匀性较好。

（二）二润润叶温度对原料水分的影响

1. 对上部烟叶的影响

不同二润润叶温度条件下，上部烟叶原料 B2F、B3F 的水分变化趋势及其变异系数见图 6-89 和图 6-90。

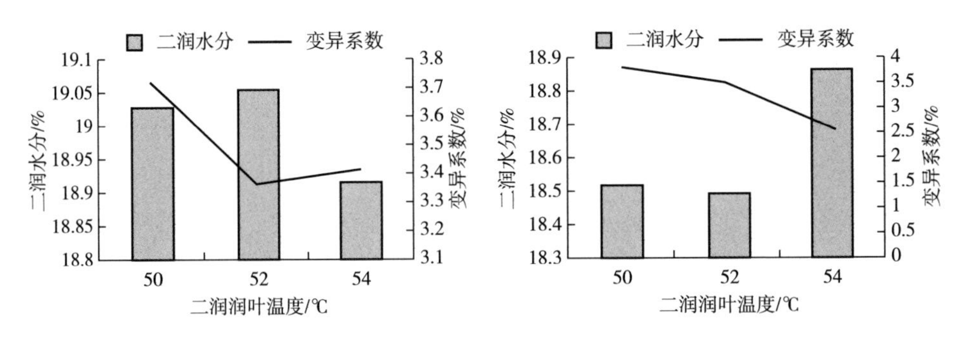

图 6-89　不同二润润叶温度条件下 B2F 水分　　图 6-90　不同二润润叶温度条件下 B3F 水分

由图 6-89 和图 6-90 可以看出，随着二润润叶温度的升高，两个上部烟叶二润出口的含水率在 19%左右波动，其波动范围均在设定范围内；B2F 烟叶二润出口水分的变异系数随润叶温度的升高，呈现出先明显降低后略有增大的趋势，B3F 烟叶二润出口水分的变异系数随润叶温度的升高，呈现出逐渐降低的趋势。

2. 对中部烟叶的影响

不同二润润叶温度条件下，中部烟叶原料 C2F+C3F、C3L 的水分变化趋势及其变异系数见图 6-91 和图 6-92。

由图 6-91 和图 6-92 可以看出，随着二润润叶温度的升高，两个中部烟叶二润出口的含水率在 19%左右波动，其波动范围均在设定范围内；C2F+C3F 烟叶二润出口水分的变异系数随润叶温度的升高，呈现出先略有增大后

明显降低的趋势，C3L 烟叶二润出口水分的变异系数随润叶温度的升高，呈现出逐渐降低的趋势。

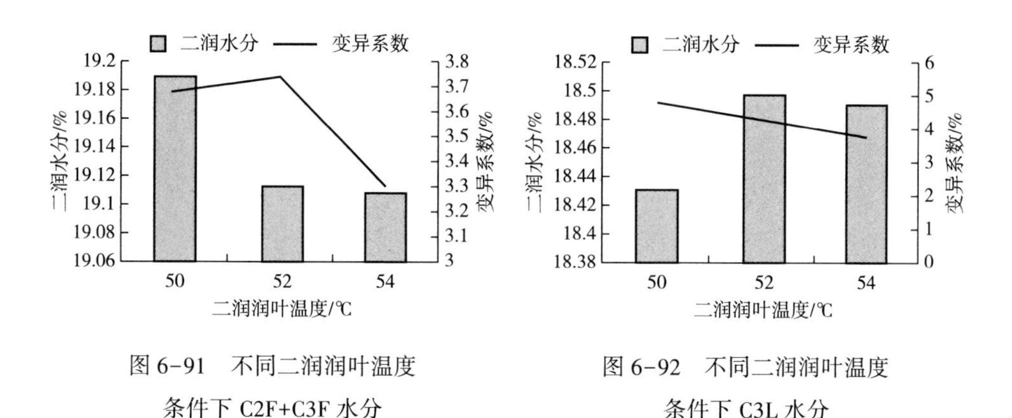

图 6-91　不同二润润叶温度条件下 C2F+C3F 水分

图 6-92　不同二润润叶温度条件下 C3L 水分

3. 对下部烟叶的影响

不同二润润叶温度条件下，下部烟叶原料 X2F 的水分变化趋势及其变异系数见图 6-93。

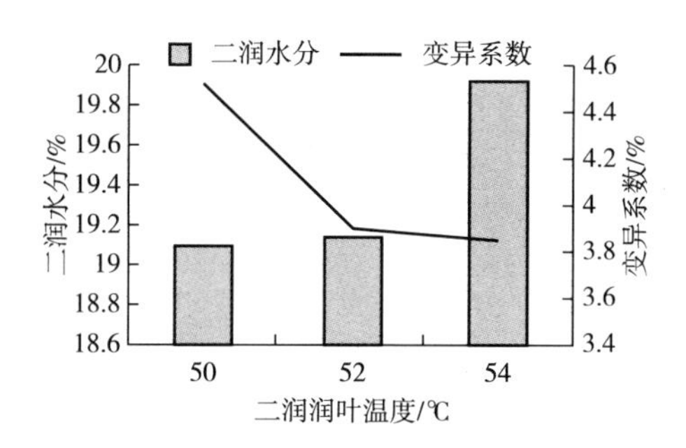

图 6-93　不同二润润叶温度条件下 X2F 水分

由图 6-93 可以看出，随着二润润叶温度的升高，X2F 烟叶二润出口的含水率在 19.5%左右波动，其波动范围均在设定范围内；X2F 烟叶一润出口水分的变异系数随润叶温度的升高，呈现出逐渐降低的趋势。

4. 小结

不同部位烟叶原料随二润润叶温度的升高，烟叶原料的二润出口水分波动均在设定范围内；较高润叶温度条件下，不同部位烟叶原料的二润出口水分变异系数较小，水分均匀性较好。

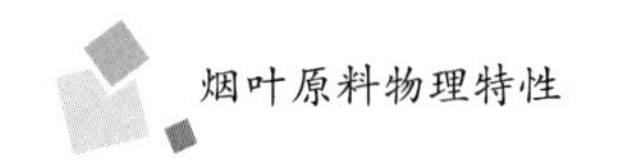

第三节　不同力学特性烟叶打叶复烤加工技术

一、烟叶力学特性分类

通过以上分析可以看出，影响打叶复烤打叶质量的主要物理特性指标是黏附力以及剪切力、拉力等烟叶机械强度指标。烟叶黏附力越大，烟叶在打叶阶段的持水性就越好，烟叶的油分及韧性越好；烟叶的剪切力、拉力等越大，烟叶的耐打性就越好。根据不同等级烟叶力学特性指标的差异，初步选定烟叶黏附力、拉力、剪切力作为影响打叶复烤打叶段的主要影响指标，并按照烟叶力学特性指标对打叶质量的影响趋势初步形成烟叶原料的力学特性分类方法，见表 6-2。

表 6-2　　　　打叶复烤烟叶原料力学特性分类方法

烟叶分类		一级指标	二级指标
Ⅰ类烟叶		黏附力≥500g	—
Ⅱ类烟叶	Ⅱ-1	黏附力<500g	剪切力≥2000g 或拉力≥180g
	Ⅱ-2		剪切力<2000g 或拉力<180g

二、不同力学特性烟叶打叶复烤加工技术的初步确定

根据烟叶水分、温度对烟叶力学特性指标的影响规律以及不同打叶技术参数对打叶质量的影响规律，初步确定了不同力学特性烟叶适宜的打叶复烤加工技术。

（1）黏附力大于 500g 的烟叶宜采用“中低打叶水分，大流量，中高打辊转速，多级细分”的打叶复烤加工工艺技术。基于天昌复烤厂工艺现状及设备，该类河南烟叶在天昌复烤厂的打叶水分应控制在 19% 以下，物料流量可控制在 8000kg/h，打辊转速可控制在 500r/min 左右。

（2）黏附力小于 500g，但力学特性较好（剪切力大于 2000g 等）的烟叶宜采用“中高打叶水分，大流量，中高打辊转速，多级细分”的打叶复烤加工工艺技术。基于天昌复烤厂工艺现状及设备，该类河南烟叶在天昌复烤厂的打叶水分控制在 20% 以下，物料流量不大于 8000kg/h，打辊转速控制在 450r/min 左右。

（3）黏附力小于 500g，但力学特性较差（剪切力小于 2000g 等）的烟叶宜采用“高打叶水分，中等流量，中低打辊转速，多级细分”的打叶复烤加工工

艺技术。基于天昌复烤厂工艺现状及设备，该类河南烟叶在天昌复烤厂的打叶水分不低于20%，物料流量应控制在7000kg/h，打辊转速不大于450r/min。

三、不同力学特性烟叶打叶复烤加工技术应用

（一）Ⅰ类烟叶原料

1. 烟叶原料力学特性

选择2014年河南烟叶，烟叶等级为HN0114CCY模块。依据对其烟叶原料黏附力、剪切力、拉力等力学特性指标的检测结果，该模块烟叶为Ⅰ类烟叶原料，具体见表6-3。

表6-3　HN0114CCY模块烟叶原料力学特性检测结果　单位：g

样品	黏附力	剪切力	拉力
HN0114CCY模块	545	2436	195

2. 打叶参数

HN0114CCY模块烟叶原料润叶段和打叶段现行打叶复烤加工工艺参数见表6-4，基于其力学特性设定的加工工艺参数见表6-5。

表6-4　现行的HN0114CCY模块烟叶原料润叶段和打叶段加工工艺参数

润叶段	原烟水分/%	一润出口		二润出口	
		温度/℃	水分/%	温度/℃	水分/%
	13.96	50	17.50	55	18.50
打叶段	物料流量/(kg/h)	打辊转速/(r/min)			
		一打	二打	三打	四打
	8000	450	450	450	500

表6-5　基于HN0114CCY模块烟叶原料力学特性设置的润叶段和打叶段加工工艺参数

润叶段	原烟水分/%	一润出口		二润出口	
		温度/℃	水分/%	温度/℃	水分/%
	13.96	50	17.00	55	18.00
打叶段	物料流量/(kg/h)	打辊转速/(r/min)			
		一打	二打	三打	四打
	8000	500	450	450	500

由表 6-4 和表 6-5 可知，基于 HN0114CCY 模块烟叶原料的基本力学特性，在现行打叶复烤工艺参数的基础上，主要调整的打叶参数是一润出口原料水分由 17.5% 下调至 17.00%，二润出口原料水分由 18.50% 下调至 18.00%，一打打辊转速由 450r/min 上调至 500r/min，并对试验的一打风分频率进行了适当调整。

3. 打叶质量分析

（1）产品得率分析　两种打叶复烤加工工艺技术条件下，HN0114CCY 模块烟叶原料的出片率和产品综合得率见表 6-6。

表 6-6　HN0114CCY 模块烟叶原料的出片率和产品综合得率　单位：%

工艺	出片率	产品综合得率
现行工艺	68.18	94.21
基于力学特性工艺	68.57	94.37

由表 6-6 可以看出，通过对 HN0114CCY 模块烟叶打叶技术参数调整后，出片率提高 0.39 个百分点，产品综合得率提高 0.16 个百分点。

（2）打叶过程在制品水分　两种打叶复烤加工工艺技术条件下，HN0114CCY 模块烟叶原料在一润出口、二润出口以及烤前烟片等在制品的水分及变异系数见表 6-7。

表 6-7　HN0114CCY 模块烟叶原料打叶过程在制品水分及变异系数　单位：%

工艺	指标	一润出口	二润出口	烤前烟片
现行工艺	水分	17.59	18.46	16.98
	变异系数	3.21	2.19	2.91
基于力学特性工艺	水分	17.01	17.89	16.45
	变异系数	2.98	2.11	2.37

由表 6-7 可以看出，在调低打叶水分后 HN0114CCY 模块烟叶原料在一润出口、二润出口以及烤前烟片等在制品水分变异系数均有不同程度的下降。其中，烤前烟片原料水分较现行工艺技术参数条件下下降了 0.53 个百分点，这为后续复烤进行“低温慢烤”工艺提供了空间。

（3）烟片质量分析　两种打叶复烤加工工艺技术条件下，HN0114CCY 模块烟叶原料烟片尺寸、叶中含梗率检测结果见表 6-8。

表 6-8　HN0114CCY 模块烟叶原料烟片尺寸、叶中含梗率检测结果　单位:%

工艺	烟叶尺寸					叶中含梗率
	>25.4mm	12.7~25.4m	6.35~12.7mm	2.36~6.35mm	<2.36mm	
现行工艺	53.37	29.16	12.56	4.33	0.58	1.76
基于力学特性工艺	48.21	34.94	11.92	4.51	0.42	1.59

由表 6-8 可以看出，通过 HN0114CCY 模块烟叶原料打叶技术参数调整之后，打后烟片的大中片率基本没有变化，碎片比例略有下降，叶中含梗率略有降低；从大片率、中片率的分布来看，通过对打叶技术参数调整，打后烟片的大片率降低了 5.16 个百分点，中片率提高了 5.78 个百分点，打后烟片结构的均匀性得到提高。

(二) Ⅱ-1 类烟叶原料

1. 烟叶原料力学特性

选择河南中烟工业有限责任公司 2014 年河南烟叶，烟叶等级为许昌 C055 模块。依据对其烟叶原料黏附力、剪切力、拉力等力学特性指标的检测结果，该模块烟叶为Ⅱ-1 类烟叶原料，具体见表 6-9。

表 6-9　许昌 C055 模块烟叶原料力学特性检测结果　单位：g

样品	黏附力	剪切力	拉力
许昌 C055 模块	456	2129	192

2. 打叶参数

许昌 C055 模块烟叶原料润叶段和打叶段现行打叶复烤加工工艺参数设置见表 6-10，基于其力学特性设定的加工工艺参数见表 6-11。

表 6-10　现行许昌 C055 模块烟叶原料润叶段和打叶段的加工工艺参数

润叶段	原烟水分/%	一润出口		二润出口	
		温度/℃	水分/%	温度/℃	水分/%
	15.19	55	17.50	56	18.50
打叶段	物料流量/(kg/h)	打辊转速/(r/min)			
		一打	二打	三打	四打
	8000	400	400	400	450

表 6-11　基于许昌 C055 模块烟叶原料力学特性的润叶段和打叶段加工工艺参数

润叶段	原烟水分/%	一润出口		二润出口	
		温度/℃	水分/%	温度/℃	水分/%
	15.19	55	18.00	56	19.00
打叶段	物料流量/(kg/h)	打辊转速/(r/min)			
		一打	二打	三打	四打
	8000	450	450	400	450

由表 6-10 和表 6-11 可知，基于许昌 C055 模块烟叶原料的基本力学特性，在现行打叶复烤工艺参数的基础上，主要调整的打叶参数是一、二润物料出口水分均上调 0.5 个百分点，一打和二打打辊转速均上调 50r/min，并对试验的一打风分频率进行了适当调整。

3. 打叶质量分析

（1）产品得率分析　两种打叶复烤加工工艺技术条件下，许昌 C055 模块烟叶原料的出片率和产品综合得率见表 6-12。

表 6-12　许昌 C055 模块烟叶原料的出片率和产品综合得率　单位：%

工艺	出片率	产品综合得率
现行工艺	67.95	93.88
基于力学特性工艺	68.33	94.49

由表 6-12 可以看出，通过对许昌 C055 模块烟叶打叶技术参数调整后，出片率提高 0.38 个百分点，产品综合得率提高 0.61 个百分点。

（2）打叶过程在制品水分分析　两种打叶复烤加工工艺技术条件下，许昌 C055 模块烟叶原料在一润出口、二润出口以及烤前烟片等在制品的水分及变异系数见表 6-13。

表 6-13　许昌 C055 模块烟叶原料打叶过程在制品水分及变异系数　单位：%

工艺	指标	一润出口	二润出口	烤前烟片
现行工艺	原料水分	17.69	18.66	17.09
	变异系数	3.16	3.02	3.47
基于力学特性工艺	原料水分	18.15	19.16	17.41
	变异系数	3.48	3.28	3.45

由表 6-13 可以看出，在调高打叶水分后许昌 C055 模块烟叶原料在一润出口、二润出口在制品水分变异系数略有增大；烤前烟片在制品水分变异系数略有下降。

（3）烟片质量分析　两种打叶复烤加工工艺技术条件下，许昌 C055 模块烟叶原料烟片尺寸、叶中含梗率检测结果见表 6-14。

表 6-14　许昌 C055 模块烟叶原料烟片尺寸、叶中含梗率检测结果　单位：%

工艺	烟叶尺寸					叶中含梗率
	>25.4mm	12.7~25.4mm	6.35~12.7mm	2.36~6.35mm	<2.36mm	
现行工艺	58.92	26.08	10.45	3.89	0.66	1.44
基于力学特性工艺	56.35	28.96	11.05	3.07	0.57	1.42

由表 6-14 可以看出，通过许昌 C055 模块烟叶原料打叶技术参数调整之后，打后烟片的大中片率基本没有变化，碎片比例略有下降，叶中含梗率变化不明显；从大片率、中片率的分布来看，通过对打叶技术参数调整，打后烟片的大片率降低了 2.57 个百分点，中片率提高了 2.88 个百分点，打后烟片结构的均匀性得到提高。

（三）在线试验经济效益分析

按照研究形成的分类加工方法，对 HN0114CCY（中部叶组-C3F）、HN0114BBI（HN0114BBI-B2F）、WDX2F（下部叶组-X2F）三个批次的烟叶原料进行了在线比较试验。

具体操作为对该批次烟叶分段加工，前半段加工按照正常工艺进行加工，后半段加工按照项目形成的分类加工方法加工，对原烟投入量，产品产出量等进行截止统计，计算同一批次原烟不同加工方法产生的不同经济效益，具体见表 6-15。

（1）基于 HN0114CCY（中部叶组-C3F）力学特性，在对其加工技术参数调整优化后，出片率提高了 0.39 个百分点，综合产品得率提高了 0.16 个百分点，出末率降低了 0.13 个百分点，按照 2014 年度国家规定价格计算，单位投入量价值增加 0.39 元/kg。

（2）基于 HN0114BBI（HN0114BBI-B2F）力学特性，在对其加工技术参数调整优化后，出片率提高了 1.06 个百分点，综合产品得率提高了 0.91 个

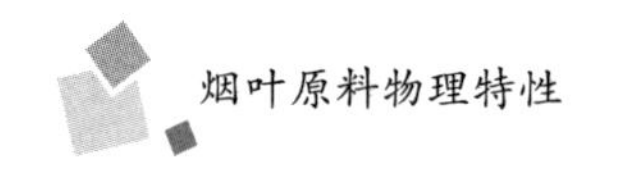

百分点，出末率提高了 0.87 个百分点，按照 2014 年度国家规定价格计算，单位投入量价值增加 1.10 元/kg。

（3）基于 WDX2F（下部叶组-X2F）力学特性，在对其加工技术参数调整优化后，出片率提高了 0.45 个百分点，综合产品得率提高了 0.62 个百分点，出末率降低了 0.76 个百分点，按照 2014 年度国家规定价格计算，单位投入量价值增加 0.37 元/kg。

表 6-15　不同等级烟叶原料经济效益

样品	工艺	实投原烟量/kg	出片率/%	综合产品得率/%	出末率/%	出梗率/%	单位投入量价值/（元/kg）
HN0114CCY	试验工艺	676898.33	68.57	94.37	0.21	25.59	69.29
	正常工艺	827320.18	68.18	94.21	0.34	25.69	68.90
HN0114BBI	试验工艺	1165310.10	67.10	94.08	1.84	25.14	67.81
	正常工艺	776873.40	66.04	93.17	0.97	26.16	66.71
WDX2F	试验工艺	262096.24	64.78	93.68	1.12	27.78	57.41
	正常工艺	232424.96	64.33	93.06	1.88	26.85	57.04

第七章 基于造纸法再造烟叶物理特性的制丝加工技术

造纸法再造烟叶与烟叶特性存在着明显的差异，并在实际生产中存在造纸法再造烟叶有效利用率较低等方面的问题。其主要原因为：一是在制丝加工过程中经过回潮、加料和干燥处理工序，部分纤维从再造烟叶中脱离、解纤，变成“飞纤”和烟末，影响了再造烟叶利用率和卷烟机生产效率；二是切丝后再造烟丝中的长丝、并条、跑片较多，在卷制过程中，长丝容易缠绕结团，不易被卷烟机弹丝辊松散，致使部分结团长丝、并条被卷烟机剔除；三是再造烟叶剪切强度、抗张强度等物理强度与烟叶存在较大差异，且强度较大，存在切丝困难、跑片等现象。

造纸法再造烟叶剪切强度、抗张强度、摩擦系数等特性与烟叶存在较大差异，采用现有切丝机进行切丝时存在切丝困难、再造烟叶跑片等问题，影响了再造烟丝宽度均匀性和其在烟支中分布的均匀性。如使用较高的刀门压力，会造成再造烟叶生产处的烟丝松散性差，影响烘丝出口水分均匀性，并最终影响卷烟烟支的质量稳定性。

第一节 造纸法再造烟叶主要物理特性影响因素及其对切丝参数的影响

一、剪切强度的影响因素及其对切丝参数的影响

（一）含水率对造纸法再造烟叶剪切强度的影响

造纸法再造烟叶（横向、纵向）剪切强度随含水率的增加呈现出先增加后减小的趋势，造纸法再造烟叶剪切强度达到最大值的含水率为12%左右，造纸法再造烟叶的剪切强度在达到最大值后随含水率增加呈现快速下降的趋势，见表7-1。

表 7-1 不同含水率条件下再造烟叶和烟叶剪切强度测试结果 单位：g

含水率/%	6.31	7.57	10.28	12.59	16.87	24.81	27.27
许昌 ZY-01 纵向	2138.1	2013.6	3074.6	3828.1	3228.9	2153.0	1708.0
含水率/%	5.01	7.58	10.69	13.01	17.23	24.89	27.58
瑞升纵向	1501.0	2137.5	2367.8	2868.0	2855.8	1866.0	1178.1
含水率/%	6.31	7.57	10.28	12.59	16.87	24.81	27.27
许昌 ZY-01 横向	1353.8	1394.8	1805.7	2150.2	1866.2	1030.7	748.7
含水率/%	7.01	7.58	10.69	13.01	17.23	24.89	27.58
瑞升横向	1276.7	1193.0	1496.3	1886.5	1425.5	872.7	723.3

（二）温度对造纸法再造烟叶剪切强度的影响

在设定温度范围内，低水分和高水分造纸法再造烟叶及烟叶剪切强度随温度的升高无明显变化趋势，说明温度对再造烟叶与烟叶的剪切强度影响不显著，见表 7-2。

表 7-2 不同温度条件下再造烟叶和烟叶的剪切强度测试结果 单位：g

温度/℃	许昌 ZY-02 纵向剪切（12.36%）	许昌 ZY-02 横向剪切（12.36%）	河南 B2F 烟叶剪切强度（12.79%）	许昌 ZY-02 纵向剪切（18.37%）	许昌 ZY-02 横向剪切（18.37%）	河南 B2F 烟叶剪切强度（18.39%）
20	3897.2	2078.6	1389.6	1458.7	1153.6	2178.257
30	3802.6	2170.8	1578.4	1606.8	1257.2	2287.271
40	4012.6	2225.0	1641.5	1426.0	1295.1	2397.587
50	3109.2	2195.7	1578.4	1722.7	1181.7	2157.581
60	3374.7	2345.2	1537.6	1439.2	1230.6	2047.517

（三）剪切强度与造纸法再造烟叶切丝刀辊电流的关系

造纸法再造烟叶纵向剪切强度越大，其切丝时的刀辊电流也就越大，再造烟叶的纵向剪切强度与刀辊电流呈明显的线性相关性，与之相比，横向剪切强度与刀辊电流关系不明显，这说明再造烟叶的纵向剪切强度是影响再造烟叶切丝性能的重要因素，其主要原因是由于纵向剪切强度要远大于横向剪切强度，见表 7-3。

表 7-3　　再造烟叶剪切强度与其切丝刀辊电流　　单位：g

检测指标	1	2	3	4	5
纵向剪切强度	3643.567	3115.385	3657.611	2999.309	2604.384
横向剪切强度	1751.17	1900.650	1677.667	1856.641	2272.286
刀辊电流/A	10	8	9	8	6

二、抗张强度的影响因素及其对切丝参数的影响

（一）含水率对造纸法再造烟叶抗张强度的影响

相同含水率条件下，不同再造烟叶之间抗张强度存在一定差异。再造烟叶抗张强度均随着含水率的增加而减小，当达到一定含水率后（>24%），抗张强度基本为零，说明造纸法再造烟叶湿强度较小，因此在再造烟叶与烟叶混合加工时，尤其是当气流干燥时，由于回潮的含水率较高，再造烟叶极易发生解纤，造成其利用率低，见表 7-4。

表 7-4　　不同含水率条件下再造烟叶抗张强度测试结果　　单位：kN/m

平衡条件	指标	许昌 ZY-01	许昌 ZY-02	许昌 TS-002	瑞升
RH60%	抗张强度	0.5	0.77	0.91	0.54
	含水率/%	10.35	10.58	9.79	9.72
RH70%	抗张强度	0.42	0.51	0.57	0.49
	含水率/%	12.89	15.34	13.8	14.6
RH80%	抗张强度	0.3	0.29	0.43	0.04
	含水率/%	16.86	19.59	22.3	21.52
RH90%	抗张强度	—	0.13	0.3	—
	含水率/%	26.5	24.9	30.7	32.22
RH95%	抗张强度	—	—	—	—
	含水率/%	41.1	36.3	42.1	46.15

注：“—”表示数值太小，超出量程范围。

（二）温度对再造烟叶抗张强度的影响

温度对同一再造烟叶抗张强度影响不大，相同温度条件下不同再造烟叶抗张强度存在一定的差异，见表 7-5。

表 7-5　不同温度条件下再造烟叶抗张强度测试结果　单位：kN/m

样品	25℃	35℃	45℃
许昌 ZY-01	0.52	0.49	0.43
许昌 ZY-02	0.74	0.81	0.78
许昌 TS-002	0.87	0.99	0.86
瑞升	0.55	0.57	0.46

三、黏附力的影响因素及其对切丝参数的影响

（一）含水率对造纸法再造烟叶黏附力的影响

不同含水率造纸法再造烟叶样品黏附力测定结果见图 7-1。由图 7-1 可知，在 16%~20%含水率范围内，造纸法再造烟叶黏附力随含水率的增加总体呈现逐渐增加的趋势；在含水率达到 21.5%时，造纸法再造烟叶黏附力明显减小。

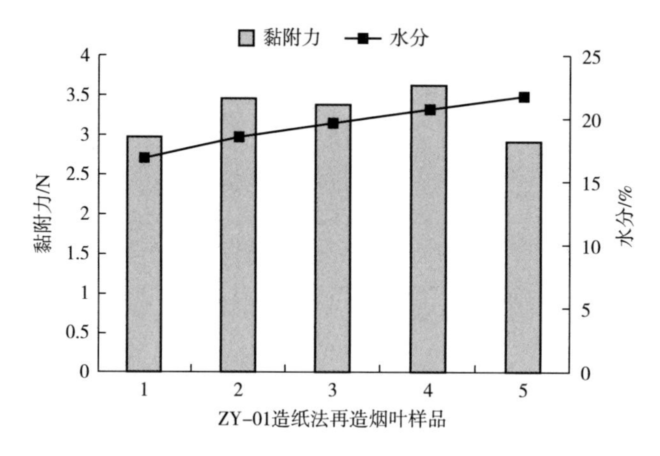

图 7-1　不同含水率造纸法再造烟叶样品黏附力

（二）存放时间对造纸法再造烟叶黏附力的影响

由图 7-2 可知，刚涂布后造纸法再造烟叶样品的黏附力最大，存放 30min 后黏附力减小，存放 60min 之后明显减小；其测定结果变异系数随存放时间的增长呈现先增大后减小的趋势。这可能主要是随存放时间增长，涂布液中的具有黏附性的糖类物质被碳酸钙等填料类物质吸附，测定过程中无法将其挤压出来等原因造成。

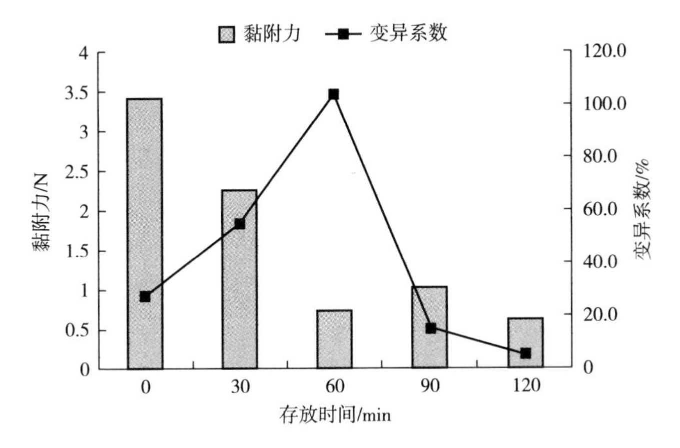

图 7-2　不同存放时间造纸法再造烟叶黏附力及变异系数

第二节　制丝参数对造纸法再造烟叶制丝质量的影响

一、切丝条件对切丝质量的影响

（一）切丝条件对叶丝质量的影响

随刀门压力的增加，切丝跑片比例逐渐减小，宽度合格率逐渐增加，当达到一定压力后，烟丝宽度合格率达到最高且不再变化，但并条量也随之增加。含水率对宽度合格率无显著影响；在合适的刀门压力下，跑片比例较小，总体上随含水率的增加，跑片比例逐渐减小；含水率对并条影响较大，且随着含水率的增加，并条量增加较为明显。

（二）切丝条件对再造烟叶质量的影响

不同的再造烟叶在不同的切丝机上进行切丝时，适宜的刀门压力和物料切丝含水率存在一定的差异，因此，应综合考虑切丝宽度合格率、粘连并条及跑片比例以及在安全生产、环境卫生等基础上确定合适的切丝条件。

二、烘丝干燥条件对干燥质量的影响

（一）烘丝干燥条件对叶丝干燥质量的影响

随物料干燥入口含水率的增加，通过改变干燥条件使再造烟叶丝干燥强度增加，干燥后再造烟丝卷曲度增加，填充值略有增加，整丝率无明显变化规律，碎丝率呈现先减小后增大趋势。

（二）烘丝干燥条件对再造烟叶干燥质量的影响

不同的再造烟叶在不同的干燥条件下进行干燥时，应综合考虑再造烟叶

丝的卷曲度和填充值的增加，以及可能造成的碎丝率增加及感官质量的变化。

三、不同水分对切丝质量的影响

（一）再造烟丝粘连情况

对于低水分的再造烟叶切丝后基本无粘连现象；对于高水分再造烟叶切丝后粘连现象非常严重。对于中等水分的再造烟叶切丝后仍然存在粘连现象，但是在相同切丝条件下，粘连情况要较高水分再造烟叶有所减少；降低刀门压力对减少粘连起到一定的作用。

（二）切丝造碎情况

低水分再造烟叶切丝时造碎比较严重，产生大量的飞灰，中等水分和高水分再造烟叶切丝时无飞灰现象。但是由于再造烟叶在水分较高时其强度降低，高水分再造烟叶要比中等水分再造烟叶切丝时产生的碎丝略多。

（三）跑片情况

低水分的叶片由于其强度大、摩擦力小，切丝时由于滚刀横向的拉力作用，即使在较高刀门压力条件下切丝跑片现象也非常严重。而中等水分和高水分再造烟叶虽然也存在跑片现象，但是由于再造烟叶强度降低，比较低水分时跑片现象要好得多。

（四）烟丝宽度情况

低水分再造烟叶切后烟丝宽度要远远大于设定的切丝宽度，这主要还是由于低水分再造烟叶的强度大，摩擦系数小，在切丝时被滚刀横向拉力作用下拉出刀门，掉落的烟片形成跑片，未掉落的烟片在下一次切丝时宽度增加。高水分和中等水分再造烟叶切丝宽度要比低水分的再造烟叶好得多，但是仍然与设定切丝宽度存在差距，由于再造烟叶摩擦力小与排链的跟随性差，进料速率波动，切丝时有时偏窄有时偏宽，造成宽度均匀性差。

（五）耐加工性情况

低水分再造烟叶强度较高，在松散和输送过程中不易造碎，切丝过程容易产生飞灰，但切后碎末较少。中等水分和高水分再造烟叶切丝过程中虽然不会产生飞灰，但由于其湿强度低，在喂料过程中与排链接触的再造烟叶容易被排链磨烂，并填满排链上的凹槽，使得摩擦力减小难以喂料。

（六）烟丝卷曲情况

由于造纸法再造烟叶生产工艺的原因，再造烟叶和纸张类似，形状比较平整，切后的烟丝也比较平直，不利于卷制，因此需要再造烟丝在一定含水

率经过烘丝使其卷曲。

第三节　造纸法再造烟叶制丝工艺技术改进

一、松散、回潮工序的优化

考虑到再造烟叶在低含水率条件下抗张强度要远大于烟叶，含水率为12%时，烟叶抗张强度为0.09~0.17kN/m，而再造烟叶抗张强度为0.39~0.63kN/m，是烟叶的2~7倍，因此，再造烟叶与烟叶混合制丝时，松散、回潮工序可以采用单独机械式松散，并单独采用滚筒回潮或穿流式回潮，然后与烟叶混配，再进行后续混合制丝加工。该过程的优点在于，一是采用机械松散再造烟叶基本无造碎，同时解决了切片难的问题；二是将再造烟叶先松散再回潮，松散状态下回潮水分更加均匀，避免局部含水率过大而造成解纤，提高再造烟叶利用率；三是再造烟叶可以在相对较低的温度下进行回潮，减少香气损失；四是根据再造烟叶和烟叶特性分别建立流量和含水率检测通道，提高过程控制能力。

二、切丝工序参数的优化

由于再造烟叶的剪切强度大于烟叶，同时造纸法再造烟叶静摩擦系数在0.3~0.5，而烟叶静摩擦系数在0.45~0.8，约为再造烟叶的1.5倍，因此在混合切丝过程中再造烟叶比烟叶更容易发生跑片。根据混合制丝过程中再造烟叶比例与刀门压力的关系，为了防止跑片，再造烟叶比例越大，所需要的刀门压力也就越大。

因此，再造烟叶与烟叶混合制丝时，切丝机在其刀门压力允许范围内（0.2~0.5MPa）应根据再造烟叶的剪切强度、摩擦系数大小及配方中再造烟叶比例进行相应的调整，在跑片和并条之间寻求最佳平衡点，即在不产生明显跑片的前提下（切丝宽度合格率大于99%）尽可能降低刀门压力，从而减少切丝并条。

三、干燥方式及参数的选择

由于造纸法再造烟叶耐水性、抗张强度与烟叶存在显著的差别，因此干燥的方式与条件就应根据再造烟叶的特性进行选择。再造烟叶烟丝干燥与叶丝干燥存在的差异主要在于：一是水分在再造烟叶中扩散能力差，再造烟叶烟丝与叶丝一起经过干燥前的增温增湿工序时，会造成再造烟叶烟丝局部含水率过大，抗张强度显著降低，再造烟叶烟丝易产生造碎；二是耐水性存在显著差异，其耐水性远远低于烟叶，仅为5~12min，局部含水率过大的再造烟叶烟丝极易发生解纤；三是抗张强度存在显著差异，根据再造烟叶抗张强度研究结果，再造烟叶抗张强度均随着含水率的增加而减小，当达到一定含水率后（>24%），抗张强度基本为零，而烟叶抗张强度在一定的含水率范围内（18%~30%）无明显差异。

气流干燥与滚筒干燥相比，由于其脱水能力大，在干燥后达到卷制所要求的相同含水率条件下，气流干燥前物料的加水量大（根据《卷烟工艺规范》要求：滚筒干燥叶丝增温增湿的含水率为22%~26%；气流干燥叶丝增温增湿的含水率为25%~40%）。由于气流干燥加水量大、加工强度高，再造烟叶烟丝水分扩散能力差、耐水性差，高水分条件下再造烟丝抗张强度低，因此再造烟叶烟丝采用气流干燥有效利用率低，香气损失大。

基于以上再造烟叶与烟叶组织结构、耐水性、吸湿特性和加工特性研究结果及两种干燥方式再造烟叶利用率对比测试结果，为了减少再造烟叶损耗，提高再造烟叶有效利用率，保证产品配方准确性和完整性，减少香气损失，在混合制丝过程中，再造烟叶宜采用滚筒干燥方式，并与滚筒干燥方式中的低强度干燥模块一起进行混合加工。

参考文献

[1] 席年生，邓国栋，宋伟民，等．再造烟叶物理特性及其对切丝与卷制效果的影响 [J]. 烟草科技，2014（4）：15-19.

[2] 赵应良，殷艳飞，郝明显，等．涂布对造纸法再造烟叶纸基物理性能的影响 [J]. 中华纸业，2015，36（8）：40-42.

[3] 黄宁．试论纸张抗张强度对产品质量的影响因素及测试仪器 [J]. 消费导刊，2015（5）：279.

[4] 韩文佳，赵传山．造纸法烟草再造烟叶发展现状 [J]. 黑龙江造纸，2007，（4）：47-49.

[5] 孙先玉，孙博，李冬玲，等．造纸法再造烟叶加工技术研究进展 [J]. 生物质化学工程，2011，45（6）：49-56.

[6] 缪应菊，刘维涓，刘刚，等．烟草再造烟叶制备工艺的现状 [J]. 中国造纸，2009，28（7）：55-59.

[7] 李晓，徐亮，张彩云，等．木浆纤维加入量对造纸法再造烟叶物理指标的影响 [J]. 郑州轻工业学院学报（自然科学版），2009，24（2）：8-9.

[8] 王亮，罗冲，温洋兵，等．细小纤维对造纸法烟草再造烟叶基片物理性能的影响 [J]. 中国造纸，2013，32（3）：35-39.

[9] 刘良才，胡惠仁，温洋兵，等．外加植物纤维对造纸法烟草再造烟叶物理性能的影响 [J]. 中华纸业，2011，32（16）：52-55.

[10] 罗冲，温洋兵，胡惠仁．外加纤维的木素含量和配比对造纸法烟草再造烟叶物理性能的影响 [J]. 中华纸业，2012，33（16）：14-17.

[11] 惠建权，李涵，卫青，等．涂布率对再造烟叶综合品质的影响 [J]. 光谱实验室，2012，（3）：1729-1733.

[12] 卢谦和，胡开堂，周庆乐，等．造纸原理与工程 [M]. 2 版．北京：中国轻工业出版社，2004.

[13] 苏丹丹，朱婷，张文军，等．造纸法再造烟叶涂布率与热水可溶物对应关系分析 [J]. 南方农业学报，2015，46（10）：1872-1876.

[14] YC/T 572—2018 再造烟叶　涂布率的测定　烘箱法 [S]. 北京：中国标准出版社，2019.

[15] YC/T 571—2018 再造烟叶　热水可溶物含量的测定　索氏提取法 [S]. 北京：中国

标准出版社，2019.
[16] 曾健，陈克复，谢剑平，等．木浆添加量对造纸法再造烟叶片基的影响［J］. 烟草科技，2013，(9)：5-9.
[17] 葛少林，舒俊生，徐志强，等．壳聚糖及其衍生物在烟草上的应用研究进展［J］. 广州化工，2009，(6)：30-31.
[18] 曾健，陈克复，谢剑平，等．碳酸钙对造纸法再造烟叶片基的影响［J］. 烟草科技，2013，(10)：5-7，16.
[19] 李美灿，陈岭峰，郭辉，等．提高造纸法再造烟叶松厚度及吸收性能的策略［J］. 中国造纸，2017，36（10）：68-73.
[20] 袁广翔，薛冬，袁益来，等．打浆工艺对造纸法再造烟叶基片松厚度的影响［J］. 中国造纸，2017，36（10）：30-36.
[21] 许江虹，王浩雅，余红涛，等．造纸法再造烟叶柔性制浆技术的应用研究［J］. 湖北农业科学，2017，56（20）：3910-3916.
[22] 惠建权，李涵，卫青，等．涂布率对再造烟叶综合品质的影响［J］. 光谱实验室，2012，29（3）：1729-1733.
[23] GB/T 16447—2004 烟草及烟草制品　调节和测试的大气环境［S］. 北京：中国标准出版社，2005.
[24] 闫克玉，刘江豫，李兴波，等．烤烟国家标准（40 级）烟叶平衡含水率测定报告［J］. 烟草科技，1993（2）：16-19.
[25] 闫克玉，李兴波，阎洪洋，等．烤烟国家标准（40 级）河南烟叶叶片厚度、叶质重及叶片密度研究［J］. 郑州轻工业学院学报，1999，14（2）：45-50.
[26] 阎克玉，袁志永，吴殿信，等．烤烟质量评价指标体系研究［J］. 郑州轻工业学院学报：自然科学版，2001，16（12）：57-61.
[27] 罗登山，宗永立，王兵，等．贵州、湖南、河南、山东 1995 年烤烟（40 级）分析及质量评价［J］. 烟草科技，1997（3）：10-13.
[28] 尹启生，陈江华，王信民，等．2002 年度全国烟叶质量评价分析［J］. 中国烟草学报，2003，11（增刊）：59-70.
[29] 孙建锋，宫长荣，许自成，等．河南烤烟主产区烟叶物理性状的分析评价［J］. 河南农业科学，2005，34（12）：17-20.
[30] 邓小华，陈冬林，周冀衡，等．湖南烤烟物理性状比较及聚类评价［J］. 中国烟草科学，2009，30（3）：63-68，72.
[31] 邓小华，陈冬林，周冀衡，等．烤烟物理性状与焦油量的相关通径及回归分析［J］. 烟草科技，2009，42（7）：53-56.
[32] 李洪勋，潘文杰，李建伟，等．贵州烟叶主要物理性状的分析与评价［J］. 贵州农

业科学，2011，39（7）：51-54.
[33] 杨虹琦，周冀衡，李永平，等．云南不同产区主栽烤烟品种烟叶物理特性的分析［J］．中国烟草学报，2008，14（6），30-36.
[34] 汤朝起，潘红源，沈钢，等．初烤烟叶含水率与含梗率研究初报［J］．中国烟草学报，2009，15（6）：61-65.
[35] 王玉军，谢胜利，姜茱，等．烤烟叶片厚度与主要化学组成相关性研究［J］．中国烟草科学，1997（1）：11-14.
[36] 马林，张相辉，刘强，等．烟丝中糖组分含量对平衡含水率的影响［J］．中国烟草学报，2010，16（6）：10-13.
[37] 吴祚友，卫盼盼，窦家宇，等．烟叶物理特性与打叶质量的关系［J］．江西农业学报，2014，26（3）：73-75.
[38] 卫盼盼，吴祚友，安银立，等．烟叶物理特性与打叶风分工艺参数的关系［J］．烟草科技，2014（8）：5-9.
[39] 张玉海，王信民，邓国栋，等．质构仪测定烟叶粘附力［J］．烟草科技，2011（1）：5-9.
[40] 张玉海，邓国栋，冯春珍，等．含水率对烟叶力学特性的影响［J］．烟草科技，2013（1）：10-13.
[41] 张玉海，伍政文，杜阅光，等．烟叶粘附力的影响因素及其对烟叶回透率的影响［J］．烟草科技，2014（5）：17-19.
[42] 张玉海，刘斌，刘朝贤，等．一种基于烟叶力学特性差异的打叶复烤新工艺：中国，201110362709.2［P］．2013-05-08.
[43] 张玉海，杜阅光，堵劲松，等．一种基于烟叶特性的配方打叶复烤加工工艺：中国，201310639595.0［P］．2013-12-04.
[44] 喻奇伟，堵劲松，陈雪，等．贵州毕节3个主栽烤烟品种力学特性分析［J］．湖南农业科学，2018，（4）：78-80.
[45] 刘建平，李军，刘晶，等．再造烟叶片基关键物理指标与浆料的质量指标相关性研究［J］．纸和造纸，2016，35（4）：24-27.
[46] 冯洪涛，向海英，刘晶，等．造纸法再造烟叶纤维形态与物理指标的相关性分析［J］．中国农学通报，2014，30（3）：289-294.
[47] 赵英良，殷艳飞，郝明显，等．涂布对造纸法再造烟叶纸基物理性能的影响［J］．中华纸业，2015，36（8）：40-42.
[48] 王凤兰，廖夏林，何北海，等．造纸法烟草再造烟叶双辊表面涂布影响因素的研究［J］．造纸科学与技术，2012，31（5）：21-25.
[49] 邱晔，杨新周，向海英，等．造纸法再造烟叶涂布率测定方法的研究［J］．现代科

学仪器，2012（6）：129-133.
[50] 张林霄，姚元军，王凤兰，等．碳酸氢盐提高造纸法再造烟叶涂布率的研究［J］．纸和造纸，2013，32（2）：35-38.
[51] 惠建权，李涵，卫青，等．涂布率对再造烟叶综合品质的影响［J］．光谱实验室，2012，29（3）：1729-1733.
[52] 陈顺辉．造纸法烟草再造烟叶涂布率影响因素的研究［J］．河南科技，2011（4）：65.
[53] 唐向兵，孙德平，吴志强，等．烟草薄片涂布液过滤系统：中国，CN 200820241034. X［P］. 2008-12-26.
[54] 严新龙，张钰，李新生，等．造纸法再造烟叶浆料系统中树脂和胶粘物的测定［J］．中国造纸，2012，1（5）：29-32.
[55] 凌秀菊，吴正奇，万端极，等．造纸法生产再造烟叶的新工艺研究［J］．湖北造纸．2007（2）：21.
[56] 李杰辉，胡惠仁，刘文，等．造纸法抄造再造烟叶助留助滤性能的研究［J］．中国造纸，2008，27（4）：35-39.
[57] 赵西平，郭平平．壳聚糖在林业及造纸中的应用研究进展［J］．福建林业科技，2009，36（2）：140-144.
[58] 万小芳，李友明．瓜尔胶改性及其衍生物在造纸工业的应用［J］．化工进展，2006，25（3）：271-274.
[59] 李新生，严新龙，张广清，等．阳离子瓜尔胶在造纸法烟草薄片中的应用［J］．造纸化学品，2008，20（6）：41-42，46.
[60] 徐祥，韩庆斌，李劲松，等．瓜尔胶的性质及其在卷烟纸生产中的应用［J］．中国造纸，2003，22（2）：34-37.
[61] 胡惠仁，温洋兵，石淑兰，等．壳聚糖和瓜尔胶在造纸法烟草薄片中应用效果的比较［J］．中国造纸，2010，29（7）：32-36.
[62] 朱秀云．瓜尔胶在卷烟纸生产上的应用及优选［J］．黑龙江造纸，2007，35（2）：43-44.
[63] 范金石，胡信洋，陈夫山，等．两性瓜尔胶的制备及其对卷烟纸的增强效果［J］．纸和造纸，2011，30（5）：36-39.
[64] 张玉海，席年生，王岩，等．造纸法再造烟叶与烟叶部分物理特性指标的对比分析［J］．烟草科技，2015，48（8）：72-75，87.
[65] 张玉海，常纪恒，邓国栋，等．造纸法再造烟叶剪切力分析［J］．烟草科技，2013，（11）：8-10.